"十二五"国家重点出版规划项目

现代激光技术及应用丛书

阿秒激光技术

曾志男　李儒新　编著

国防工业出版社

·北京·

内 容 简 介

自 2001 年产生第一个亚飞秒脉冲以来,其产生和应用被深入广泛研究。本书主要介绍强场物理领域亚飞秒与阿秒激光相关的基础知识和最新发展动态,介绍飞秒强激光与原子分子的相互作用,高次谐波光源的产生与应用,亚飞秒与阿秒激光的产生、测量及应用,以及与这些研究相关的飞秒激光技术及其发展。

本科生可以通过阅读本书对强场物理领域有一定的了解,研究生及其他科研工作者通过本书的阅读可以深入了解亚飞秒及阿秒激光的技术和应用。

图书在版编目 (CIP) 数据

阿秒激光技术/曾志男,李儒新编著.—北京:国防工业出版社,2016.7
(现代激光技术及应用丛书)
ISBN 978 – 7 – 118 – 10527 – 8

Ⅰ.①阿… Ⅱ.①曾… ②李… Ⅲ.①激光技术—研究 Ⅳ.①TN24

中国版本图书馆 CIP 数据核字(2016)第 024252 号

※

国防工业出版社 出版发行
(北京市海淀区紫竹院南路 23 号 邮政编码 100048)
北京嘉恒彩色印刷有限责任公司
新华书店经售

*

开本 710×1000 1/16 印张 15 字数 252 千字
2016 年 7 月第 1 版第 1 次印刷 印数 1—2500 册 定价 68.00 元

(本书如有印装错误,我社负责调换)

国防书店:(010)88540777   发行邮购:(010)88540776
发行传真:(010)88540755   发行业务:(010)88540717

世界上第一台激光器于 1960 年诞生在美国,紧接着我国也于 1961 年研制出第一台国产激光器。激光的重要特性(亮度高、方向性强、单色性好、相干性好)决定了它五十多年来在技术与应用方面迅猛发展,并与多个学科相结合形成多个应用技术领域,比如光电技术、激光医疗与光子生物学、激光制造技术、激光检测与计量技术、激光全息技术、激光光谱分析技术、非线性光学、超快激光学、激光化学、量子光学、激光雷达、激光制导、激光同位素分离、激光可控核聚变、激光武器等。这些交叉技术与新的学科的出现,大大推动了传统产业和新兴产业的发展。可以说,激光技术是 20 世纪最具革命性的科技成果之一。我国也非常重视激光技术的发展,在《国家中长期科学与技术发展规划纲要(2006—2020 年)》中,激光技术被列为八大前沿技术之一。

近些年来,我国在激光技术理论创新和学科发展方面取得了很多进展,在激光技术相关前沿领域取得了丰硕的科研成果,在激光技术应用方面取得了长足的进步。为了更好地推动激光技术的进一步发展,促进激光技术的应用,国防工业出版社策划组织编写出版了这套丛书。策划伊始,定位即非常明确,要"凝聚原创成果,体现国家水平"。为此,专门组织成立了丛书的编辑委员会,为确保丛书的学术质量,又成立了丛书的学术委员会,这两个委员会的成员有所交叉,一部分人是几十年在激光技术领域从事研究与教学的老专家,一部分是长期在一线从事激光技术与应用研究的中年专家;编辑委员会成员主要以丛书各分册的第一作者为主。周寿桓院士为编辑委员会主任,我们两位被聘为学术委员会主任。为达到丛书的出版目的,2012 年 2 月 23 日两个委员会一起在成都召开了工作会议,绝大部分委员都参加了会议。会上大家进行了充分讨论,确定丛书书目、丛书特色、丛书架构、内容选取、作者选定、写作与出版计划等等,丛书的编写工作从那时就正式地开展起来了。

历时四年至今日,丛书已大部分编写完成。其间两个委员会做了大量的工作,又召开了多次会议,对部分书目及作者进行了调整。组织两个委员会的委员对编写大纲和书稿进行了多次审查,聘请专家对每一本书稿进行了审稿。

总体来说,丛书达到了预期的目的。丛书先后被评为国家"十二五"重点出版规划项目和国家出版基金资助项目。丛书本身具有鲜明特色:一)丛书在内容上分三个部分,激光器、激光传输与控制、激光技术的应用,整体内容的选取侧重高功率高能激光技术及其应用;二)丛书的写法注重了系统性,为方便读者阅读,采用了理论—技术—应用的编写体系;三)丛书的成书基础好,是相关专家研究成果的总结和提炼,包括国家的各类基金项目,如973项目、863项目、国家自然科学基金项目、国防重点工程和预研项目等,书中介绍的很多理论成果、仪器设备、技术应用获得了国家发明奖和国家科技进步奖等众多奖项;四)丛书作者均来自于国内具有代表性的从事激光技术研究的科研院所和高等院校,包括国家、中科院、教育部的重点实验室以及创新团队等,这些单位承担了我国激光技术研究领域的绝大部分重大的科研项目,取得了丰硕的成果,有的成果创造了多项国际纪录,有的属国际首创,发表了大量高水平的具有国际影响力的学术论文,代表了国内激光技术研究的最高水平。特别是这些作者本身大都从事研究工作几十年,积累了丰富的研究经验,丛书中不仅有科研成果的凝练升华,还有着大量作者科研工作的方法、思路和心得体会。

综上所述,相信丛书的出版会对今后激光技术的研究和应用产生积极的重要作用。

感谢丛书两个委员会的各位委员、各位作者对丛书出版所做的奉献,同时也感谢多位院士在丛书策划、立项、审稿过程中给予的支持和帮助!

丛书起点高、内容新、覆盖面广、写作要求严,编写及组织工作难度大,作为丛书的学术委员会主任,很高兴看到丛书的出版,欣然写下这段文字,是为序,亦为总的前言。

2015 年 3 月

随着科学技术的发展,人们对物质世界的了解越来越深入。在构筑万物基础的微观世界,生物、化学和物理的界限正在逐步消失,因为其根本都是来自电子运动,如分子内的电子运动负责生物信息传递、改变化学产物以及生物系统功能,信息处理的速度则可以通过采用更小的纳米电路来提高等。这些电子运动的时间尺度从几十阿秒(10^{-18}s)到几十飞秒(10^{-15}s),对这些电子运动的了解是解释所有生物、化学和物理现象的基础。阿秒量级的超高时间分辨率与原子尺度(10^{-8}cm)的超高空间分辨率相结合将可能实现人类了解和把握原子-亚原子微观世界中极端超快现象的梦想。同时,电子态的超快相干控制是 21 世纪国际物理学前沿领域之一,也是量子操控与新材料的重要研究方向之一。由量子力学理论可知,$\Delta E \cdot \Delta t \sim h$,也就是说,当电子能量状态变化达到 3.83eV 以上时,电子运动周期就可能在 1fs 以下,进入阿秒的时间尺度。

1987 年,气体高次谐波的发现为相干 X 射线光源的研究注入了一股新鲜血液,世界上各个著名的实验室纷纷加入到气体高次谐波辐射研究的队伍中,使气体高次谐波辐射成为强场激光物理领域最激动人心的研究课题之一。除了获得相干的、波长连续可调谐的、脉冲持续时间极短的 XUV 和软 X 射线源外,气体高次谐波是突破飞秒时间极限、获得阿秒时间尺度相干脉冲的首选光源。气体高次谐波由于辐射谱呈现超宽的平台区,可以获得亚飞秒甚至阿秒的 XUV 脉冲,可将超快过程的测量范围扩展到各种物质形态中电子的运动过程,如复杂分子中的电荷跃迁、分子中价电子的运动状态等。基于气体高次谐波产生的阿秒脉冲,阿秒科学得到了飞速发展。阿秒科学是测量技术的革命,在人类历史上,它第一次提供了超快电子运动的直接时域观测。

本书较全面地介绍了阿秒科学领域的基础知识和最新进展,以及作者在该领域从事的课题研究和主要成果。全书内容分为 4 章,分别是基本原理、阿秒激光的产生与测量、阿秒激光的应用、相关的驱动激光技术。各章的主要内容如下。第 1 章较系统地介绍了阿秒激光的历史和理论基础,从气体高次谐波的发现到其理论模型的建立、发展,以及阿秒激光的理论基础等;第 2 章主要介绍了阿秒激光产生和表征的相关技术,包括各种产生方法、超短脉冲的测量方法等;第 3 章介绍了阿秒激光在各个领域的应用,以及各种超快电子动力学过程的研究技术和方法;第 4 章介绍与阿秒激光技术相关的驱动激光技术。阿秒激光产生及应用是非常高精密的实验技术,它也引领了相关激光技术的不断发展。

本书在编写过程中参考了有关的专著、网络和论文,在此对相关作者表示衷心的感谢。由于作者水平有限,书中难免存在不足之处,望各位专家与读者不吝赐教。

作 者
2016 年 1 月

目录

第1章 基本原理

第1章

基本原理

1.1 强场相互作用

从 1960 年第一台红宝石激光器产生以来直到现在的半个多世纪的时间里，激光技术已经有了飞速的发展。激光调 Q 技术产生了兆瓦(10^6 W，MW)纳秒(10^{-9} s，ns)量级的激光脉冲输出，激光锁模技术产生了吉瓦(10^9 W，GW)皮秒(10^{-12} s，ps)量级的激光脉冲输出。如图 1 - 1 所示，激光脉冲宽度从最早的毫秒、调 Q 技术的纳秒、锁模技术的皮秒，直到小于 5fs[1]。1985 年，Mourou 等人发明的啁啾脉冲放大技术(Chirped Pulse Amplication，CPA)使停滞了近 20 年的激光脉冲功率得到了突破，可聚焦功率密度超过了 10^{15} W/cm^2 量级。目前，在小型台式化激光系统上，近红外超短激光脉冲的脉冲宽度最短可达到光周期量级（<5fs），可聚焦功率密度最高可达到约 10^{22} W/cm^2 量级，这为光与物质相互作用研究提供了前所未有的技术支持和保障，为光与物质相互作用新现象、新规律的发现和探索提供了可能。

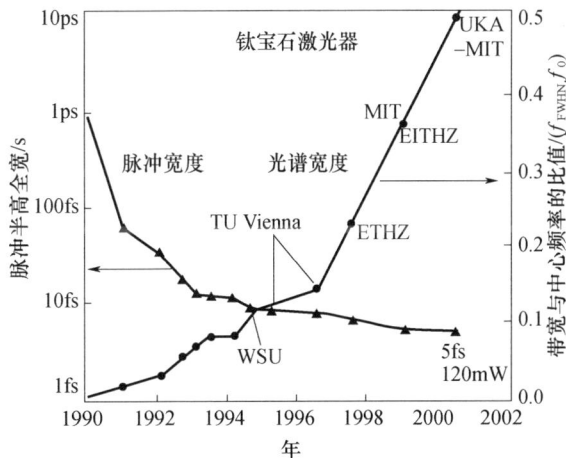

图 1 - 1 20 世纪 90 年代激光脉冲宽度随时间的推进

由于目前超短激光脉冲的可聚焦功率密度最高可达到约 10^{22} W/cm^2 量级，而氢原子内部基态玻尔轨道上库仑场强所对应的功率密度为 3.5×10^{16} W/cm^2，因此激光束聚焦后可达到的峰值电场强度已经远远超过了氢原子内部库仑场强，当如此强的激光场与物质发生相互作用时，会出现一系列用传统的微扰论非线性光学所无法解释的物理现象。

物质在强激光脉冲辐照下的非线性响应一般通过其在激光光场中感应极化的非线性关系来体现。在不同的激光电场强度下，非线性极化系数可以来自完全不同的物理过程。

（1）在较低强度激光场照射下，由于激光场电场强度比原子内静电场（库仑场）弱很多，因此在非共振状态下只能轻微改变原子中电子的量子态。电子能级的移动非常小，正比于 E^2，即动态斯塔克位移（ac Stark Shift）。大部分原子仍然保留在基态，扩展的电子波函数也还在玻尔半径附近，这种非线性相互作用可以采用微扰论的方法解决。这方面的相互作用自从激光问世后就开展了广泛的研究，其涉及的内容可以参考传统的非线性光学（Nonlinear Optics）方面的书籍。

（2）当激光场电场强度可以与原子内的库仑场强相比拟或者更高时，大量电子可以在极短时间内从束缚态电离出来（隧穿电离或过势垒电离），电子波包在激光场中不断颤动，其颤动的幅度可能比玻尔半径高几个量级，每个光周期内电子的平均动能超过了电子的束缚能（电离能）I_p。这时候的参数范围对应于强场非线性光学领域，也称为非微扰非线性光学，此时，原子的极化主要来自电离过程，而束缚态电子的贡献则基本上可以忽略。

（3）电子一旦电离以后，其在激光场中的运动基本上可以由牛顿方程描述，原子势（库仑场）的作用基本上可以忽略。进一步地，当激光脉冲中的磁场在电子运动中成为一个很重要的角色时，电子的颤动能与其静止质量所对应的能量可相比拟，这预示着进入了相对论非线性光学。

在强激光场与原子/分子相互作用研究中，一个重要的近似就是强场近似（Strong Field Approximation，SFA）。强场近似是指在电子从原子/分子中电离出来以后，其在激光场中的后续运动可以忽略原子/分子核库仑势场的影响，只考虑强激光脉冲电场的作用。

1.1.1　微扰非线性光学

一般来说，介质对强激光脉冲电场的非线性响应可以以极化强度的形式表示为

$$P = \varepsilon_0 \chi^{(1)} E + P_{nl} \qquad (1-1)$$

式中：P 为极化强度，右边第一项为线性响应，$\varepsilon_0 = 8.85 \times 10^{-12}$ (A·s)/(V·m)；P_{nl} 为非线性极化强度，在电场强度比较低的情况下可以展开写成

$$P_{\rm nl} = \varepsilon_0\chi^{(2)}E^2 + \varepsilon_0\chi^{(3)}E^3 + \varepsilon_0\chi^{(4)}E^4 + \cdots \qquad (1-2)$$

式中:$\chi^{(k)}$ 为 k 阶极化率。这个描述方法一般在时间尺度短到几飞秒的情况下仍然是正确的,因为介质的极化起源于电子运动,其响应时间在 $1/\Delta$ 的量级,这里 $\Delta = |\omega_{ik} - \omega_0|$,$\omega_{ik}$ 对应于从初始量子态 i 到某个非共振激发态 k 的跃迁频率,ω_0 则是激光载波频率。一般而言,原子基态到最低的激发态之间的跃迁频率都是远高于可见和红外波段的,因此 $1/\Delta$ 的典型值一般都是小于 1fs 的。但是在分子和凝聚态物质中,核运动也会对光场感应极化有所贡献,这个贡献的响应时间有可能在几百飞秒到几皮秒,导致对 $P_{\rm nl}$ 的描述需要更复杂的形式。而且,极化响应一般是各向异性的,这使 $\chi^{(k)}$ 成了一个 k 阶张量。

如果忽略束缚态到自由态之间的跃迁,量子力学给出的线性和非线性极化强度之间的关系可以如下简化,即

$$\frac{\chi^{(k+1)}E^{k+1}}{\chi^{(k)}E^k} \approx \frac{\mu_{ik}E}{\hbar\Delta} \approx \frac{eEa_{\rm B}}{\hbar\Delta} = \alpha_{\rm bb} \qquad (1-3)$$

式中:E 为电场强度;$\hbar = h/2\pi$,h 为普朗克常量;$a_{\rm B}$ 为玻尔半径;e 为电子电荷。当 $\alpha_{\rm bb} \ll 1$ 时,束缚态之间的跃迁将是非常弱的,非线性极化强度就可以用上文的展开式(1-2)描述。

对于束缚态到自由态之间的跃迁,Keldysh 的分析给出了如下结果,即

$$\frac{1}{\gamma} = \frac{eE}{\omega_0\sqrt{2mI_{\rm p}}} = \frac{eEa_{\rm B}}{\hbar\omega_0} = \alpha_{\rm bf} \qquad (1-4)$$

式中:m 是电子静止质量;e 是电子电荷;$I_{\rm p} \gg \hbar\omega_0$,为电子束缚能(电离能);玻尔半径 $a_{\rm B} = \hbar\sqrt{2mI_{\rm p}}$。

因此,微扰非线性光学领域可以定义成 $\alpha_{\rm bf}, \alpha_{\rm bb} \ll 1$。

1.1.2　强场非线性光学

在 $\gamma^{-1} > 1$ 时,激光电场将会强烈地抑制原子库仑势,电子波函数会在不到一个激光周期的时间内从原子势垒中隧穿出来,如图 1-2 所示。电子电离速率与瞬态电场强度和基态能级(电子电离能)有关,可以用"准静态"电离速率 $w(E)$ 描述,这样的电离过程称为隧穿电离。

强场条件下,大部分弱束缚电子对应的"准静态"势场,其中一侧(图 1-2 中右侧)由于瞬态激光电场的作用被压制,形成一个有限宽度的势垒,使原子中的电子可以量子隧穿效应通过势垒。图中电子可以以近似零速度隧穿出原子势垒在 x_0 的位置出现,然后在激光场中作周期运动,其第一次漂移的最大位移用 $a_{\rm w}$ 表示。采用经典牛顿力学描述电离以后的电子波包(质心)的运动,并忽略掉离子库仑场的作用(强场近似),可以积分得到线偏振激光场中电子的颤动振幅 $a_{\rm w} \propto eE_0/m\omega_0^2$ 以及周期平均的电子颤动动能 $U_{\rm p} = e^2E_0^2/4m\omega_0^2$,即有质动力能,

E_0 是激光脉冲峰值电场强度。通过对图 1 – 2 瞬时势能曲线的分析可以得到电子从势垒中隧穿出来的位置 $x_0 \approx I_p / eE_0$。Keldysh 参数可以表示成 $1/\gamma^2 = a_w / 2x_0 = 2U_p / I_p$，这意味着，在强场隧穿电离情况下（即 $\gamma^{-1} > 1$），自由电子在小于一个光周期的时间内就能获得很大的动能。此时，激光电场作用占主要地位，离子静态库仑场的影响在电子电离以后就变得非常小。

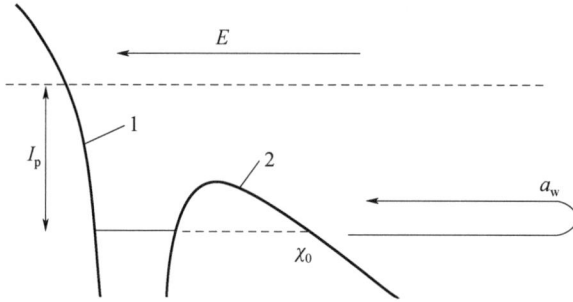

图 1 – 2　原子库仑势垒与瞬时激光电场合成的瞬时势能曲线（曲线 1,2）
E—瞬时激光电场；I_p—原子电离能

当时间尺度在激光脉冲的光周期量级（可见光和近红外光）时，经典力学对电子波包质心运动的描述是足够准确的，因为一般情况下电子波包的扩散速度均小于 1nm/fs。因此，相对于电子运动在强激光场中的颤动振幅来说，电子波包的尺寸是非常小的。事实上，结合从量子力学得到的准静态隧穿电离率公式 $w(E)$，并假设电子以零初始速度从原子/分子中电离出来，经典牛顿力学对电子波包质心运动的求解可以相当精确地描述许多强场物理现象，如阈上电离（Above Threshold Ionization, ATI）、气体高次谐波产生（High Order Harmonic Generation, HHG）等。

在经典电动力学中，介质的非线性极化过程可以用以下公式描述，即

$$P_{nl} = e n_e(t) x \tag{1 – 5a}$$

$$\dot{P} \approx \dot{P}_{nl} = J_{free} = e n_e \dot{x} + e n_e x_0 \tag{1 – 5b}$$

$$v_0 \approx 0 \tag{1 – 5c}$$

$$m\ddot{x} = eE \tag{1 – 5d}$$

综合上述公式，可以得到以下描述强光场相互作用中非线性极化强度的表达式，即

$$\ddot{P}_{nl}(t) = \frac{e^2}{m} n_e(t) E(t) + I_p \frac{\partial}{\partial t}\left(\frac{n_e(t)}{E(t)} \right) \tag{1 – 6}$$

式中：$n_e(t) = n_a \left(1 - \exp\left[- \int_{-\infty}^{t} dt' w(E(t')) \right] \right)$，为随时间变化的自由电子密度；$n_a$ 为初始原子密度；$w(E)$ 为隧穿电离的瞬时电离速率。

1.1.3　电离机制

在描述强激光场与介质相互作用过程中,电子电离是非常重要的物理过程。不同强度的激光场与原子相互作用时,其电离过程是不一样的。如图 1-3 所示,当激光强度低于 10^{14} W/cm^2 时,原子的主要电离机制是多光子电离(Multiphoton Ionization,MI)(图 1-3(a))。此时,外加电场强度较低,其对原子势能曲线的影响很小,电子(图中阴影部分)只能同时吸收多个光子才能获得足够的能量离开原子。在多光子电离的过程中,原子的能级结构对多光子电离的影响超过对隧穿电离和过势垒电离的影响。随着激光光强的提高,隧穿电离机制将会出现。如图 1-3(b)所示,当激光强度提高时,在瞬时电场形成的势能曲线(图中虚线)影响下,原子势能曲线开始变形,某一侧(图中右侧)的势能曲线被严重压制,形成一个有限宽度的势垒。根据量子力学效应,电子可以通过隧穿过程穿越势垒,隧穿电离逐渐开始。以电离能为 I_p 的原子为例,由于此时电子的能量为 $-I_p$ 仍然低于原子势垒高度,经典力学中是不允许发生电离的,但是量子力学允许电子以一定的概率通过势垒隧穿效应从原子中电离出来,使原子发生电离,这就是所谓的隧穿电离(Tunneling Ionization,TI)。当激光强度提高到一定程度时,原子的电离将以隧穿电离为主。当激光强度进一步提高,使原子的库仑势发生强烈扭曲,以致扭曲后的势垒最高点低于 $-I_p$ 时,该束缚态上的电子将有很大概率直接越过势垒运动到无限远,使原子发生电离。这时,原子的电离速率很大,电离概率接近于100%,这种电离机制称为过势垒电离[2](Over The Barrier Ionization,OTBI)。

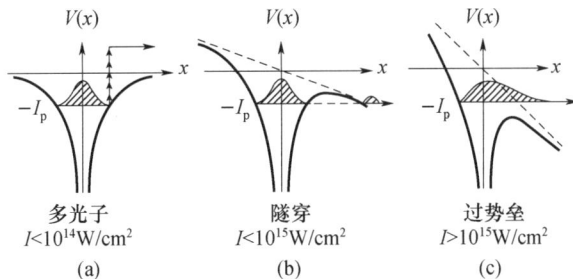

图 1-3　电子电离过程的三种可能机制[2]

理论上,往往用 Keldysh 参数[3]来区分不同的电离机制,即

$$\gamma = \sqrt{\frac{I_p}{2U_p}} \qquad (1-7)$$

式中:I_p 为电子的电离能;U_p 为激光电场强度对应的有质动力能,在原子单位制下可以写成 $E_0{}^2/4\omega_0{}^2$,E_0 即激光电场强度,ω_0 为激光振荡的角频率。

γ 的物理意义可以粗略地看作激光场作用下形成的原子库仑场的势垒宽度

或电子穿越势垒所需的时间(以激光场的振荡周期为单位),因为如果将 U_p 的表达式代入表达式(1-7),就可以得到

$$\gamma = \frac{\omega_0}{E_0}\sqrt{2I_p} = \frac{2\pi}{T_0}\frac{\sqrt{2I_p}}{E_0} = \frac{\tau}{T_0} \qquad (1-8)$$

上述表达式(1-8)中的 τ 就是定义的隧穿时间,即电子穿越势垒所需要的时间。当 $\gamma \gg 1$ 时,说明激光的电场强度远小于原子的库仑场强,电子电离主要通过多光子电离的方式进行。当 $\gamma \ll 1$ 时,则说明激光的电场强度已大大超过了原子的库仑场强,势垒很窄甚至被完全抑制,此时,电子电离主要通过隧穿电离或过势垒电离的方式进行。

(1)多光子电离。多光子电离是指原子中的电子通过同时吸收所需最少数目的多个光子能量而从束缚态跃迁到连续态的过程。在激光强度较低并且脉冲较长的条件下,Fabre 等[4,5]在 20 世纪 70 年代用低阶微扰理论(Lowest-Order Perturbation Theory,LOPT)给出了多光子电离的电离速率为 $\Gamma_n = \sigma_n I^n$,其中 n 为电子电离所必须吸收的最少光子数,σ_n 为广义的电离截面,I 为激光光强。1979 年,Kruit 等[6]发现随着激光光强的进一步提高,电子可以同时吸收多于其电离所需的最少数目的光子而电离,这就是阈上电离现象(ATI)[7],其电离速率为 $\Gamma_{n+s} \sim I^{n+s}$,其中 $(n+s)$ 为吸收的光子数,I 为激光光强。由于电离速率不随电场振荡变化(随时间缓慢变化),因此在长脉冲情况下总的电离率基本上与时间呈线性关系[8,9]。

(2)隧穿电离。如果激光光强足够高并且激光频率很低,在准静态近似下,此时,处于激光场中的原子,其势能曲线被激光电场压制而发生严重畸变,即原子的库仑势垒 $V(r)$ 与激光电场形成的势场(一般写成 $e\boldsymbol{E} \cdot \boldsymbol{r}$)在其偏振方向上相叠加而形成了一个合成势垒。随着激光光强的提高,原子库仑势垒逐渐被压低,使得电子可能通过隧道效应穿过势垒而发生电离,这就是隧穿电离现象[2](图1-3(b))。在这种准静态近似下,Ammosov、Delone、Krainov 三人给出了著名的 ADK 公式用于计算隧穿电离率[10],在线偏振激光场下其表达式为

$$W_{ADK} = C_{n^*}^2 f(l,m) \frac{Z^2}{2n^{*2}} \sqrt{\frac{3E(t)n^{*3}}{\pi Z^3}} \left(\frac{2Z^3}{E(t)n^{*3}}\right)^{2n^*-|m|-1} \exp\left(-\frac{2Z^3}{3n^{*3}E(t)}\right)$$

$$(1-9)$$

式中:$C_{n^*} = (2e/n^*)^{n^*}(2\pi n^*)^{-1/2}$;$f(l,m) = (2l+1)(l+|m|)!/(2^{|m|}|m|!(l-|m|)!)$;$E(t)$ 为激光的电场分量;n^* 为有效量子数 $Z/(2I_p)^{1/2}$;$e = 2.71828\cdots$ 为自然常数;l 和 m 则分别为角动量量子数和磁量子数;Z 为原子电离后的离子电荷数。在圆偏振激光场情况下,上述表达式需要再乘上 $(\pi Z^3/3E(t)n^{*3})^{1/2}$。很显然,隧穿电离机制的电离速率随时间的变化是高度非线性的。上述 ADK 公式的适用条件是 $\gamma < 0.5$,否则,其表达式前面具有更复杂的系数。

(3)过势垒电离。根据 Ammosov 等[10]的理论,隧穿电离的电离速率与激光

电场的瞬时值有关。随着激光光强的进一步增加,原子的库仑势场可能被完全抑制,使势垒最高点降低到等于或小于原子中电子的基态能量以下时,基态电子就能直接越过它而成为自由电子,这就是过势垒电离机制(图1-3(c))。相应于临界场强的激光光强可以由下式来估计,即

$$I_{th} = \frac{4 \times 10^9 I_p^4}{Z^2} (\text{W/cm}^2) \qquad (1-10)$$

式中:I_p 为原子的电离能,单位为电子伏(eV);Z 为原子中电子电离后的离子电荷数。

对于过势垒电离机制的电离速率,目前还没有一个简单的模型来描述,一般只有通过数值求解含时薛定谔方程来了解电离率变化的具体形式,但是总的电离率随时间的变化也是高度非线性的。

1.2 气体高次谐波概述

目前,在台式化小型激光系统上,近红外超短激光脉冲的脉冲宽度最短可达到光周期量级,可聚焦功率密度最高可达到 10^{22} W/cm² 量级,而氢原子内部基态玻尔轨道上的库仑场强所对应的功率密度只有 3.5×10^{16} W/cm²,因此激光束聚焦后可达到的电场强度已经远远超过了氢原子内部库仑场强。因此,当原子与如此强的激光电场相互作用时,会出现一系列用传统的微扰理论所无法解释的物理现象,如阈上电离(Above Threshold Ionization, ATI)、高次谐波产生(High Order Harmonic Generation, HHG)等。1987年,McPherson 等人利用亚皮秒 KrF 激光(248nm)与惰性气体相互作用首次获得气体高次谐波辐射[11],气体高次谐波产生在理论、实验和应用方面都取得了巨大的进展。下面将对强激光场情况下气体高次谐波产生相关的基本概念、理论和研究现状作一个简单介绍。

1.2.1 气体高次谐波产生的理论模型

气体高次谐波一般是由强激光脉冲和气体介质相互作用产生,这种现象在1987年被首次发现(图1-4)[11],可以看到产生效率在两个不同区域的下降斜率不同,第一个快速下降的区域对应于传统的微扰论非线性光学,而随后一个缓慢下降的区域即气体高次谐波平台区,其中13次谐波(65eV)的产生效率约为 2×10^{-11}。一般在气体介质中产生高次谐波所需的激光光强是 $10^{13} \sim 10^{15}$ W/cm²,图1-5所示是一张典型的气体高次谐波谱图[12],包含了气体高次谐波谱的光谱形状基本特征(纵坐标为对数坐标),在低级次处高次谐波强度快速下降,对应于传统的微扰非线性光学区域,随后是一个强度变化相对比较平缓的平台区,在 $I_p + 3.17U_p$ 附近高次谐波强度再次急剧下降,对应于高次谐波截止区。事实

上,几乎所有的气体高次谐波实验所得到的谐波谱都表现出同一个特征:随着谐波级次的增加,开始一些低级次谐波效率单调快速下降,紧接着出现一个所谓的"平台"[13];在平台区内,高次谐波的强度随谐波级次的增加下降得非常缓慢;在平台区末端的某一级次谐波附近,谐波强度再次迅速下降,出现突然截止。平台区的出现是无法用传统的微扰非线性光学理论来解释的,原因在于相互作用过程中激光场的电场强度已经达到甚至超过了原子内部的库仑场强,破坏了微扰理论应用的前提。

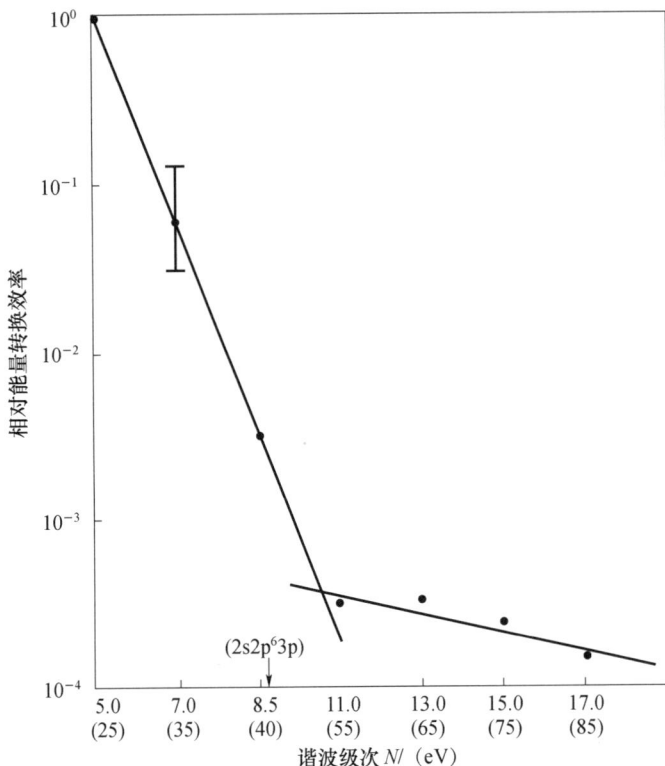

图 1-4 Mcpherson 等人实验中首次观测到的气体高次谐波[11]

气体高次谐波有很多独特的性质,如具有很好的方向性、极好的时间和空间相干性,它的频谱范围可以延伸到极紫外(XUV)和软 X 射线波段,使得人们完全有可能利用 T³(Table - Top - Terawatt)激光产生的气体高次谐波来获得可调谐的相干 XUV 和软 X 射线源(光波的波长划分如图 1-6 所示,目前高次谐波产生的辐射基本上可以覆盖从近红外到软 X 射线波段,对应的波长最短到 1nm 附近)。目前,实验上已经获得了"水窗"波段(4.4~2.3nm)的高次谐波辐射[14-16],在"水窗"波段由于碳原子的吸收要比氧原子的大得多,可以以此提供很高的对比度,所以对活体生物的研究具有十分重大的意义。最近,实验上获得的最短高次谐波辐射波长已经达到1nm左右[17]。

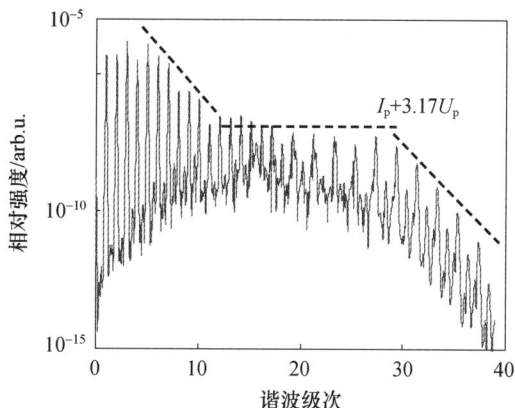

图1-5　气体高次谐波谱的简单示意图(包含了气体高次谐波谱
的光谱形状基本特征(纵轴为对数坐标))

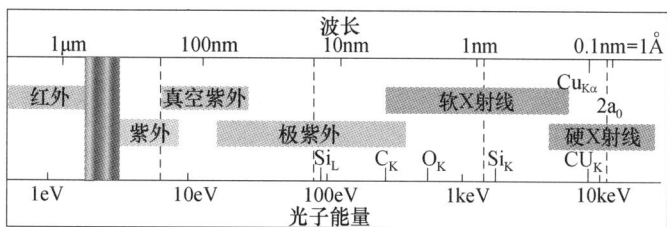

图1-6　光波的波段划分[18]

1. 气体高次谐波的"三步模型"(Three-step Model)

气体高次谐波的平台区是无法用经典的微扰非线性光学理论解释的,同时,在实验中观测到的最高光子能量也远远高于原子的电离能,只有当电子从连续态跃迁到基态时才能产生如此高能量的光子。为了解释这个奇特的现象,Kulander、Corkum等[19,20]于1993年提出著名的"三步模型"来解释气体高次谐波的辐射过程,得到了广泛应用:原子中的电子在强激光场的作用下发生隧穿电离(第一步),进入连续态的准自由电子在激光电场作用下发生振荡,并从中获得额外的动能(有质动力动能,Ponderomotive Energy)(第二步)。当它再次回到原子核附近并复合回到原子基态(第三步)时,会辐射出一个光子以释放出多余的能量,辐射的光子能量在数值上等于电子的电离能加上电子从激光场中所获得的额外动能。图1-7(a)为束缚电子隧穿过原子库仑场和激光场组合形成的势垒;图1-7(b)为准自由电子在激光脉冲电场作用下做加速和减速运动,并从激光场中获得动能;图1-7(c)为部分电子与母核的再次碰撞,复合到初始束缚态并辐射出一个XUV光子。当上述三步过程在多个激光周期内重复进行时,最终产生气体高次谐波光谱会出现分立峰结构[21]。图1-7(d)为返回碰撞电子动能随电子电离时刻的变化,可用经典牛顿运动方程计算得出,最大返回电子动能(实线)为3.17U_p[1]。图中虚线为电子的电离速率,它的最大值位置与电子动能的最大值位置并不重合,因此有一些研究工作是通过对激光脉冲电场整形控制,使得两者的最大值位置重合以提高高次谐波的产生效率。

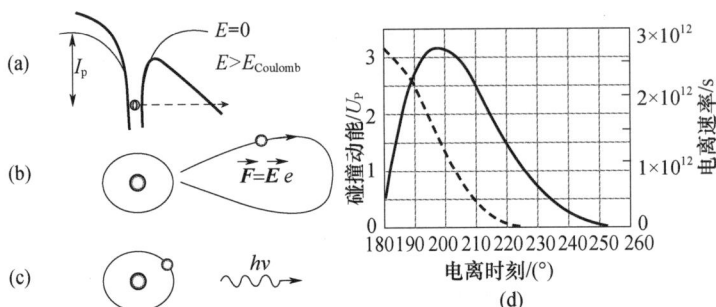

图1-7 气体高次谐波的三步模型示意图[20]
及返回碰撞电子动能随电子电离时刻变化

这一理论不仅解释了为什么实验中圆偏振光不能产生气体高次谐波,更重要的是,还比较准确地说明了气体高次谐波的截止位置。电子电离后在激光场中所能获得的动能是与它电离时刻的激光场相位紧密相关的,这完全可以用经典牛顿力学的理论来解释[2]。由于电子在激光场中所能获得的最大动能(有质动力动能)为3.17U_p,$U_p = 9.33 \times 10^{-14} I(\text{W/cm}^2) \lambda^2 (\mu\text{m})$为有质动力能(其大小等于一个自由电子在激光场中的平均有质动力动能,I为激光强度,λ为激光波长)。所以,气体高次谐波谱截止处的光子能量为$E_{\text{cutoff}} = I_p + 3.17 U_p$($I_p$为电子的电离能),这与实验所得到的结果符合得相当好。

在强场近似下,可以把隧穿电离产生的准自由电子看成经典粒子,在激光电场$E(t) = E_0 \cos(\omega_0 t)$的作用下,电子的运动遵循牛顿方程,即

$$\frac{\mathrm{d}^2 x}{\mathrm{d}t^2} = \frac{eE_0}{m}\cos(\omega_0 t) \tag{1-11a}$$

$$\frac{\mathrm{d}x}{\mathrm{d}t} = \frac{eE_0}{m\omega_0}[\sin(\omega_0 t) - \sin(\omega_0 t_0)] + v_0 \tag{1-11b}$$

$$x = -\frac{eE_0}{m\omega_0^2}[\cos(\omega_0 t) - \cos(\omega_0 t_0) + \omega_0(t - t_0)\sin(\omega_0 t_0)] + v_0(t - t_0) + x_0 \tag{1-11c}$$

式中:t_0为电子电离时刻;v_0为电子电离的初始速度,一般设为零;x_0为电子从原子中隧穿出来的初始位置,一般也设为零。电子的运动轨迹与电子被电离的时刻有关,有些电子会远离原子核,永远不会回来,有些电子则会经过原子核附

近($x \approx 0$),只有这些经过原子核附近的电子才有可能与核发生碰撞复合而产生气体高次谐波辐射。不同时刻电离的电子在返回到原子核附近时具有不同的动能,动能的最大值约为 $3.17U_p$,其中 U_p 为有质动力能[2]。这样就得到了著名的气体高次谐波"截止频率"($\hbar\omega_{max} = I_p + 3.17U_p$)。

2. Lewenstein 量子理论

虽然 Kulander、Corkum 等的"三步模型"可以很好地解释气体高次谐波辐射的基本特征,但是微观世界的准确解释需要量子理论。1994 年,Lewenstein 等[22]对低频激光场下气体高次谐波的产生给出了解析量子理论,也称为强场近似(SFA)理论。该理论涵盖了 Kulander、Corkum 等的经典解释,同时也包含了真实电子作为波包在激光场中的量子扩散及量子相干等效应。该理论结果适用的物理条件为 $\omega \ll I_p \leqslant U_p < U_{sat}$,其中 ω 为激光场的角频率,U_{sat} 为饱和光强(见前文)所对应的平均有质动力动能。同时,它还做了如下假设。

(1)只考虑基态电子对气体高次谐波辐射的贡献,其他束缚态电子的贡献可以忽略。

(2)基态电子的衰减,即"电离耗尽"效应可以忽略。

(3)在连续态中,电子可以看作不受原子库仑势作用而在激光电场中运动的自由粒子(即强场近似)。

在上述三个假设的基础上,Lewenstein 等人结合含时薛定谔方程(Time Dependent Shrödinger Equation,TDSE)和单电子近似模型(Single Active Electron Approximation,SAE),经过一系列的推导后解析地给出含时电偶极矩的表达式。在直观物理图像上可以把该电偶极矩看作束缚态电子波包首先隧穿到连续态,然后该连续态电子波包在激光场中运动以及该电子波包在激光场作用下又复合到束缚态这三个过程的概率幅的乘积。对该电偶极矩的进一步分析表明,在气体高次谐波辐射过程中起主要作用的是隧穿后初速度为零、在激光场中做振荡运动并返回原子核且与原子核复合的电子。该理论也考虑了电子从电离到复合时间段内的波包扩散效应,下面给出了简单的推导过程。

一个与经典电磁场 $E(t)$ 相互作用的单电子原子,可以用薛定谔方程描述为(长度规范)

$$i\hbar \frac{\partial}{\partial t} | \langle \Psi r,t \rangle = (H_0 + e r \cdot E(t)) | \Psi(r,t) \rangle \qquad (1-12)$$

式中:$|\Psi(r,t)\rangle$ 是随时间变化的电子波函数,等式右边括号中的第一项 H_0 是无外场下电子的哈密顿量,第二项 $e r \cdot E(t)$ 是电偶极相互作用。考虑上述三个假设,可以将电子波函数展开为

$$| \Psi(r,t) \rangle = e^{iI_p t} a(t) | 0 \rangle + \int d^3 v b(v,t) | v \rangle \qquad (1-13)$$

式中:$a(t) \approx 1$ 和 $b(v,t)$ 分别为基态和连续态振幅;$|0\rangle$ 为基态电子波函数;$|v\rangle$

为速度为 v 的连续态电子波函数；I_p 为原子电离能。将上述展开的含时电子波函数代入薛定谔方程式（1-12），推导过程中采用长度规范，可以得到连续态振幅的表达式为

$$b(v,t) = i\int_0^t dt' E(t') \cdot d(v + eA(t) - eA(t')) \cdot$$

$$\exp\left\{-i\int_{t'}^t dt''[(v + eA(t) - eA(t''))^2/2 + I_p]\right\} \quad (1-14)$$

式中：$d(v) = \langle v|r|0\rangle$ 为基态到连续态的偶极跃迁矩阵元；$A(t)$ 为经典电磁场 $E(t)$ 的矢势。对于类氢原子，其基态波函数可以写成

$$\Psi_{1s}(r) = \frac{(2I_p)^{3/4}}{\pi^{1/2}} e^{-\sqrt{2I_p}r} \quad (1-15)$$

则偶极跃迁矩阵元为（这里用平面波描述连续态电子波函数）

$$d(p) = i\frac{2^{7/2}}{\pi}\frac{(2I_p)^{5/4}}{1}\frac{p}{(p^2 + 2I_p)^3} \quad (1-16)$$

假设激光场为线偏振光且偏振方向在 x 方向，则可以利用下式得到含时电偶极矩，即

$$x(t) = \langle\Psi(t)|x|\Psi(t)\rangle = \int d^3v\, d_x^*(v)b(v,t) + \text{c.c.} \quad (1-17)$$

在这个模型下含时电偶极矩 $x(t)$ 的二阶微分（即偶极加速度）的傅里叶变换就正比于气体高次谐波谱，准确的计算可以参考经典电动力学中的相关公式。

下面首先引入正则动量，即

$$P = v(t) + eA(t) \quad (1-18)$$

采用正则动量的表达式，含时电偶极矩可以进一步写为

$$x(t) = i\int_0^\infty d\tau\int d^3P E(t-\tau) \cdot$$

$$d[P - eA(t-\tau)]\exp[-iS(P,t,\tau)]d^*[P - eA(t)] + \text{c.c.}$$

$$(1-19)$$

其中

$$S(P,t,\tau) = \int_{t-\tau}^t dt'\left\{\frac{[P - eA(t')]^2}{2} + I_p\right\} \quad (1-20)$$

上述式（1-19）可以直观地解释为下列过程概率幅之积：积分中的第一项 $E(t-\tau) \cdot d[P-eA(t-\tau)]$ 是在 $t-\tau$ 时刻电子从基态跃迁到动量为 $P-eA(t-\tau)$ 的连续态的跃迁概率，即电子电离；从 $t-\tau$ 到 t 时刻，连续态电子波函数在激光场作用下运动并获得一相位因子 $\exp[-iS(P,t,\tau)]$，这里 $S(P,t,\tau)$ 由式（1-20）给出；最后，电子在 t 时刻返回并复合回原子基态，复合的跃迁矩阵元为 $d^*[P-eA(t)]$。通过将所有可能的电子动量和电离时刻积分，就可以得到 t 时刻的电偶极矩。因此，从这个表达式中可以清楚地看到图1-7所示的物理模

型描述的"三步"过程。

此外,由于上述含时电偶极矩是一个四重积分(三维动量 + 一维时间),其计算量实在太大。因此,在实际应用中一般先采用鞍点近似处理,这是由于相位因子 $S(\boldsymbol{P}, t, \tau)$ 的数值在动量空间中变化很大,方程中对正则动量 $\boldsymbol{P}$ 的三维积分中最为主要的贡献来自于相位曲面 S 的鞍点附近的积分,即

$$\nabla_{\boldsymbol{P}} S(\boldsymbol{P}, t, \tau) = 0 \qquad (1-21)$$

即正则动量的鞍点位置为

$$\boldsymbol{P}_{\text{st}}(t, \tau) = \frac{1}{\tau} \int_{t-\tau}^{t} \boldsymbol{A}(t') \, \mathrm{d}t' \qquad (1-22)$$

在鞍点位置附近将相位因子 $S(\boldsymbol{P}, t, \tau)$ 展开,即

$$S(\boldsymbol{P}, t, \tau) = \frac{\tau}{2}(\boldsymbol{P} - \boldsymbol{P}_{\text{st}})^2 + \frac{1}{2} \int_{t-\tau}^{t} \boldsymbol{A}^2(t') \, \mathrm{d}t' - \boldsymbol{P}_{\text{st}}^2 \tau/2 + I_{\text{p}}\tau =$$

$$\frac{\tau}{2}(\boldsymbol{P} - \boldsymbol{P}_{\text{st}})^2 + S_{\text{st}}(t, \tau) \qquad (1-23)$$

得到鞍点的位置 $\boldsymbol{P}_{\text{st}}(t, \tau)$ 后,将 $x(t)$ 中的其他表达式在正则动量的鞍点附近展开,并假设其在鞍点附近是缓变的,忽略高阶项就可以得到三维动量积分的解析表达式,积分后最终得到如下结果,即

$$x(t) = \mathrm{i} \int_0^\infty \mathrm{d}\tau \left(\frac{\pi}{\varepsilon + \mathrm{i}\tau/2} \right)^{3/2} \boldsymbol{E}(t-\tau) \cdot \boldsymbol{d}_x [\boldsymbol{P}_{\text{st}}(t, \tau) - e A_x(t-\tau)] \cdot$$

$$\exp[-\mathrm{i}S_{\text{st}}(t, \tau)] \boldsymbol{d}_x^* [\boldsymbol{P}_{\text{st}}(t, \tau) - e A_x(t)] + \text{c. c.} \qquad (1-24)$$

这样就只剩下一重积分,其中 $\boldsymbol{d}_x[\boldsymbol{P}_{\text{st}}(t, \tau) - e A_x(t-\tau)]$ 是 x 方向上偶极跃迁矩阵元。从上述表达式可以看出,对 τ 的积分限从零直到无穷大,意味着在 t 之前的任意时刻电离的电子均有可能在 t 时刻复合回到基态,其差别只是概率幅的大小和产生的高次谐波的光子能量。结合经典牛顿方程求解电子轨迹的方法和时间频率分析(Time Frequency Analysis)的方法可以知道,每个不同时刻 t 复合回到原子基态的电子动能是不一样的,如图 1-8(a)所示 t 时刻之前,几乎每个半周期电离出来的电子均有可能复合回到原子基态。图 1-8(b)给出了图(a)不同 n 标记的返回电子能量,以 U_{p} 为单位,能量的最大值为 3.17U_{p}。随着 n 值的逐渐变大,返回电子的最大能量逐渐变小,逐步趋近 2U_{p}。图 1-8 中 n 值表示经过母核的次数,如 $n=2$ 表示第二次经过母核时复合。右图给出不同 n 值的返回电子动能,可以看出不同时刻返回的电子动能是不同的,同时每个时刻均有不同电离时刻的电子返回,每个 n 值曲线对应的最大电子动能不同。

注意:$S(\boldsymbol{P}, t, \tau)$ 在气体高次谐波理论中是一个非常重要的物理量,绝大部分的高次谐波性质均可以由它得出。例如,在鞍点近似中,有

$$\nabla_{\boldsymbol{P}} S(\boldsymbol{P}, t, \tau) = x(t) - x(t-\tau) = 0 \qquad (1-25)$$

这表示电子电离时刻和电子复合时刻的位置相同,也就是电离电子在激光场中运动后回到其原来所在位置,即

$$\partial_\tau S(\boldsymbol{P}, t, \tau) = \frac{[\boldsymbol{P} - \boldsymbol{A}(t-\tau)]^2}{2} + I_\mathrm{p} = 0 \qquad (1-26)$$

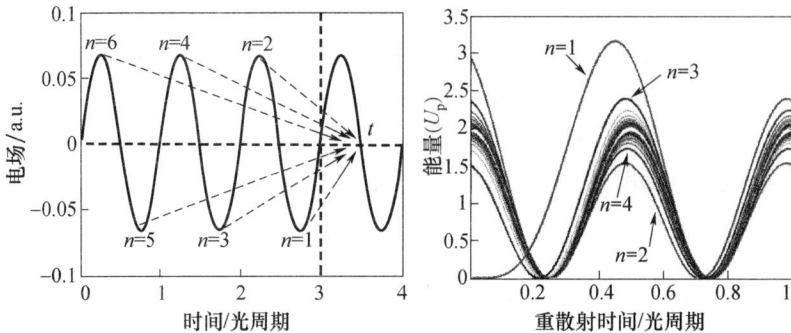

图 1 - 8　经典牛顿方程计算在不同返回时刻的电子动能

(a)不同半周期电离电子在 3 - 4 周期时刻返回到母核;(b)不同半周期电离电子复合时刻的动能。

式(1 - 26)理解起来稍微困难一些,它表示电离电子的初始速度为 0。它难以理解的原因在于原子的电离能一般都是大于零的,所以该式的计算结果是 τ 的取值将是复数。这是因为电子是从原子核内隧穿出去的,一般 τ 的虚部就是隧穿时间。

$$\partial_t S(\boldsymbol{P}, t, \tau) = \left(\frac{[\boldsymbol{P} - \boldsymbol{A}(t)]^2}{2} + I_\mathrm{p}\right) - \left(\frac{[\boldsymbol{P} - \boldsymbol{A}(t-\tau)]^2}{2} + I_\mathrm{p}\right) = E_\mathrm{hhg}$$

$$(1 - 27)$$

式(1 - 27)不难理解,它表示高次谐波光子能量来源于电子从激光场中获得的动能和原子的电离能。

另外,S 本身也经常在高次谐波的宏观相位匹配计算中近似代替高次谐波的相位,用于计算不同光子能量的谐波相位随各种激光参数的变化,以及优化相位匹配过程。

图 1 - 9 比较了经典电子轨迹与 Lewenstein 量子理论计算的结果,其结果完全一致。通过两者对比,还可以得到量子理论无法直接获得的一些信息,如不同轨道对高次谐波产率的影响等。从图中可以看出,在低能端,多次散射轨道对气体高次谐波产率的贡献是很高的。虽然多次散射电子对低能端($<2.3U_\mathrm{p}$)高次谐波产率的贡献还是很高的,但是更多的时候我们研究的是截止区附近的高次谐波,此时的高次谐波辐射主要来自 $n=1$ 的电子轨道(从图中可以看出截止区的谐波辐射主要来自 $n=1$ 的返回电子,其他轨道的最高光子能量不够,但是平台区谐波辐射很大成分来自多个 n 值曲线的叠加)。

即使对于 $n=1$ 的电子轨道,对于每一级次(光子能量)的气体高次谐波辐射,对应于每一个返回电子动能,至少有两条经典电子轨道,其主要贡献都来自动能简并的两条电子轨迹(图 1 - 10),一般称为"长路径"和"短路径"。电子总是在电场振荡峰值附近电离,在经过约 2/3 电场振荡周期后返回并复合到原子核。在略早于电场为零的时刻(其电离时刻约为 0.05 电场振荡周期,复合时矢势达到最大)复合的电子动能达到最大,产生截止位置附近的高次谐波。在此之前或之后复合的电子动能都逐渐下降,这导致了每个谐波峰均由两个动能相同的电子复合产生。一般来说,比产生截止位置谐波的电子轨迹短(即在它之前复合)的,我们称为短路径,另一个则称为长路径。

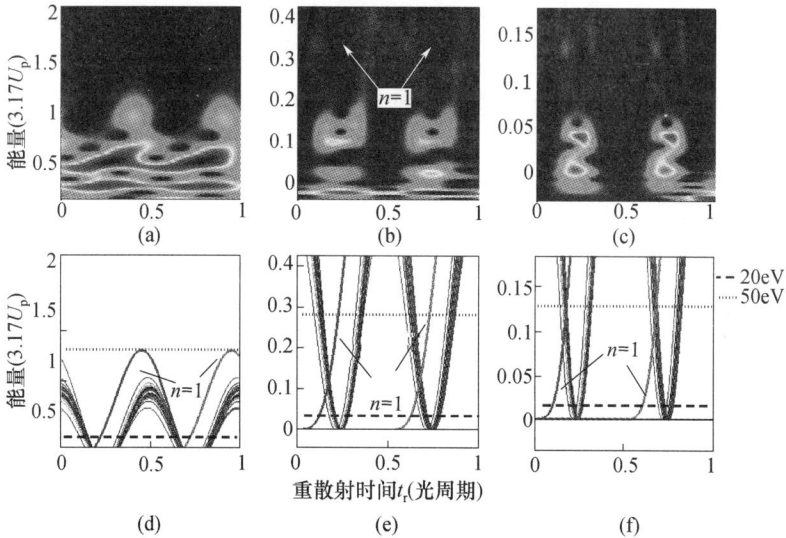

图 1-9 Lewenstein 量子理论计算的气体高次谐波的时间频率分析((a)~(c))与经典电子轨迹((d)~(f))比较(从左到右分别为不同激光波长(800nm,1600nm,2400nm)计算的结果)

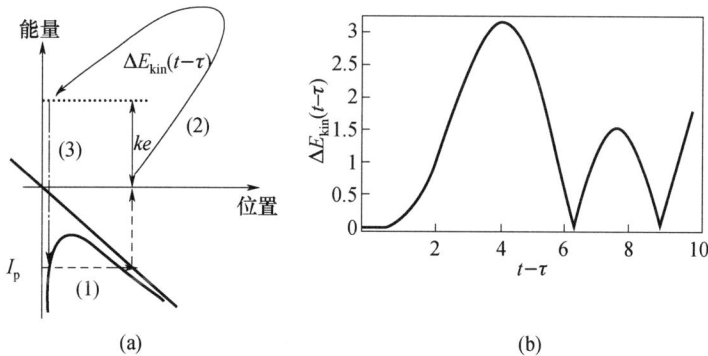

图 1-10 三步模型(a)以及(b)经典的返回电子动能随电离时刻的变化

(1)隧穿电离过程,电子从被激光电场抑制的原子势垒中电离出来;(2)只考虑激光电场作用的经典电子轨迹,电子在激光中加速和减速,获得动能;(3)部分时刻电离的电子回到到母核附近,重新复合到束缚态并辐射出 XUV 光子。

长路径电子和短路径电子复合产生的气体高次谐波是具有不同特性的,差异主要来自其相位对光强的依赖特性不同以及不同的色散特性,体现在宏观相位匹配上。首先,在对激光光强的依赖特性方面,长路径高次谐波更加敏感一些。对于中心频率为 ω 的激光脉冲产生的特定频率的气体高次谐波 $n\omega$,其相位对激光脉冲光强的依赖关系可以写成(1、2 分别为长短路径)

$$\varphi_i(r,z,t) = -\alpha_i I(r,z,t), i = 1,2 \qquad (1-28)$$

长路径高次谐波的系数 α_1 可能会比短路径高次谐波的系数 α_2 大好几倍。图 1-11 给出了经典电子轨迹计算的 25 次谐波相位(对应于量子模型中的相位 S),长短路径高次谐波相位分别随激光光强的变化规律,横轴为激光强度。从图中可以看出,不同路径电子产生的高次谐波相位差异是很大的,而且随着激光光强的提高,这种差别越来越大,这对于高次谐波产生过程中的宏观相位匹配效应有着巨大的影响。首先,曲线的斜率一正一负。随着激光光强的提高,长路径高次谐波相位绝对值逐渐增大,而短路径高次谐波相位绝对值则逐渐减小。其次,长路径高次谐波相位随光强的变化率是短路径高次谐波相位的大约 5 倍,这使得长路径高次谐波相位对激光光强更敏感。在气体高次谐波实验中,激光脉冲光强总是具有一定的空间分布 $I(r,z,t)$,同时气体介质相对于激光脉冲焦点位置也不同,这些都会影响气体高次谐波产生过程中宏观相位匹配,而这些影响对于长短路径高次谐波是不同的。

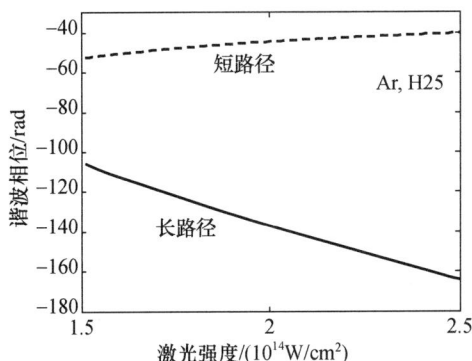

图 1-11　800nm 波长激光脉冲产生的 25 次谐波,长短路径高次谐波相位分别随激光强度的变化规律,两者具有明显的区别

在实际数值计算中,经常需要对 Lewenstein 模型做一些改进。例如,Lewenstein 量子理论中不考虑基态损耗,而在实际的强激光脉冲中,电离是不可避免的。因此,结合电离损耗过程,可将 Lewenstein 模型的电偶极矩计算公式改进为

$$x(t) = i\int_0^\infty d\tau \left(\frac{\pi}{\varepsilon + i\tau/2}\right)^{3/2} E(t-\tau) d_x[p_{st}(t,\tau) - eA_x(t-\tau)] \cdot$$

$$\exp[-iS_{st}(t,\tau)] d_x^*[p_{st}(t,\tau) - eA_x(t)] \exp\left[-\int_{-\infty}^t dt' w(E(t'))\right] + \text{c. c.}$$

$$(1-29)$$

式中：$\exp\left[-\int_{-\infty}^{t} \mathrm{d}t' w(E(t'))\right]$ 就是电离引起的基态损耗。进一步还可以考虑电离损耗在 $t-\tau$ 时刻和 t 时刻的不同，分别采用不同的电离表达式。

虽然 Lewenstein 量子理论的物理意义清晰，但它自身也存在着一定的缺陷，例如，该理论只考虑了基态而忽略了其他束缚态在气体高次谐波辐射过程中所起的作用，当然，也就没有考虑不同束缚态间的跃迁对气体高次谐波的贡献。此外，Lewenstein 量子理论中也没有考虑电子与电子之间的相互作用等，这些对于进一步的深入研究都有一定的局限性。

3. 其他理论方法

其他研究强激光场中气体高次谐波产生的方法还有直接数值积分方法、Floquet 理论、非微扰量子电动力学理论（QED）、QRS（Quantitative Rescattering）理论等，下面对这些方法作一个简单的介绍，有兴趣的可进一步查阅相关文献。

1) 直接数值积分方法

Kulander、Krause 等[23,24] 提出单电子近似理论，对原子采用单电子近似（SAE），即除一个电子是自由电子以外，其余电子都固定不受激光电场影响。这个自由电子在库仑势中受激光电场的驱动而产生感生电偶极矩。该小组采用数值求解含时薛定谔方程（TDSE）的方法研究了氢原子的高次谐波谱，发现了单原子气体高次谐波谱的普遍截止公式：$E_{\text{cutoff}} = I_{\text{p}} + 3.17U_{\text{p}}$，其中 I_{p} 为电子电离能，U_{p} 为自由电子从激光场获得的平均动能，E_{cutoff} 为截止处高次谐波的光子能量。

数值求解含时薛定谔方程一般采用如下流程。首先写出含时薛定谔方程（单电子近似，这里采用长度规范），即

$$\mathrm{i}\hbar\frac{\partial \boldsymbol{\Psi}(\boldsymbol{r},t)}{\partial t} = H\boldsymbol{\Psi}(\boldsymbol{r},t) = \left(-\frac{\hbar^2}{2m}\nabla^2 + V(\boldsymbol{r}) + e\boldsymbol{E}(t)\cdot\boldsymbol{r}\right)\boldsymbol{\Psi}(\boldsymbol{r},t)$$

$$(1-30)$$

式中：$\boldsymbol{\Psi}(\boldsymbol{r},t)$ 为含时变化的电子波函数；$V(\boldsymbol{r})$ 为电子感受到的有效势函数；$e\boldsymbol{E}(t)\cdot\boldsymbol{r}$ 为激光场与电子的相互作用。获得 $\boldsymbol{\Psi}(\boldsymbol{r},t)$ 后就可以计算 $\langle\boldsymbol{\Psi}|\boldsymbol{r}|\boldsymbol{\Psi}\rangle$ 得到含时的电偶极矩 $\boldsymbol{d}(t)$ 以及电偶极加速度 $\ddot{\boldsymbol{d}}(t)$ 或者 $\langle\boldsymbol{\Psi}|-\nabla V(\boldsymbol{r})|\boldsymbol{\Psi}\rangle$，然后进行傅里叶变换就可以得到高次谐波谱。

数值求解上述含时薛定谔方程一般有两种方法。一种是将电子波函数 $\boldsymbol{\Psi}(\boldsymbol{r},t)$ 在一个特定的基组上展开，然后解析推导基组中每个本征态系数的时间演化方程，得到一个庞大的耦合方程组。通过将这个方程组进行时间迭代演化，得到电子波函数的时间演化过程。其优点是物理图像相对清晰，对于电子电离等概念比较确切，缺点则是基组的选择比较重要，尤其是连续态波函数的基组。另一种是直接将电子波函数 $\boldsymbol{\Psi}(\boldsymbol{r},t)$ 在空间上离散化，直接计算空间每一点的电子波函数的时间演化过程，比较简洁方便，同时也包含了所有的物理信息。其缺

点是多维度情况下和长波长激光脉冲作用下的计算量非常巨大,同时计算空间边界选择处理很重要。下面对后者做一个简单介绍。

在开始数值计算之前,先要将薛定谔方程写成可进行时域迭代的形式(原子单位制,$\hbar = e = m = 1$),即

$$\Psi(\boldsymbol{r}, t + \Delta t) = \exp(-iH\Delta t)\Psi(\boldsymbol{r}, t) \qquad (1-31)$$

但是上述表达式是难以直接进行数值计算的,因为哈密顿量 H 中同时包含了位置和动量算符,而这两个算符是不对易的。为了适合数值计算,需要将位置算符和动量算符拆开成不同的项,同时为了提高时域离散化的计算精度,一般还要用算符劈裂的方法处理。算符劈裂方法在不同的坐标系(直角坐标、柱坐标、球坐标等)中的表达形式是不同的,下面只给出直角坐标系中的表达形式,即

$$\Psi(\boldsymbol{r}, t + \Delta t) = \exp\left(i\frac{\nabla^2}{4}\Delta t\right)\exp\left[-i(V(\boldsymbol{r}) - eE(t) \cdot \boldsymbol{r})\Delta t\right]\exp\left(i\frac{\nabla^2}{4}\Delta t\right)\Psi(\boldsymbol{r}, t)$$

$$(1-32)$$

式(1-31)的离散化形式,其时域迭代的误差精度只能到 $O(\Delta t^2)$,而算符劈裂方法得到的表达式(1-32),其误差精度可以提高到 $O(\Delta t^3)$。在数值计算中,对动量算符相关项 $\exp(i\nabla^2 \cdot \Delta t/4)$ 的处理一般又有两种方法,分别是 Crank - Nicolson(C - N)方法和傅里叶变换方法。为了保证动量算符相关项在数值计算中的模值不变,同时又使动量算符不会出现在指数上,Crank - Nicolson(C - N)方法将动量算符相关项写成

$$\exp\left(i\frac{\nabla^2}{4}\Delta t\right) = \left(1 + i\frac{\nabla^2}{8}\Delta t\right)\bigg/\left(1 - i\frac{\nabla^2}{8}\Delta t\right) \qquad (1-33)$$

傅里叶变换的方法则是:先将电子波函数 $\Psi(\boldsymbol{r}, t)$ 傅里叶变换到动量域 $\Psi(\boldsymbol{p}, t)$。在动量域 $\exp(i\nabla^2 \cdot \Delta t/4)$ 可以写成 $\exp(-ip^2 \cdot \Delta t/4)$,将它与动量域波函数相乘再重新变换回到空间域即可(见本章附录)。

在用时间迭代方法计算 $\Psi(\boldsymbol{r}, t)$ 之前,通常首先需要获得体系的初始波函数 $\Psi(\boldsymbol{r}, t = 0)$。在量子力学中计算初始波函数的方法很多,如谱方法(Spectral Method)、虚时间演化法(Imaginary Time Evolution)(见本章附录)等。其中虚时间演化法的收敛速度比较快,但是当体系中有能级很近的态或者简并态时,它比较难以处理。虚时间演化法将时间迭代方程(1-31)中的 Δt 用 $-i \cdot \Delta t$ 替代,使体系中原本能量最低的基态成为能量最高的态,使得任意波函数在方程(1-31)的迭代中最终都演化成为体系的基态波函数,因此它对于获得体系的基态波函数非常方便,而激发态波函数则稍微有点麻烦。

另外,TDSE 方法对整个体系做了单电子近似,需要针对特定的体系选择合适的 $V(\boldsymbol{r})$ 表达式。此时,库仑势在 $\boldsymbol{r} = 0$ 处是奇点,这使得在数值计算中需要选择合适的库仑势函数形式 $V(\boldsymbol{r})$。对于前者,而对于后者,一般采用软核势(Soft Core)的方法处理。

　　总体来说,TDSE 方法的优点是采用的近似很少,可以比较全面地包含整个体系的物理信息[25],可以非常方便地研究不同激光脉冲形状的影响。但此方法也存在着几点不足,利用该方法计算的时候我们需要知道边界条件,要是没有选择好边界条件,计算就失去了准确性。用这个办法计算的时候,需要让计算边界上的非物理反射消失,这就要在计算边界处引入吸收势,这可能影响到计算结果。此外,在多维模型下,该方法的计算量很大,对计算机运算能力的要求比较高。

　　相比较于 Lewenstein 模型,TDSE 方法可以得到更加准确的结果,如多个电子能级参与相互作用后的共振高次谐波。下面以一个双色场与原子相互作用产生共振增强的气体高次谐波为例说明直接数值积分方法。通过数值求解一维含时薛定谔方程,并采用单电子近似和软核势模型,研究双色场对产生高次谐波的影响,其中软核势的形式取为

$$V(x) = -\frac{1}{\sqrt{a^2 + x^2}} \tag{1-34}$$

　　通过调节 a 的数值,可以调节势场深度和基态能量,这里取 a^2 为 0.4713,通过求解薛定谔方程的定态解可以知道此时体系的基态能量为 -0.9043a. u. ,近似等于氢原子的第一电离能。

　　计算中采用的双色场的电场形式为

$$E(t) = f(t)[E_0\sin(\omega_0 t) + E_n\sin(n\omega_0 t)] \tag{1-35}$$

式中:$f(t)$ 为激光脉冲包络,这里取 $f(t) = 1$,即方形脉冲。计算中基频光场(即频率为 ω_0 的激光脉冲)的波长为 800nm,相当于 $\omega_0 = 0.057$a. u. ,计算中脉冲总长度为 100 个基频光周期,约为 266fs。这样,含时薛定谔方程可以表示成如下形式,即

$$i\frac{\partial \Psi(t,x)}{\partial t} = \left\{-\frac{1}{2}\frac{\partial^2}{\partial x^2} - \frac{1}{\sqrt{a^2 + x^2}} - x[E_1\sin(\omega_0 t) + E_n\sin(n\omega_0 t)]\right\}\Psi(t,x)$$
$$\tag{1-36}$$

　　以基态的定态波函数为初始条件,数值求解方程式(1-36),可以得到不同时刻的 $\Psi(t,x)$,即电子波函数随时间的演化,利用 $\Psi(t,x)$ 可以求出偶极加速度,即

$$a(t) = \left\langle \Psi(t,x)\left| -\frac{dV}{dx} + E(t) \right|\Psi(t,x)\right\rangle \tag{1-37}$$

然后对偶极加速度 $a(t)$ 进行傅里叶变换,即

$$d(\Omega) = \int a(t)e^{i\Omega t}dt \tag{1-38}$$

从而就可以得到相应的高次谐波光谱强度分布 $|d(\Omega)|^2$。

　　图 1-12(a)是取 $E_0 = 0.05$a. u. ,$E_n = 0$(即单色场)的结果,可以看到此时

的谐波产生效率极低。图 1-12(b) ~ (d)则是双色场作用产生的高次谐波谱，其中 $E_0 = 0.05$ a. u. , $n = 11$ ，而 n 次谐波场的电场强度 E_n 则分别为 0.00005 a. u. 、0.0005 a. u. 、0.005 a. u. ，即分别相当于基频场强度的 10^{-6} 、10^{-4} 和 10^{-2} ，从中可以看到显著的高次谐波产生效率变化。在以往附加低频谐波的双色场高次谐波（即 $1\omega_0 - 2\omega_0$ 和 $1\omega_0 - 3\omega_0$ 双色场）计算中，只有当附加谐波场强度和基频场强度相当时（即没有量级上的差别），高次谐波效率才会有显著的提高，而这里在加入了 $n = 11$ 的高频场后，可以看到，即使当高频场强度比基频场弱很多（只有 1% ），高次谐波产生效率也有极大的提高，可以提高达四个量级以上。

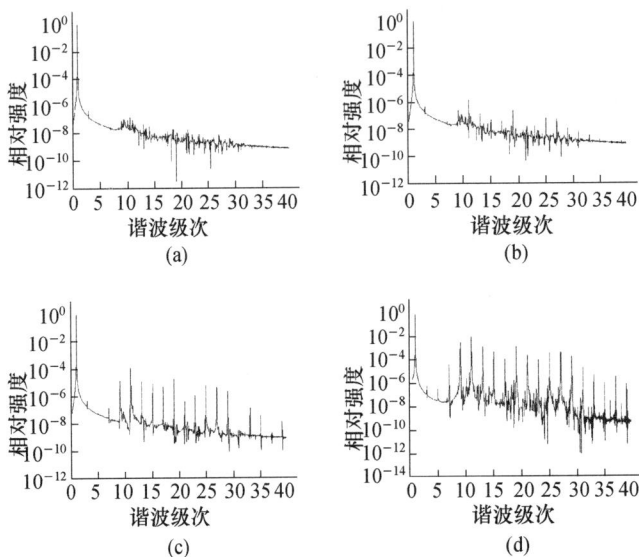

图 1-12　双色场产生的高次谐波谱，纵轴为产生的谐波强度，横轴为谐波级次

（(a) ~ (d)，高次谐波产生效率提高了 4 个量级以上）

(a) $E_0 = 0.05$ a. u. , $E_{11} = 0$; (b) $E_0 = 0.05$ a. u. , $E_{11} = 0.00005$ a. u. ;

(c) $E_0 = 0.05$ a. u. , $E_{11} = 0.0005$ a. u. ; (d) $E_0 = 0.05$ a. u. , $E_{11} = 0.005$ a. u. 。

　　为了进一步研究其中的物理机制，可以计算这三种双色场情况下基态电子布居数的变化，从中分析高次谐波效率获得极大提高的原因。图 1-13 给出了三种情况下基态电子布居数的变化，可以看出，此时，基态电子的电离已经不能简单地用 ADK 理论等来解释了，激光电场强度并没有明显的变化（最大的高频场强度也只有基频场的 1/100），而基态电子的电离则出现了显著的变化。

　　我们知道，软核势描述的原子中除了存在基态能级外，还存在许多激发态能级，这点与真实原子是非常相似的。对于上述参数，软核势原子的基态能量为 -0.9043 a. u. ，其第一激发态的能量为 -0.3111 a. u. ，第二激发态能量为

-0.1647a. u. 等。当高频场光子能量接近或等于基态能级和激发态能级之间的能量差时,就会在基态和激发态之间建立共振,使得在相对很弱的光场下(只是相对于基频激光场很弱,实际上并不弱),也会有大量的基态电子跃迁到激发态。在上述计算模型中,体系基态和第一激发态之间的能量差为 0.5932a. u. ,比较接近于 11 次谐波的光子能量(0.6284a. u.)。同时,我们知道,对于电场强度只有 $E_0 = 0.05$a. u. 的基频光,如果要把电子从基态直接电离(多光子电离或隧穿电离)显然是很困难的(根据 ADK 公式可以计算),但是如果事先通过共振把电子从基态布居到激发态,然后让基频光场把电子从激发态电离,显然就要容易多了,从而可以使电子的电离率大大提高,这就是高频光场所起的作用。当 $n = 11$ 时,高频光场的光子能量最接近基态与第一激发态之间的能量差,此时基态电离率最大。从图 1 – 14 中可以看出,在电子电离最大的时候谐波效率也最高,也就是说,电子共振电离对于谐波产生效率有极大的影响,可以极大地提高谐波的产生效率。

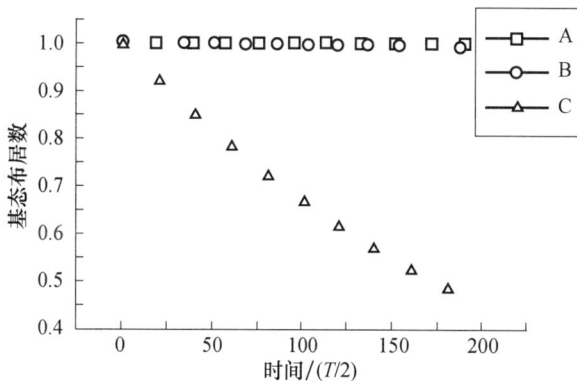

图 1 – 13 双色场作用下原子基态电子布居数变化

(A) $E_0 = 0.05$a. u. , $E_{11} = 0.00005$a. u. ; (B) $E_0 = 0.05$a. u. , $E_{11} = 0.0005$a. u. ;

(C) $E_0 = 0.05$a. u. , $E_{11} = 0.005$a. u. 。

图 1 – 15 给出了 29 ~ 35 次谐波(分别对应于平台区的末端和截止区的位置)强度随高频场频率的变化,从中可以看到明显的共振现象(注意:纵轴为谐波强度的对数)。在共振频率附近,谐波强度达到最大,转换效率与单色场高次谐波相比提高了 5 个量级以上。从图中可以看出,共振频率在 $(9 ~ 11) \omega_0$ 之间,而我们在计算中采用的原子模型基态与第一激发态之间的能级差为 $10.4\omega_0$,进一步的详细计算表明,共振频率确实在 $10.4\omega_0$ 附近。

如图 1 – 16 所示,我们进一步给出了完全共振情况下的高次谐波辐射,其计算参数分别为 $E_0 = 0.05$a. u. , $E_n = 0.005$a. u. 以及 $\omega_n = 10.4\omega_0$。与单色场相比,完全共振的高频场使平台区的高次谐波产生效率提高了超过 5 个量级。上述整个计算过程用直接数值积分方法,其中的共振效应是用 Lewenstein 理论无法计算的,这是直接求解 TDSE 的优点,也告诉我们 Lewenstein 理论的缺陷所在。

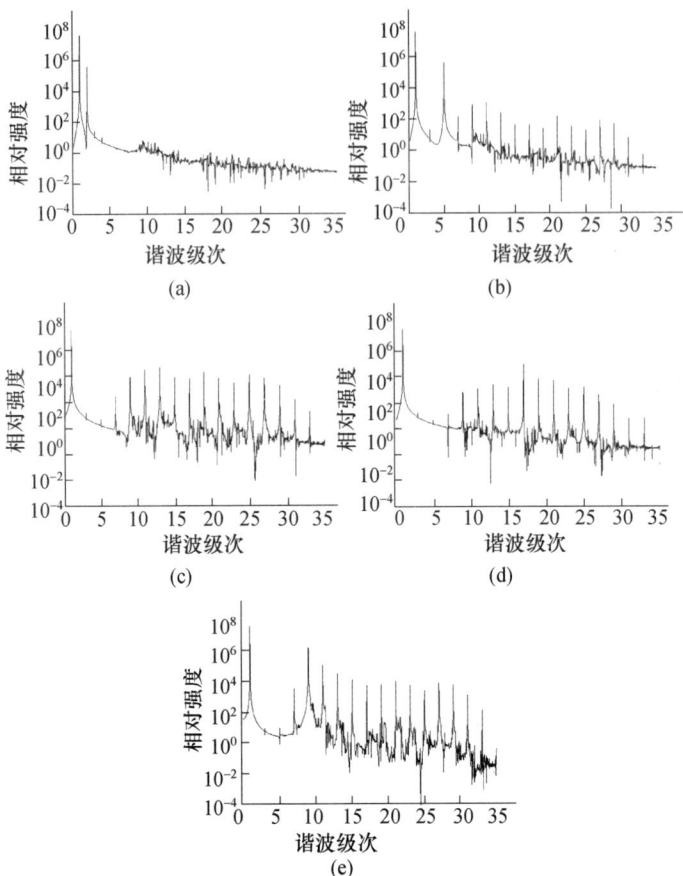

图 1-14　与图 1-12(d)中电场强度参数相同的双色场高次谐波谱。从(a)到(e), n 分别为 2、5、9、13、17。在 n 等于 9 时,谐波效率达到最大

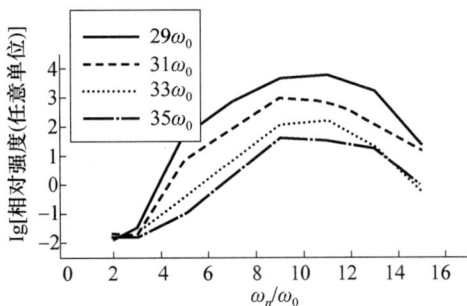

图 1-15　高次谐波相对强度随高频场频率的变化,计算的双色场参数为 $E_0 = 0.05$a. u. 和 $E_n = 0.005$a. u. ($\omega_n = 2\omega_0 \sim 17\omega_0$)

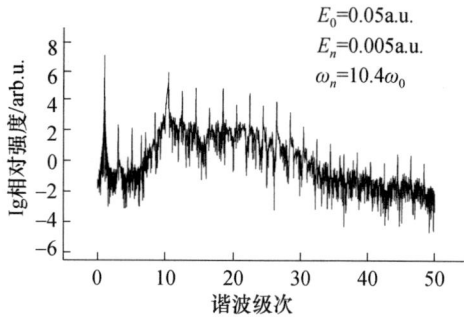

图 1-16 在高频场与原子能级共振情况下,双色场高阶
混频过程产生的高次谐波强度谱

2) Floquet 理论

Floquet 理论是一种非微扰的精确理论,可以将求解含时薛定谔方程变成求解不含时矩阵的本征值。只要激光场是单色长脉冲,就满足 Floquet 理论的适用条件,因此 Floquet 理论原则上可以描述原子体系在任意激光场强和频率下的行为。但是实际上只有在极少数情况才能进行精确的 Floquet 计算,因此人们常针对不同情况采用不同近似下的 Floquet 理论,比较重要的有 Gavrila 等人发展起来的高频理论[26],其对原子的绝热稳定现象给出很好的解释。另一种是 **R** 矩阵理论[27],该理论在处理双色激光场与原子相互作用问题上取得很好的效果。但是,在强短脉冲的情况下,Floquet 理论就无法给出准确的结果。

一般含时薛定谔方程可以写作

$$i\frac{\partial}{\partial t}\Psi = H\Psi = (H_0 + V_L)\Psi \tag{1-39}$$

式中:V_L 就是相互作用哈密顿量,与外加激光场有关。假设外加激光场的周期性很好,那么,V_L 也具有很好的周期性,即 $V_L(t+T) = V_L(t)$。这样可以将含时波函数写成

$$\Psi(\boldsymbol{r},t) = \mathrm{e}^{-\mathrm{i}E_F t}\Phi(\boldsymbol{r},t) \tag{1-40}$$

$$\Phi(\boldsymbol{r},t+T) = \Phi(\boldsymbol{r},t) = \sum_{n=-\infty}^{+\infty} \mathrm{e}^{\mathrm{i}n\omega t}\varphi_n(\boldsymbol{r}) \tag{1-41}$$

式中:E_F 就是 Floquet 准能量,满足

$$H_F\Phi(\boldsymbol{r},t) = \left(H - \mathrm{i}\frac{\partial}{\partial t}\right)\Phi(\boldsymbol{r},t) = E_F\Phi(\boldsymbol{r},t) \tag{1-42}$$

通过上述方程的求解可以得到稳态解 $\Phi(\boldsymbol{r},t)$,然后可以得到含时波函数 $\Psi(\boldsymbol{r},t)$,进而得到偶极矩阵元 $d(t) = \langle\Psi(\boldsymbol{r},t)|z|\Psi(\boldsymbol{r},t)\rangle$。通过将 Hellmann - Feynman Theorem 应用于上述 Floquet 态,M. V. Frolov 等推导出了 N 次谐波产率的解析表达式[28]。

3）非微扰量子电动力学理论（QED）

该理论是 D. S. Guo 等[29]发展起来的，它通过求解在量子化电磁场中电子的不含时薛定谔方程，可以用于强场气体高次谐波方面的研究。

4）QRS（Quantitative Rescattering）理论

QRS 理论[30,31]是 C. D. Lin 等人新发展出来的基于量子散射模型的强场相互作用理论，通过将返回电子与核的相互作用过程看作一个散射过程，可以从最终产物（高次谐波或者高能 ATI 电子）分析获得相互作用过程的信息。该模型的计算结果与 TDSE 的计算结果非常接近，但是不需要 TDSE 那种庞大的数值计算。

当用 QRS 理论描述气体高次谐波时，可以写成[31]

$$D(\omega,\theta) = W(E,\theta)d(\omega,\theta) \tag{1-43}$$

式中：$D(\omega,\theta)$ 为激光场作用下的跃迁概率，其模的平方即高次谐波产率；$|W(E,\theta)|^2$ 为高次谐波产生过程中返回到母核的电子密度分布；$d(\omega,\theta)$ 为量子力学中的偶极跃迁，对应于一个连续态平面波或者 Volkov 态向原子/分子基态的跃迁概率。式（1-43）中的变量关系满足 $E = \omega - I_p$，其中 E 是返回电子能量，ω 是产生的高次谐波频率，I_p 则是原子/分子电离能。在分子情况下，θ 则表示分子轴与激光场偏振方向的夹角。

4. 宏观相位匹配过程

与传统微扰非线性光学的倍频过程类似，气体高次谐波产生过程中也存在宏观相位匹配过程。但是因为气体高次谐波产生过程中的激光脉冲光强要高很多，大量的电离过程使得相位匹配过程的分析非常复杂，因此这一部分的研究基本上采用数值模拟的方法，将在下一节介绍。这里先对相位匹配过程做一些简单的解析分析，其中忽略了电离过程、等离子体效应等因素。

对于一般激光脉冲，可以写成如下高斯脉冲形式，即

$$E(r,z,t) = \frac{E_0}{1 + iz/z_R}\exp\left[-kr^2/(2z_R + 2iz) - at^2/\tau^2\right] \tag{1-44}$$

式中：z_R 为瑞利长度；波矢 $k = 2\pi/\lambda$；τ 为脉冲宽度；a 为跟脉冲宽度有关的系数。

q 次谐波的传播方程可以写成

$$\frac{\partial}{\partial z}E_q = \frac{i}{2k_q}\nabla_\perp^2 E_q + \frac{i}{2\varepsilon_0 k_q c^2}(q\omega)^2 P_q^{NL}e^{-i\Delta k_q z} \tag{1-45}$$

式中：E_q 为 q 次谐波的电场；k_q 为 q 次谐波的波矢；P_q^{NL} 为非线性极化对 q 次谐波的贡献；Δk_q 则表示 E_q 与 P_q^{NL} 之间的相位失配，等于 $k_q - qk$。采用传统非线性光学的方法，可以将 q 阶非线性极化强度写成如下简化表达式，即

$$P_q^{NL} = \frac{\varepsilon_0 n_a \chi^{(q)}}{2^{q-1}}E^q \tag{1-46}$$

代入传播方程式(1－45)可以得到

$$\frac{\partial}{\partial z}E_q = \frac{i}{2k_q}\nabla_\perp^2 E_q + \frac{i}{2\varepsilon_0 k_q c^2}(q\omega)^2 \frac{\varepsilon_0 n_a \chi^{(q)}}{2^{q-1}}E^q e^{-i\Delta k_q z} \qquad (1-47)$$

进一步将电场的表达式(1－44)代入可得到

$$\frac{\partial}{\partial z}E_q = \frac{i}{2k_q}\nabla_\perp^2 E_q +$$

$$\frac{i}{2\varepsilon_0 k_q c^2}(q\omega)^2 \frac{\varepsilon_0 n_a \chi^{(q)}}{2^{q-1}}\left(\frac{E_0}{1+iz/z_R}\exp[-kr^2/(2z_R+2iz)-at^2/\tau^2]\right)^q e^{-i\Delta k_q z}$$

$$(1-48)$$

为了简化分析,忽略掉衍射效应,对于中心位置位于 z、长度为 L 的均匀介质,可将上式进行积分得到[32]

$$E_q(r,z,t) = -\frac{iq\pi^2 z_R}{2^{q-3}n_q\lambda}\frac{n_a\chi^{(q)}E_0{}^q}{1+iz/z_R}e^{-qkr^2/(2z_R+2iz)-qat^2/\tau^2} \cdot$$

$$\int_{L/2}^{-L/2}(1+iz/z_R)^{1-q}e^{-i\Delta k_q z}\frac{dz}{z_R} \qquad (1-49)$$

因此,q 次谐波的最大光强可写作

$$I_q \propto |E_q|^2 \propto q^2 I^q |n_a\chi^{(q)}|^2 \left|\int_{L/2}^{-L/2}(1+iz/z_R)^{1-q}e^{-i\Delta k_q z}\frac{dz}{z_R}\right|^2 \quad (1-50)$$

通过式(1－50)可以简单分析不同介质下气体高次谐波产生的相位匹配条件、相干长度等。但是由于 q 阶非线性极化强度的表达式只适合于微扰非线性光学范围,因此更加有效的方法是根据 Lewenstein 模型的气体高次谐波偶极矩的计算公式,通过数值计算分析气体高次谐波的相位匹配条件。Lewenstein 理论的电偶极矩计算公式可以写成

$$x(t) = i\int_{-\infty}^{t}dt'\int d^3p E(t')\cdot d[p-eA(t')]\exp[-iS(p,t,t')]d^*[p-eA(t)] + c.c.$$

$$(1-51)$$

式中:$S(p,t,t') = \int_{t'}^{t}dt''\left\{\frac{[p-eA(t'')]^2}{2}+I_p\right\}$。对于每个在 t' 时刻电离,然后在 t 时刻复合回到原子核的谐波分量,其相位可由数值计算获得或者也可简化写成以下表达式,即

$$\Phi = \omega_q t - S(p,t,t') \qquad (1-52)$$

由于该相位与激光脉冲电场的空间分布 $E(r,t)$ 有关,因此该谐波相位引入的附加波矢可写作

$$K = \nabla\Phi(r,\omega_q,t) \qquad (1-53)$$

因此,最优的相位匹配条件表达如下

$$k_q = qk_1 + K(r,\omega_q,t) \qquad (1-54)$$

式中:$q=1$ 表示基频驱动激光场。对于同一个谐波级次,一般有两个不同的电

子轨道分量("长路径"和"短路径"),其最优的相位匹配条件是不同的,需要分别处理。

5. 量子弥散(Quantum Diffusion)效应

量子理论与经典理论描述电子的重要差别在于,量子理论中的电子是一个波包,而经典理论中的电子是一个质点。上述关于气体高次谐波的理论描述一直采用类似经典的描述,是因为在强激光场作用下电子波包的尺寸要比其运动轨道的尺寸小得多,因此可以把它看做一个质点。但是电子波包的效应仍然是存在的,最简单的例子就是强激光场在一定的椭圆偏振度下仍然可以产生气体高次谐波(事实上,平时实验中所用的激光脉冲并不是完全的线偏振光,由于反射镜等各种因素的影响总是具有一定的椭圆偏振度的)。

下面简单介绍电子波包扩散带来的影响,也就是量子弥散效应。电子在强激光场作用下,从原子中隧穿电离出来后,其波包就开始扩散。隧穿出来的电子波包可以写成如下形式[33],即

$$\Psi(v_\perp, v_z) = \Psi_0 \exp\left[-\frac{v_\perp^2}{2}\tau - \frac{v_z^2}{2}\tau - i\frac{v_z F}{2}\tau^2\right] \qquad (1-55)$$

式中:τ 为隧穿时间,原子单位制下可以写作 $\sqrt{2I_p}/E$,与原子电离能 I_p 和瞬时电场强度 E 有关;v_z 和 $v_\perp$ 分别为波包平行、垂直于瞬时电场方向的扩散速度。上述波函数描述了电子隧穿出原子势垒的瞬间,电子波包的速度分布,其中的隧穿时间来自于理论分析,仍然是目前阿秒物理领域一个重要的待测物理量,上述表达式只是简化原子势模型得到的一个理论公式。

以上述表达式作为电子波函数的初始分布,在强场近似下可以分析电子波包的扩散,以及电子回到原子核附近时的复合效率等。例如,对于强度为 $2 \times 10^{14} W/cm^2$ 的激光脉冲,与氩原子(电离能为 15.759eV)相互作用时,隧穿电离时间为 1.426 原子单位,其波包扩散速度大约为 1.5nm/fs。

6. 尚存在的问题

经过 20 多年的研究,气体高次谐波产生不论在理论和实验方面都得到了长足的发展。但是气体高次谐波的理论研究目前仍然主要采用单电子近似,虽然有一些研究组采用预制备的激发态或者混合态作为气体高次谐波的基态波函数,但是这仍然属于单电子近似。关于气体高次谐波产生过程中的多电子效应[34,35],原子中电子结构的影响[36]等仍然需要进一步的深入研究。

1.2.2 气体高次谐波产生过程的数值计算方法

实验过程中实际观测到的气体高次谐波都是在相对较稠密的原子分子气体介质中产生的,它不仅与单个原子分子在激光场中的响应有关,还与激光脉冲、气体高次谐波在介质中的传播特性以及介质电离过程有关(主要是相位匹配因素的影响)。因此,强场气体高次谐波理论需要包含两方面的内容:首先要计算

单个原子分子在强激光场作用下的响应,即求出随时间变化的感生电偶极矩或者电偶极加速度的期望值,经傅里叶变换后求出它的辐射谱;然后研究这些辐射谱在宏观介质中的传播特性。由于这个过程中的激光电场变化非常复杂,难以用解析模型描述,因此这方面的研究绝大部分都采用计算机数值求解的方法,下面针对这方面作一个简单的介绍。

1. 单原子响应

单原子的高次谐波辐射由它的含时电偶极矩决定,含时电偶极矩的计算可以采用上述各种方法,如数值求解含时薛定谔方程(TDSE)等。上述气体高次谐波理论中所涉及的方法均可用于计算单原子高次谐波辐射,只是不同方法的计算精度,计算量等有所不同。这里主要介绍 Lewenstein 量子理论的简化计算方法,它的计算量相对比较小,适合在考虑宏观传播效应的情况下进行数值模拟计算,同时又有一定的准确度。

由 Lewenstein 的量子理论[22],单原子高次谐波产生可由电离、传播和复合三部分概率幅相乘获得[37],即

$$d_h(t) = \sum_{t-\tau} \frac{1}{\sqrt{i}} a_{ion}(t-\tau) a_{pr}(t-\tau, t) a_{rec}(t) \qquad (1-56)$$

式(1-56)右边的三项概率幅可表达为

$$a_{ion}(t-\tau) = \sqrt{\frac{dn_e(t-\tau)}{dt}} \qquad (1-57a)$$

$$a_{pr}(t-\tau, t) = \left(\frac{2\pi}{\tau}\right)^{3/2} \frac{(2I_p)^{1/4}}{E(t-\tau)} \exp[-iS] \qquad (1-57b)$$

$$a_{rec}(t) = \frac{p(t-\tau, t) - A(t)}{[I_p + \{p(t-\tau, t) - A(t)\}^2]^3} \qquad (1-57c)$$

其中

$$S = \int_{t-\tau}^{t} d\tau' \{[p(t-\tau, t) - A(\tau')]^2/2 + I_p\} \qquad (1-58)$$

$$A(t) = -\int_{-\infty}^{t} dt' E(t') \qquad (1-59)$$

$$p(t-\tau, t) = \frac{1}{\tau} \int_{t-\tau}^{t} dt' A(t') \qquad (1-60)$$

自由电子密度 $n_e(t)$ 由下式给出,即

$$n_e(t) = n_0 \left(1 - \exp\left[-\int_{-\infty}^{t} dt' w\{E(t')\}\right]\right) \qquad (1-61)$$

式中:$w\{E(t')\}$ 为电场为 $E(t')$ 时的电离速率;n_0 为初始中性原子密度;I_p 为原子的电离能;p 为电子的经典动量;$t-\tau$ 为原子中电子被电离出来的时刻,由下面方程决定,即

$$p(t-\tau, t) - A(t-\tau) = 0 \qquad (1-62)$$

对于特定的时间 t 方程式(1-62)可能会有多个解,然后对不同的解按照式(1-56)进行求和即可。

在目前计算机能力足够的情况下,也可以用式(1-63)直接进行计算,即

$$x(t) = \mathrm{i} \int_0^\infty \mathrm{d}\tau \left(\frac{\pi}{\varepsilon + \mathrm{i}\tau/2} \right)^{3/2} E(t-\tau) d_x [p_{st}(t,\tau) - eA_x(t-\tau)] \cdot$$

$$\exp[-\mathrm{i}S_{st}(t,\tau)] d_x^* [p_{st}(t,\tau) - eA_x(t)] \exp\left[-\int_{-\infty}^t \mathrm{d}t' w(E(t')) \right] + \mathrm{c.c.}$$

$$(1-63)$$

在该式的计算中,可以针对不同的介质选择合适的偶极跃迁矩阵元表达式 $d(p)$ 进行计算(例如,对于氩气的计算选择采用类氢原子 3p 轨道或者更精确的表达式作为基态波函数),甚至对该式进行合适的拓展后还可以用于分子高次谐波的计算。相比较于式(1-56),它的计算量虽然要大一些,但是无论计算精度还是普适性均要好得多。

2. 宏观效应

首先我们来看激光脉冲在介质中的传播。在均匀各向同性介质中,波动方程可以写作

$$\nabla^2 E(r,t) - \frac{1}{\varepsilon\mu}\partial^2 E = \mu\partial^2 P_{nl}(r,t) \qquad (1-64)$$

由于气体高次谐波产生过程用的一般是小于一个大气压的气体介质,折射率接近于 1,因此可以将上述方程近似写成如下频率域表达式,即

$$[\partial_z^2 + \nabla_\perp^2 + k^2(\omega)]\tilde{E}(r,\omega) = \frac{\omega^2}{\varepsilon_0 c^2}\widehat{F[P_{nl}(r,t)]} \qquad (1-65)$$

做一个替换 $\tilde{E} = \tilde{U}e^{\mathrm{i}k(\omega)z}$ 代入,上述表达式可写作

$$[\partial_z^2 + 2\mathrm{i}k(\omega)\partial_z + \nabla_\perp^2]\tilde{U}(r,\omega) = \frac{\omega^2}{\varepsilon_0 c^2}e^{-\mathrm{i}k(\omega)z}\widehat{F[P_{nl}(r,t)]} \quad (1-66)$$

在慢变波近似下,忽略掉上述表达式中对空间坐标的二阶偏导项,可得

$$[2\mathrm{i}k(\omega)\partial_z + \nabla_\perp^2]\tilde{U}(\omega) = \frac{\omega^2}{\varepsilon_0 c^2}e^{-\mathrm{i}k(\omega)z}\widehat{F[P_{nl}]} \qquad (1-67)$$

然后重新将上述表达式写成 $\tilde{E}$ 的表达式,可以得到激光脉冲电场的一阶演化方程,即

$$\partial_z\tilde{E}(\omega) = -\mathrm{i}k(\omega)\tilde{E}(\omega) + \frac{\mathrm{i}}{2k(\omega)}\nabla_\perp^2\tilde{E}(\omega) - \frac{\mathrm{i}\omega}{2\varepsilon_0 n(\omega)c}\widehat{F[P_{nl}]}$$

$$(1-68)$$

将上述方程进一步简化(进行坐标变换以消除掉第一项,忽略掉第二项衍射效应),考虑介质电离,吸收损耗等过程,通过逆傅里叶变换可以得到以下时域表达式[38],即

$$\partial_\xi E(\xi,\tau) = -\frac{1}{2c}\int_{-\infty}^{\tau}\omega_p^2(\xi,\tau')E(\xi,\tau')\mathrm{d}\tau' - \frac{I_p}{2\varepsilon_0 c}\frac{\partial_\tau n_e(\xi,\tau)}{E(\xi,\tau)}$$

$$(1-69)$$

方程右边两项分别表示自由电子密度和电离吸收对激光脉冲的影响,其中坐标变换 $\tau=t-z/c$, $\xi=z$。式中 c 是真空中的光速, I_p 是介质电离能, ε_0 是真空介电常数, $\omega_p=(e^2n_e/m\varepsilon_0)^{1/2}$ 是等离子体特征频率,其中 n_e 是自由电子密度, e 是电子电荷, m 是电子质量。上述方程由于在推导过程中忽略了频率域的二阶偏导项,因此只适合宽光谱的脉冲,在长脉冲、窄光谱情况下的计算误差比较大。长脉冲、窄光谱情况下(如脉冲宽度大于 5 个光周期以上),可以将亥姆霍兹方程在时域近似,忽略脉冲包络的二阶偏导项即可。

如果有需要,如在高压气体中产生高次谐波,还可以在上述方程中加入自相位调制效应(SPM),即

$$P_{nl} = 2\varepsilon_0 n_0 n_2 I(t)E(t) \qquad (1-70)$$

式中: n_0 为介质折射率; n_2 为非线性折射率系数。

对于少周期(Few Cycle)的激光脉冲,其脉冲包络形式可以选择实际测量的包络,也可以从矢势出发进行定义。如初始激光脉冲形式可以写成 $E(0,\tau) = -\mathrm{d}A/\mathrm{d}\tau$,如果激光脉冲矢势包络为 sech 函数,则 $A(\tau)$ 可表示为

$$A(\tau) = -(E_0/\omega_0)\mathrm{sech}(1.76\tau/\tau_p)\sin(\omega_0 t+\varphi_0) \qquad (1-71)$$

式中: τ_p 为激光脉冲脉宽(半高全宽); ω_0 为激光脉冲振荡的角频率; φ_0 为初始激光脉冲的载波包络相位(CEP)。

气体高次谐波的产生和传播演化过程可由以下方程给出[37],即

$$\partial_\xi E_h(\xi,\tau) + \alpha_h E_h(\xi,\tau) = -\frac{1}{2\varepsilon_0 c}\partial_\tau \tilde{P}_h[E(\xi,\tau)] + \text{c. c.} \qquad (1-72)$$

式中: $\tilde{P}_h=k_c n_a d_h$ 为非线性极化强度, d_h 由式(1-56)给出, $k_c=8.4773\times10^{-30}$ C·m 为国际单位制与原子单位制的换算常数, n_a 为中性介质密度(随时间变化); α_h 为气体介质本身对气体高次谐波的吸收系数,是与频率有关的一个参数,可以从网站 http://henke.lbl.gov/optical_constants/查到。结合式(1-56)、式(1-69)和式(1-72),就可以对气体高次谐波产生的宏观过程进行深入的研究。图 1-17 给出了两个不同载波包络相位(CEP)下的单原子高次谐波和宏观传播效应的影响。对于单原子高次谐波,在截止区可以看到清楚的载波包络相位(CEP)效应,在载波包络相位(CEP)为 0 时,截止区为分立峰,而当载波包络相位(CEP)等于 π/2 时,截止区为连续谱。考虑传播效应后,可以看到 20~40eV 处因为氩气自身的吸收造成的下凹,以及截止区不同的峰的位置(随载波包络相位(CEP)移动)。图 1-17 给出简单的例子比较单原子高次谐波和传播效应带来的影响,可以看到,宏观效应对谐波谱带来的巨大影响,如果进一步考虑聚焦条件、介质长度等的影响,情况会更加复杂[39]。如图 1-17 所示,其中图(a)为脉冲宽度

6fs 的激光脉冲与 Ar 原子相互作用产生气体高次谐波,不考虑宏观效应,不同的载波包络相位(CEP)下可看到在截止区(70eV 附近)有明显的区别。图(b)为在氩气介质中传播 0.5mm 的结果,氩气气压(对应原子介质密度)为 100Torr(1Torr = 133.322Pa),激光脉冲峰值光强为 3×10^{14} W/cm^2。可以看到,在宏观传播效应影响下,平台区高次谐波具有更清晰的分立峰结构,这是因为只有少数电子轨道产生的高次谐波在相位匹配过程中获得增强。截止区高次谐波谱也有明显不同的结构,在载波包络相位(CEP)变化下并不是简单地从分立谱变化为连续谱。

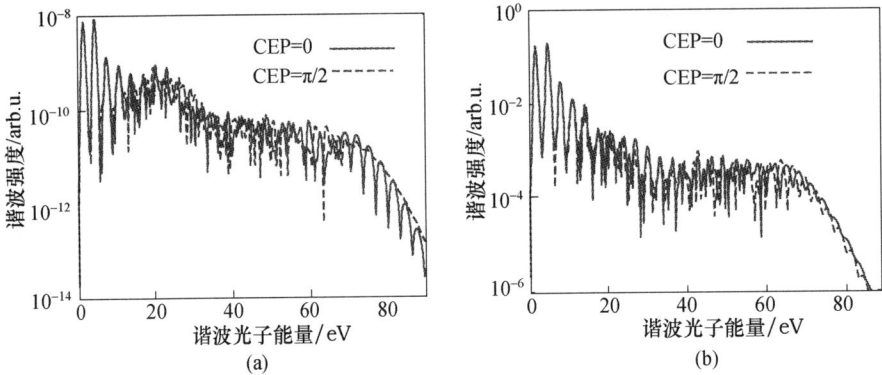

图 1 - 17 不同载波包络相位(CEP)下,单原子高次谐波与传播效应的比较
(a)单原子高次谐波;(b)传播效应。

1.2.3 气体高次谐波的相干性

气体高次谐波是一种优良的 XUV 光源,从一开始它的相干性就受到关注,多个小组[40-43]对气体高次谐波的相干性进行了测量。如果只从单原子效应出发,气体高次谐波是完全相干的光源。但是,实际上,在产生过程中,有大量自由电子的产生以及一些其他的物理效应,会导致气体高次谐波的相干性受到破坏。气体高次谐波的复相干因子可以写成

$$\mu_{12} = \frac{\langle E_q(\boldsymbol{r}_1,t) E_q^*(\boldsymbol{r}_2,t) \rangle}{\sqrt{\langle E_q(\boldsymbol{r}_1,t) E_q^*(\boldsymbol{r}_1,t) \rangle \langle E_q(\boldsymbol{r}_2,t) E_q^*(\boldsymbol{r}_2,t) \rangle}} \qquad (1-73)$$

式中:尖括号 <⋯> 表示对时间做平均;E_q 为 q 次谐波的电场;r 则表示不同的空间位置。T. Ditmire 等人测量发现,气体高次谐波的空间相干长度比 X 射线激光高出一个数量级以上,相干面积高出两个数量级以上。

M. Bellini 等的时域相干性测量表明[41](如图 1 - 18 所示,15 次谐波的时域相干性,可以看出中间部分的相干时间比较长,外圈的相干性比较差),气体高次谐波的相干性可分为两个区域,分别来自不同的电子轨道。中间发散角比较小的区域来自短轨道(短路径)高次谐波,它的时域相干性可以达到脉冲宽度

的长度。而周围发散角比较大的高次谐波,它的时域相干性则要差很多,来自长轨道(长路径)电子产生的高次谐波。对于短轨道(短路径)电子产生的高次谐波,如前面所说,它的相位对激光脉冲强度的敏感性要小很多,因此它的相干性很好。对于长轨道(长路径)电子产生的高次谐波,由于其相位对激光光强非常敏感,其相位面的曲率非常大,相位变化非常快,时间相干长度变得很短。

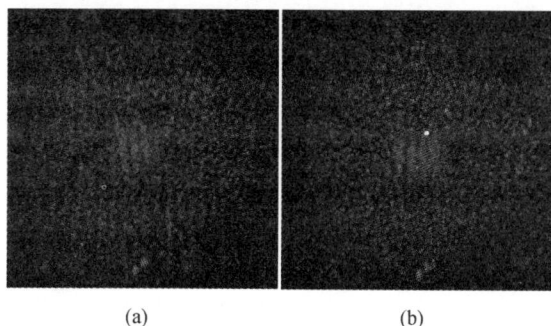

(a)　　　　　　　　　　　　　　(b)

图1-18　气体高次谐波时域相干性测量[41],15次谐波的时域相干性

(a)零延迟;(b)延迟15fs。

Bartels 等[44]则发现,在毛细管中相位匹配产生的气体高次谐波,其发散角非常小,空间相干性都非常好,几乎接近完全相干,在双孔间距小于 $500\mu m$ 的时候,条纹对比度都接近1,如图1-19所示。在获得全相干的气体高次谐波光源的同时,还结合 Gabor 全息法将之用于显微测量,空间分辨率可达到 $6.8\mu m$。

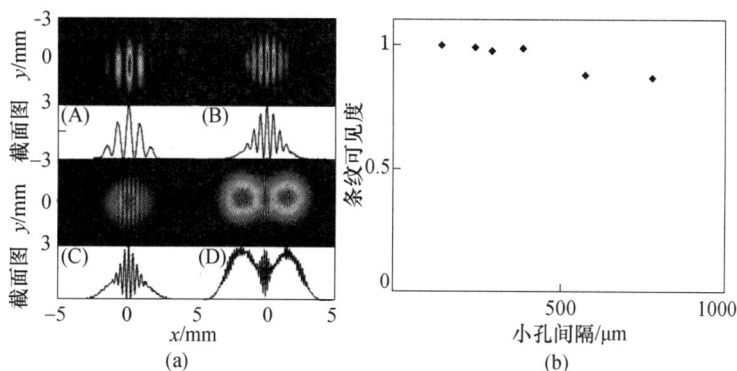

图1-19　高次谐波空间相干性的测量[44]

(a)不同孔间距下气体高次谐波的干涉条纹[44]((A)142μm;(B)242μm;(C)384μm;
(D)779μm);(b)条纹对比度,在孔间距小于 $500\mu m$ 情况下几乎均可达到1。

下面以改变激光脉冲载波包络相位(CEP)为例来看激光参数对高次谐波相干性的影响。通过选用少周期量级、载波包络相位稳定的中红外光源作为驱动场,着重分析驱动场的载波包络相位对高次谐波辐射的空间相干性的影响。实验中所采用的激光系统由一台商用台式钛宝石激光系统作为泵浦光源通过三级光学参量放大系统(Optical Parametric Amplifier, OPA)和充有氩气的空芯光纤光谱展宽压缩获得中红外载波包络相位稳定的少周期脉冲:单脉冲能量 1mJ,脉宽 12fs,中心波长 1.75 μm,峰值功率密度 2.0×10^{14} W/cm²。采用一根内径为 1.9mm 的钢管内部充有氩气作为气体靶,并且钢管放置在一个高精度平移台上,用于调整气体靶相对驱动场聚焦焦点的位置,从而实现最优相位匹配。一块焦距为 210 mm 的凹面反射镜用于将驱动激光聚焦到气体中产生高次谐波信号。一块仅有 150nm 厚的铝膜放置在气体靶之后光栅之前用于过滤基频光以及阻挡低级次的谐波信号。光谱探测系统由一块光栅(1200 线/mm)和软 X 射线电荷耦合器件(Charge Coupled Device,CCD)组成。为了测量高次谐波辐射的空间相干性,在光栅之前水平放置了一块双缝,双缝中心间距 30 μm、缝宽 10 μm、缝长 3mm。在整个实验过程中,气体盒子中的氩气的气压一直维持在 200Torr 左右,同时通过改变中空光纤后一对融石英楔片的相对位置,使得载波包络相位(CEP)值从 0 到 2π 以 π/8 的步长改变。

图 1-20(a)为实验中 CCD 所获得的原始干涉图样,谐波级次范围是 100~165 级,载波包络相位值为 2π。从图 1-20(a)上可看到沿空间方向(像元轴)分布的明显的干涉条纹,同时由于双缝并非理想无限窄的条纹,条纹有一定的宽度,导致条纹的强度沿空间方向有强弱之分。图 1-20(b)~(e)为选择的四个级次附近谐波空间干涉条纹分布随载波包络相位的变化图,分别对应于 103 级、115 级、125 级和 150 级,并且每个级次所选取的带宽约为两个级次(1.38eV)。从图 1-20(b)~(e)中可以明显看到干涉条纹的强度随载波包络相位会发生周期性的振荡。我们知道,相干性可以由两种方式来描述:一种是用信号的电场相关程度来描述,其中相干度 γ_{doc} 可以写为

$$\gamma_{doc}(r_1, r_2; \tau) = \langle E^*(r_1; t) \cdot E(r_2; t+\tau) \rangle / [\langle |E(r_1; t)|^2 \rangle$$
$$\cdot \langle |E(r_2; t+\tau)|^2 \rangle]^{1/2} \qquad (1-74)$$

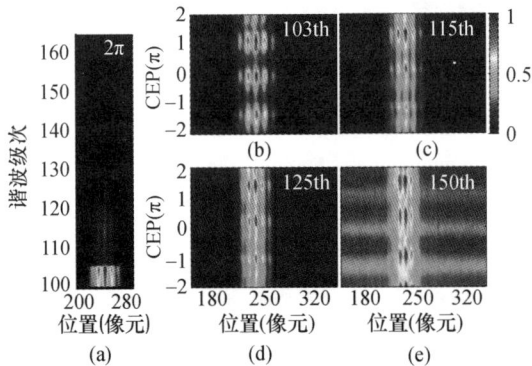

图 1-20 载波包络相位对高次谐波辐射的空间相干性的影响

(a)为 CCD 所获得的谐波干涉图样的原始信号,载波包络相位(CEP)为 2π;(b)、(c)、(d)与(e)分别为 103 级、115 级、125 级和 150 级所对应的空间干涉条纹随载波包络相位(CEP)的变化图样,载波包络相位的变化范围为 -2π ~ 2π。

式中:r_1和r_2为进行相干的两个谐波信号的空间位置;τ为两个谐波信号之间的延时;$E(r_1;t)$为位置r_1处的谐波信号电场;$E^*(r_1;t)$为其共轭;符号$\langle\cdots\rangle$表示对其中的量取时间平均值。另一种是用干涉条纹的条纹可见度来描述,其中条纹可见度γ_{voi}定义为

$$\gamma_{voi} = (I_{max} - I_{min})/(I_{max} + I_{min}) \tag{1-75}$$

式中:I_{max}和I_{min}分别表示干涉条纹中的极大值和极小值。用相干度和条纹可见度来描述信号的相干程度效果上是等价的,因此,为方便起见,实验数据中我们采用条纹可见度来描述空间两点谐波信号的相干程度,在数值模拟中,采用计算相干度的手段来描述空间不同位置的信号相干程度。

具体到实验数据,在计算条纹可见度时可以在各个载波包络相位值对应的干涉条纹中找到其中最强的条纹作为式(1-75)中的I_{max},同时其相邻的极小值作为I_{min}。图1-21(a)为从实验数据中选取的四个级次相应的空间干涉条纹可见度随载波包络相位的变化曲线。从图1-21(a)中可以看出,对应各个级次条纹可见度曲线都随着载波包络相位有π的周期振荡;同时,随着谐波级次的增大,条纹可见度曲线的极值点会向载波包络相位(CEP)增大的方向移动;而且,随着谐波级次的增大,条纹可见度曲线的极值点会向值减少的方向移动。从上述后两条性质可以看出,与载波包络相位相关的谐波空间相干性还与谐波光子能量有关。为了弄清楚这背后的具体机理,下面针对实验情况做了一个数值模拟,并同时考虑高次谐波在气体介质中的传播效应。

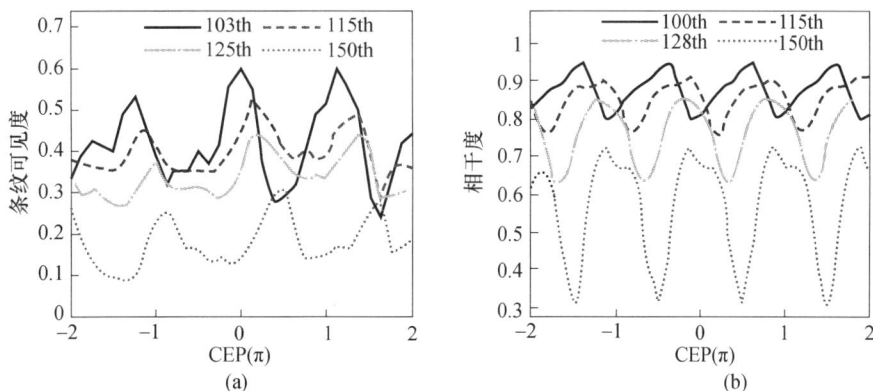

图1-21　选取不同级次相应的空间干涉条纹可见度随载波包络相位(CEP)的变化曲线
(a)实验数据;(b)模拟计算结果。

在数值模拟中,假定驱动光场在时域和空域都是高斯型,中心波长为1800nm,半高全宽(Full Width at Half Maximum,FWHM)为12fs,峰值功率密度为$2.0\times10^{14}\mathrm{W/cm^2}$,束腰半径为160 μm;气体介质的气压设定为200Torr,同时气体介质的中心位置设定为驱动场焦点后2mm处;载波包络相位(CEP)值取值范围是-2π到2π,步长为$\pi/8$;谐波的远场分布采用Hankle变换来计算。如

图 1－21(b)所示,理论模拟依据式(1－74)得到空间双缝处 (r_1, r_2) 谐波信号相干度 $\gamma_{doc}(r_1,r_2;\tau)$ 随载波包络相位变化曲线,其中所选取的谐波级次为 100级、115 级、128 级、150 级;依据准单色辐射假设,沿径向条纹可见度为常量,因而,将式(1－74)中延时 τ 设为 0,用双缝中心位置处的条纹可见度来衡量整体的相干度。

通过采用与实验相同的参数,对比图 1－21(a) 和图 1－21(b),可以看出,模拟结果很好地重现了实验结果。从图 1－21(b)中可以看出:各个级次的相干度曲线随载波包络相位(CEP)有 π 的震荡周期;随谐波级次的增大,曲线的峰值会下降;随谐波级次的增大,曲线的极值点位置会沿载波包络相位增大的方向移动。此前的结果表示,对于多周期量级驱动光场而言,电离和原子偶极相位会导致谐波空间相干性变差。为了验证双缝处谐波信号在穿过双缝发生干涉前的相位分量是不是与载波包络相位(CEP)有关,可以计算空间双缝处 (r_1 和 r_2) 谐波信号各自的频率啁啾。

如图 1－22 所示,空间两缝处(r_1 和 r_2) 谐波信号的频率啁啾 $\omega_c(r,t)$ 随时间变化曲线,其中频率啁啾可从下式计算得到,即

$$\omega_c(r,t) = \partial\phi_q(r,t)/\partial t \qquad (1-76)$$

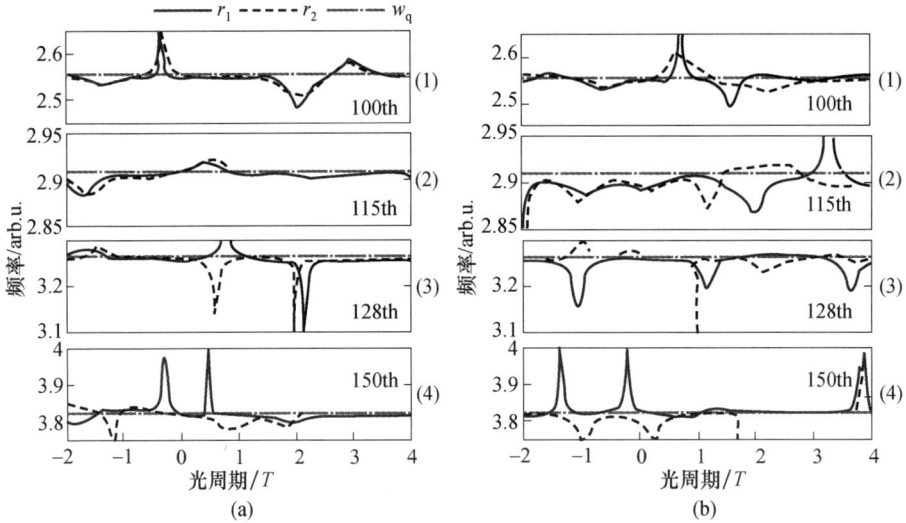

图 1－22　所选取的四个谐波级次的频率啁啾随时间的变化曲线
图中蓝色实线表示 r_1 处频率随时间变化曲线;黑色虚线表示 r_2 处频率随时间变化曲线;红色点划线表示所选取的各个级次中心频率所在的位置。

式中:$\phi_q(r,t)$ 为级次为 q 的谐波信号的相位。图 1－22 给出四个谐波级次的频率啁啾随时间的变化曲线,其中图 1－22(a)为载波包络相位值对应于理论模拟相干度曲线上的极大值点,对应于空间双缝处谐波信号相干度值最大,图 1－22

(b)为载波包络相位值对应于理论模拟相干度曲线上的极小值点,对应于空间双缝处谐波信号相干度值最小。同时,为了便于观察啁啾大小以及正负方向,各个级次的中心频率的位置用红色的点划线标识出来了。通过对比图1-22(a)与图1-22(b)可以得出,当空间双缝处谐波信号相干度最大时,两缝处谐波信号的频率啁啾重合得较好,反之,两缝处的谐波信号重合程度要差一些。更进一步,针对150级次的谐波信号计算空间双缝处的频率啁啾差值Δ_{chirp},有

$$\Delta_{\text{chirp}} = \sum_{t1}^{t2} \mid \omega_c(r_1,t) - \omega_c(r_2,t) \mid \tag{1-77}$$

式(1-77)中求和时间为$-1\sim3$光周期,可由谐波信号的振幅曲线(图1-23(a)和(b))判断,取振幅值相对较大的区域。对于150级谐波信号,频率啁啾差值Δ_{chirp}随载波包络相位的变化曲线如图1-23(b)所示,通过对比图中空间相干度与频率啁啾差值随载波包络相位的变化曲线,可以看出明显的负相关关系。也就是说,谐波空间相干性随载波包络相位的变化与空间不同位置谐波信号的相位项的差别,尤其是频率啁啾的差别有关。由于谐波信号受到的影响主要来自与电子密度相关的相位,即

$$\phi_e = (q\omega/c) \int_0^z n_1(r,z';t)\mathrm{d}z' \tag{1-78}$$

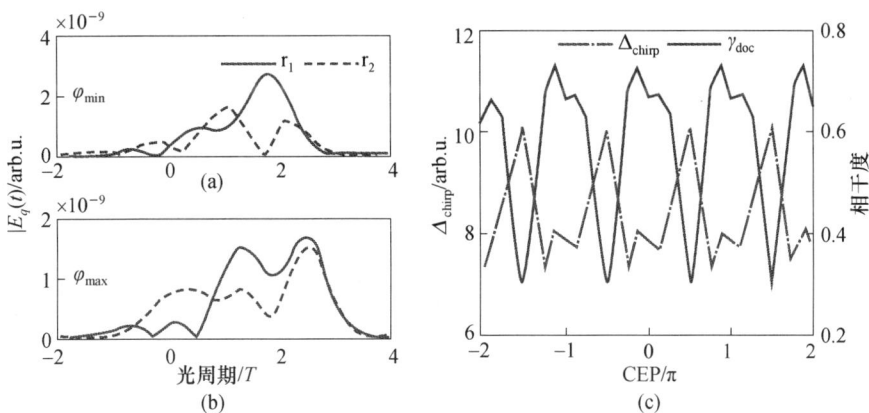

图1-23 (a)和(b)双缝处谐波信号的电场强度随时间的变化曲线

(a)的载波包络相位值对应相干度值取极小值点,(b)的载波包络相位值对应相干度值取极大值点;红色实线表示r_1处的谐波信号,蓝色虚线表示r_2处的谐波信号。

(c)Δ_{chirp}(红色点划线)与γ_{doc}(蓝色实线)随载波包络相位变化曲线,其中的谐波级次为150级,从图中可以看出二者的相关性。

其中

$$n_1 = \sqrt{1 - [N_e(r,z;t)e^2/m\omega^2\varepsilon_0]}$$

它表示当电子密度为$N_e(r,z;t)$时,角频率为ω的谐波信号对应的折射率

系数。综合上面的讨论可以合理地做如下假设:如果空间不同位置的谐波信号
在产生时刻对应的电子密度不同,并且空间不同位置处的谐波信号对应电子密
度的差值随载波包络相位发生变化,那么,这个随载波包络相位变化的电子密度
差就会导致相位的差别,进而导致空间相干性随载波包络相位周期性变化。为
了验证这个假设,可以计算不同空间位置的谐波信号产生时刻的电子密度差值
随载波包络相位的变化关系。

由 Lewenstein 的高次谐波多电子轨道模型可知,对于同一个级次的谐波信
号而言,会有许多电子轨道参与贡献,不同的电子轨道有不同的出发时间、返回
时间以及初始动量大小。因此,在计算空间电子密度差时,考虑多电子轨道的贡
献,将不同电子轨道的贡献大小加权到电子密度的计算当中。第一步,通过对谐
波信号作时频分析,获取不同返回时刻 t 的电子轨道贡献大小 $A_q(r,\varphi_{CEP};t)$,并
且使用下式将它归一化,即

$$\overline{A_a}(r,\varphi_{CEP};t) = A_q(r,\varphi_{CEP};t) / \sum_{t_1}^{t_2} A_q(r,\varphi_{CEP};t) \qquad (1-79)$$

第二步,使用 ADK 隧穿电离模型获得不同时刻的电子密度 $n_e(r,\varphi_{CEP};t)$;
最后一步,获得不同电子轨道加权的空间两个位置的电子密度差值,即

$$\Delta_{n_e}^q(\varphi_{CEP}) = \sum_{t_1}^{t_2}\left[\begin{array}{l}\overline{A_q}(r',\varphi_{CEP};t) \times n_e(r',\varphi_{CEP};t) \\ -\overline{A_q}(r'',\varphi_{CEP};t) \times n_e(r'',\varphi_{CEP};t)\end{array}\right] \qquad (1-80)$$

式中:t_1 和 t_2 为求和时间,大小与相干度计算时采用的 $-1\sim3$ 光周期保持一致。

如图 1-24 所示,空间两点谐波产生时刻电子密度不相同,并且电子密度差
值随载波包络相位以 π 为周期振荡,同时随着谐波级次增大电子密度差值的极
值点向载波包络相位增大的方向移动,而这两点规律和空间相干性随载波包络相
位的变化规律一致。值得注意的是,电子密度随载波包络相位的变化曲线极
小值点随着谐波级次的增大,有变大的趋势,这点刚好与空间相干度随载波包络
相位的变化曲线极大值点随级次增大而减少相对应(对比图 1-21(b)与图 1-
24)。因为我们知道,谐波空间相干性描述的是空间不同位置谐波电场随时间
变化的关联程度,如果空间两点的电场随时间变化规律完全一致,自然相干性最
好;但是由于空间不同位置的谐波信号所处的环境不同,会导致电场随时间的变
化规律有偏差,导致相干度变差,因此可以得出结论任何导致空间两点差别变大
的作用,会导致相干性变差。基于以上分析,可知当电子密度差处于最小值时,
空间两点的相干度最大,也就是电子密度差曲线上的极小值点应对应于谐波空
间相干性曲线上的极大值点,所以电子密度曲线上极小值点随谐波级次增大上
移会导致相干度曲线上极大值下移。注意一点,图 1-21(b)和图 1-24 上的极
值点的载波包络相位位置并没有完全一一对应,原因是电子密度差计算时采用
的是近场谐波,而相干度曲线采用的是经过 Hankle 变换过后的远场谐波信号,
因此电子密度差曲线和相干度曲线(图 1-21(b)和图 1-24)仅仅是趋势一致,

坐标轴上的点没有一一对应。综上所述,是空间不同位置处谐波产生时的电子密度差随载波包络相位的变化或者更进一步电子密度差导致的频率啁啾差随载波包络相位的变化导致了空间相干性的载波包络相位变化规律。

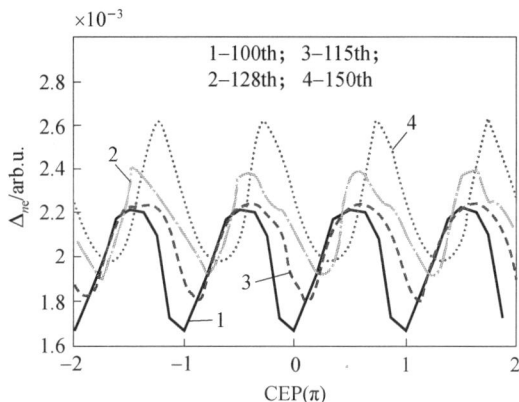

图1-24 空间两点谐波产生时刻电子密度的差值随载波包络相位的变化曲线,选取的谐波级次与计算相干度时保持一致

1.3 气体高次谐波的应用

1987年,气体高次谐波的发现为相干X射线光源的研究注入了一股新鲜血液,世界上各个著名的实验室纷纷加入到气体高次谐波辐射研究的队伍中,使气体高次谐波辐射成为强场激光物理领域最激动人心的研究课题之一。首先,利用气体高次谐波可以获得相干的、波长连续可调谐的、脉冲持续时间极短的XUV和软X射线源,目前已经产生波长达到1nm以下的气体高次谐波辐射。其次,气体高次谐波是突破飞秒时间极限、获得阿秒时间尺度相干脉冲的首选光源。强场气体高次谐波由于辐射谱呈现超宽的平台区,可以获得亚飞秒甚至阿秒的XUV脉冲,可将超快过程的测量范围扩展到各种物质形态中电子的运动过程,如复杂分子中的电荷跃迁、分子中价电子的运动状态等。最后,气体高次谐波产生过程本身也是重要的强场物理过程,可用于阿秒时间分辨、亚原子尺度空间分辨的原子分子物理学研究。

气体高次谐波本身是一种优良的相干软X射线光源,相比于目前的同步辐射光源和X射线自由电子激光(XFEL)光源,其主要优点是脉冲宽度短(一般在几飞秒)、相干性好(时间相干和空间相干均接近完全相干),缺点则主要是光源亮度低。因此,研究人员尝试了各种方法来提高其产生效率,如将其注入到X射线激光增益介质中放大[45]、将其注入到自由电子激光(FEL)中放大[46]等。

1.3.1 相干软 X 射线显微

由于软 X 射线的波长非常短,这意味着用它可以获得很高的空间分辨率。因此,目前软 X 射线光源的一大用途就是显微成像。软 X 射线显微一般有软 X 射线接触显微术、透射式(全场)X 射线显微术、扫描透射式 X 射线显微术和软 X 射线全息显微术[47]。近些年,由于自由电子激光的建立,出现相干软 X 射线光源,导致一种新的技术——相干 X 射线衍射成像(Coherent X - ray Diffractive Imaging, CXDI)技术的出现[48,49]。相干 X 射线衍射成像采用相干的、短脉冲的、高亮度的 X 射线脉冲获得样品的衍射图像,通过相位恢复算法获得样品结构。CXDI 可以实现无周期性生物样品的三维成像,相比于传统的软 X 射线显微术,该技术的分辨率将来有可能到原子级。当然,要想获得超高的分辨率,CXDI 技术需要很短很强的脉冲,否则,曝光过程对样品造成的辐射损伤会限制实验中可使用的脉冲功率,进而限制其最大分辨率。正是由于这种辐射损伤的限制,目前采用同步辐射光源研究生物样品过程时,最终的分辨率被限制在大约 20nm,而自由电子激光的短脉冲则给 CXDI 技术提供了一种完全发挥其潜力的可能。

下面简单介绍一下相干 X 射线衍射成像的原理。对于一个具有 N 个电子体系,在被沿 $\hat{e}_0$ 方向传播的波长为 λ 的相干 X 射线照射后,沿 $\hat{e}$ 方向的散射波可以写成

$$E(\boldsymbol{r}) = E_s(\boldsymbol{r}) \sum_{k=0}^{N} \exp\left[\frac{2\pi i \boldsymbol{r}_k \cdot (\hat{e}_0 - \hat{e})}{\lambda}\right] \qquad (1-81)$$

式中:$\boldsymbol{r}_k$ 为第 k 个电子的位置;$E_s(\boldsymbol{r})$ 为入射 X 射线被单个电子散射的散射场;$E(\boldsymbol{r})$ 为多个电子散射 X 射线的散射场,由不同电子的散射波相干叠加而成。一般样品中的电子密度均很高,因此式(1-81)的求和形式可以改写成积分形式,而对样品的描述也改成电子密度分布 $\rho(\boldsymbol{x})$,即

$$E(\boldsymbol{r}) = E_s(\boldsymbol{r}) \int_x \rho(\boldsymbol{x}) \exp[2\pi i \boldsymbol{x} \cdot (\hat{e}_0 - \hat{e})/\lambda] \mathrm{d}\boldsymbol{x} \qquad (1-82)$$

从式(1-82)可以看出,$E(\boldsymbol{r})/E_s(\boldsymbol{r})$ 就是电子密度分布 $\rho(\boldsymbol{x})$ 的傅里叶变换,一般也称为结构因子(Structure Factor)。如果我们可以测量得到 $E(\boldsymbol{r})/E_s(\boldsymbol{r})$,就可以直接通过逆傅里叶得到介质的电子密度分布。但是实际上没有这么简单,因为我们在实验过程中只能测量 X 射线的强度分布,也就是只能得到它的幅度 $|E(\boldsymbol{r})/E_s(\boldsymbol{r})|$ 而无法获得相位信息,这就是 X 射线衍射成像中的"相位问题"(Phase Problem),至今仍然是 X 射线衍射成像技术研究中的重要问题。关于相位恢复方法的理论和具体实施可以参考相关的论文和书籍,也可以用相关的图像重建软件直接进行计算,如 GNU 开源软件包 Hawk,它可以从 http://xray.bmc.uu.se/hawk 获取。

虽然目前用于 CXDI 研究的大部分光源是 X 射线自由电子激光（XFEL）光源，但也有一些研究组已经开始尝试用气体高次谐波作为光源并获得了不错的结果。2007 年，Richard L. Sandberg 等首次将气体高次谐波产生的 29nm 波长的 EUV 光源用于相干衍射显微成像，获得了 214nm 的空间分辨率（图 1－25）[50]。2009 年，A. Ravasio 等人进一步用气体高次谐波光源实现了单发衍射成像，并获得了 119nm 的空间分辨率[51]。这意味着气体高次谐波光源相比于其他软 X 射线光源的一个重要缺点——光子数太少——是可以解决的。CXDI 最重要的优点之一是，由于采用的是短脉冲高亮度 X 射线，它可以实现泵浦—探测（Pump－probe）技术。气体高次谐波光源可以很容易达到数飞秒的脉冲宽度，甚至阿秒的脉冲宽度，因此它非常适合发挥 CXDI 技术的潜在优势。

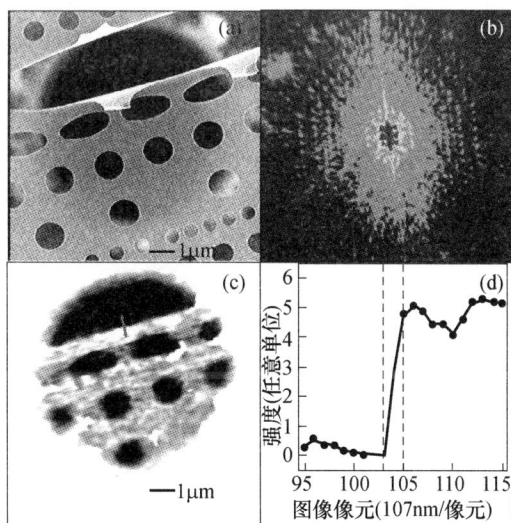

图 1－25　高次谐波相干衍射成像实验[50]

(a)碳掩膜的扫描电镜(SEM)图像；(b)气体高次谐波衍射图样；(c)根据衍射图样
重建的图像；(d)由于图 c 中每个点是 107nm，从这里看空间分辨率大概是 214nm。

2009 年，Bo Chen 等人还利用气体高次谐波宽光谱的特点，将衍射显微成像推广到了多波长，并获得了 165nm 的空间分辨率[52]。R. L. Sandberg 等人则用气体高次谐波作为光源实现了傅里叶全息显微成像，获得了 50nm 的空间分辨率[53]。图 1－26 所示为气体高次谐波软 X 射线全息成像，选用波长 29nm 波长的气体高次谐波，周围 5 个参考光源孔，空间干涉图样经过 X 射线 CCD 相机记录后恢复出的分辨率约为 50nm。虽然这些结果还比不上传统的同步辐射光源的结果，但是利用气体高次谐波作为显微成像的研究毕竟才刚刚开始，气体高次谐波作为一种超短脉冲宽度、时间空间全相干的软 X 射线光源，仍然是非常有前途的。将来，利用气体高次谐波开展的相干 X 射线衍射研究不仅可以获得纳米尺度的空间分辨率,还有可能同时获得飞秒甚至阿秒尺度的时间分辨率。

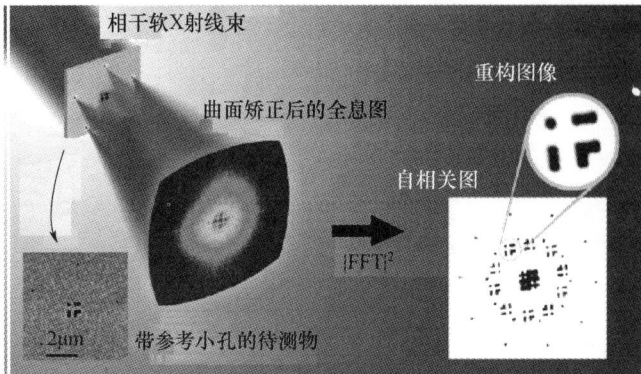

图 1 – 26　气体高次谐波软 X 射线全息成像[52]

1.3.2　超快复合成像

气体高次谐波目前最重要的用途之一是利用气体高次谐波产生过程本身作为原子分子中微观结构及其超快动力学过程的探测手段。气体高次谐波产生的基本过程分为三步:首先激光场将电子从原子分子中电离出来,然后近自由的电子在激光场中运动,最后电子重新复合回原子分子并辐射出气体高次谐波。由式(1 – 19)可知,气体高次谐波的产生概率可由电离、传播和复合三部分概率相乘得到。近自由的电子在激光场中运动后,回到母核附近会与母核发生重散射(Rescattering)或者复合(Recombining)到母核并辐射出气体高次谐波。由于复合过程相当于电子波与母核相互作用,因此最终辐射出的气体高次谐波自然携带了母核的微观结构信息,通过分析产生的气体高次谐波随各种介质参数、激光参数的变化,就可以得到原子分子中的微观结构和动力学信息。

2004 年,J. Itatani 等首次将这个方法用于氮分子(N_2)研究,通过将返回的电子波包近似看做平面波,气体高次谐波的复合过程类比于层析(Tomography)成像过程,测量得到了最高占据轨道(HOMO)的电子波函数三维结构(图 1 – 27(a)),与理论结果(图 1 – 27(b))非常吻合[54]。虽然该结果目前还存在一些争议,尤其是该方法是否可应用于复杂的电子轨道分布测量,但是理论分析表明获得分子中原子核的位置信息是没有问题的[55]。

针对上述层析成像过程的局限性,C. Vozzi 等提出了一个更为普适的测量技术,其核心是获得分子气体高次谐波的相位信息。复杂的电子波函数在数学上是一个复数,而 J. Itatani 等的实验中只获得了气体高次谐波的强度信息,因此是不可能获得准确的电子波函数的。图 1 – 28(a)是实验测量的分子不同取向延迟下的气体高次谐波辐射,它是分子不同角分布下高次谐波辐射的卷积,图 1 – 28(b)和(c)是通过解卷积方法得到的分子在不同取向角度下的谐波辐射强度

（a）和相位（b）分布[56]。在 C. Vozzi 等的研究中,首先利用解卷积的方法从不同角分布下分子气体高次谐波的强度分布中获得气体高次谐波幅度和相对相位随分子取向角的变化,然后利用激光辅助光电离的方法测量不同谐波级次的相位分布,最终得到完整的分子气体高次谐波的幅度和相位信息,从而反演获得准确的电子波函数。

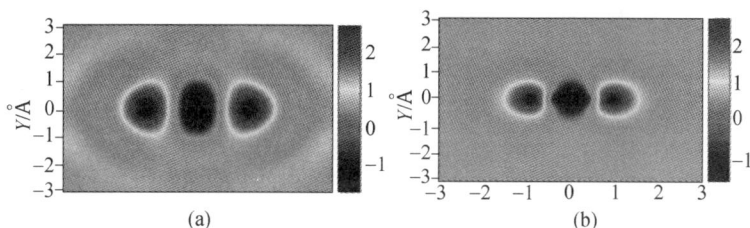

图 1-27　氮分子轨道波函数三维成像[49]

（a）为实验测量结果;（b）为理论计算结果。

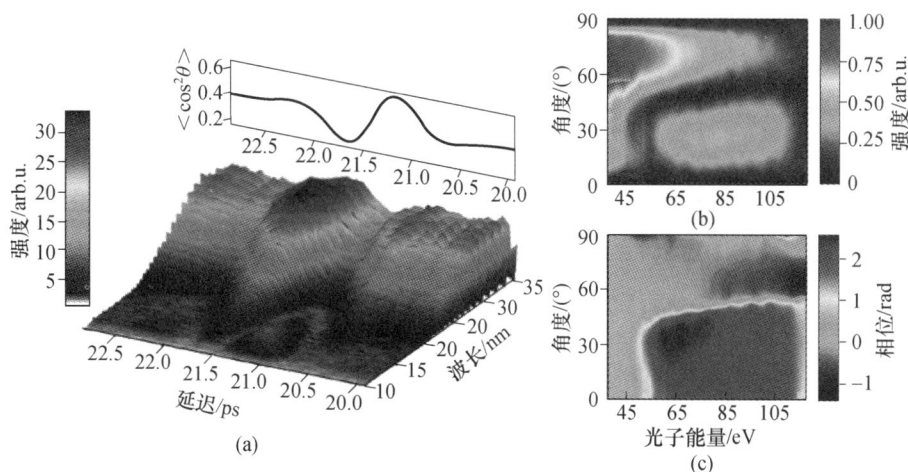

图 1-28　普适的分子轨道恢复技术[56]

（a）不同延迟下分子高次谐波辐射;（b）和（c）通过解卷积得到的分子谐波强度和相位角分布。

加拿大 P. B. Corkum 的研究组利用气体高次谐波复合过程开展了一系列研究,如在用气体高次谐波产生过程研究 Br_2 分子的时间分辨光解离过程中[57],同时测量气体高次谐波和离子的产率表明分子激发态产生的谐波和基态产生的谐波存在干涉,提供了一种研究超快动力学过程的方法。分子几何结构和电子结构的变化是化学反应过程的微观基础,目前,基于衍射过程的各种测量技术提供了分子内原子核位置的高精度测量,但是这些技术对于电子结构很不敏感,尤其是价电子形变。利用气体高次谐波的探测则可以作为一个互补的方法,利用电子的复合过程使产生的气体高次谐波包含电子轨道信息,可用于分子激发态动力学过程的研究[58]。原子中复杂的多电子运动也有可能通过气体高次谐波的方法进行测量[36]，这意味着气体高次谐波过程有可能用于电子关联效应的研究。

基于上面的研究进展，下面在理论上对这个过程做一个简单的介绍。在简化近似下，气体高次谐波产生过程中的复合过程可以看做一个平面波电子通过电偶极相互作用跃迁回到基态，即

$$\boldsymbol{d}(\omega,\theta) = \langle \psi(\boldsymbol{r},\theta) \mid \boldsymbol{r} \mid \exp[i\boldsymbol{k}(\omega) \cdot \boldsymbol{r}] \rangle \qquad (1-83)$$

式中：$\psi(\boldsymbol{r},\theta)$ 为分子中的电子轨道波函数；θ 为分子轴的取向角，即分子轴与激光脉冲偏振方向的夹角；$\boldsymbol{k}(\omega)$ 的表达式可以写成 $\sqrt{2(\omega - I_\mathrm{p})}$。从上述表达式可以看出，偶极跃迁矩阵元可以看做是电子轨道波函数与位移矢量乘积的傅里叶变换，如果可以从实验数据中获得偶极跃迁矩阵元的表达式，就可以通过傅里叶变换得到电子轨道波函数。但是实际上我们在实验中获得的是谐波的强度分布，也就是

$$I(\omega,\theta) = N^2(\theta)\omega^4 \mid a[k(\omega))] \boldsymbol{d}(\omega,\theta) \mid^2 \qquad (1-84)$$

式中：N 为离子密度分布，与角度有关；ω 为谐波频率；$a[k(\omega)]$ 为连续态波包的系数。在 J. Itatani 等的实验中，通过选择一个电离能接近、轨道波函数已知的原子作为参考原子，如氩原子 2p 轨道 ψ_{argon}，可从其谐波分布上计算得到，然后代入上式计算未知分子的电子轨道波函数，即

$$a[k(\omega)] = \omega^{-2}\sqrt{I_{\mathrm{argon}}(\omega)} / \mid \langle \psi_{\mathrm{argon}} \mid r \mid k \rangle \mid \qquad (1-85)$$

对上述表达式进行傅里叶变换可得

$$\boldsymbol{r}\psi(\boldsymbol{r},\theta) = \int_{-\infty}^{+\infty} \boldsymbol{d}(\omega,\theta)\exp[i\boldsymbol{k}(\omega) \cdot \boldsymbol{r}]\mathrm{d}\omega \qquad (1-86)$$

也可以写成

$$x\psi(\boldsymbol{r},\theta) = \int_{-\infty}^{+\infty} d_x(\omega,\theta)\exp[i\boldsymbol{k}(\omega) \cdot \boldsymbol{r}]\mathrm{d}\omega \qquad (1-87\mathrm{a})$$

$$y\psi(\boldsymbol{r},\theta) = \int_{-\infty}^{+\infty} d_y(\omega,\theta)\exp[i\boldsymbol{k}(\omega) \cdot \boldsymbol{r}]\mathrm{d}\omega \qquad (1-87\mathrm{b})$$

由于上述表达式中 θ 是激光偏振与分子轴之间的夹角，也是 $\boldsymbol{k}$ 矢量的方向，即它们是关联的，并不能在一个 θ 角下得到不同 $\boldsymbol{k}$ 方向上的数据。但是上述过程类似医院中的 CT 机，由傅里叶切片原理（Fourier Slice Theorem）可得到如下重建表达式，即

$$x\psi(x,y) = \int_0^\pi \mathrm{d}\theta \int_0^{+\infty} \mathrm{d}\omega e^{ik(x\cos\theta + y\sin\theta)} \left[\cos\theta d_x(\omega,\theta) + \sin\theta d_y(\omega,\theta) \right]$$

$$(1-88\mathrm{a})$$

$$y\psi(x,y) = \int_0^\pi \mathrm{d}\theta \int_0^{+\infty} \mathrm{d}\omega e^{ik(x\cos\theta + y\sin\theta)} \left[-\sin\theta d_x(\omega,\theta) + \cos\theta d_y(\omega,\theta) \right]$$

$$(1-88\mathrm{b})$$

虽然说基于上述重建表达式，我们可以恢复出电子轨道波函数的空间分布，

但是实际上在实验中无法得到 $d(\omega,\theta)$ 的相位信息和矢量方向。此外,实际实验中的分子取向并不能达到百分之百,而是存在一个分布,实验中得到的高次谐波由不同取向角度的分子辐射合成得到,即

$$I(\omega,\tau) \propto \left| \int_0^{\pi/2} F(\theta,\tau) E(\omega,\theta) \mathrm{d}\theta \right|^2 \qquad (1-89)$$

式中:$F(\theta,\tau)$ 为分子的取向角分布;τ 为取向脉冲和谐波产生脉冲之间的延迟;$E(\omega,\theta)$ 为不同取向角度下的分子产生的高次谐波电场。不同取向角度下分子辐射的高次谐波相干叠加后,才能得到实验中最终检测到的高次谐波强度分布。仔细分析这个表达式,可以得到一个提取不同角度下高次谐波辐射场相位的方法。根据量子力学原理,分子取向角分布是由一系列转动波包叠加而成的,而这些转动波包相位随时间的变化是确定的,也就是说,上述表达式中 $F(\theta,\tau)$ 随延迟 τ 的变化在特定的转动温度下是比较明确的,而 $E(\omega,\theta)$ 又可以认为不随延迟变化。因此,在一定的近似下,如不考虑相位匹配等复杂因素,从随延迟 τ 变化谐波强度 $I(\omega,\tau)$ 中是可以反演出准确的高次谐波电场 $E(\omega,\theta)$ 的。这种方法得到的不同频率的高次谐波电场之间的相位是随机的,如果再结合激光辅助光电离方法测量高次谐波的相位,以确定 $E(\omega,\theta)$ 中不同频率间真实的相对相位,就可以通过傅里叶变换得到电子轨道波函数的空间分布。

　　由于气体高次谐波产生过程涉及的是阿秒级的电子和核运动,因此该方法可用于超高时间分辨率和空间分辨率的四维微观动力学研究。除了上述用途外,气体高次谐波复合成像方法还被用于测量分子转动过程[59]、分子振动过程[60,61]、多电子轨道[62]及其运动过程[63,64]等,下面做一个简单介绍。

　　对于分子转动过程的测量,其基本原理如图 1-29 所示[59],CO_2 分子的两个氧原子可以看做两个点源,图中 R 表示两个原子核间距,λ 是返回电子的德布罗意波,θ 则是返回电子波矢与分子轴之间的夹角,$R\cos\theta$ 则表示电子波复合到两个核上的相位差。在高次谐波产生过程中,当返回的电子波包波矢方向与分子轴有一定夹角时,两个点源感受到的电子波有一定的相位差,该相位差引起的干涉效应导致电子的复合概率与分子轴的方向有关,随着夹角的变化,不同的相位差将由于干涉效应导致不同的复合概率。在实验中控制分子轴的方向,就可以测量到

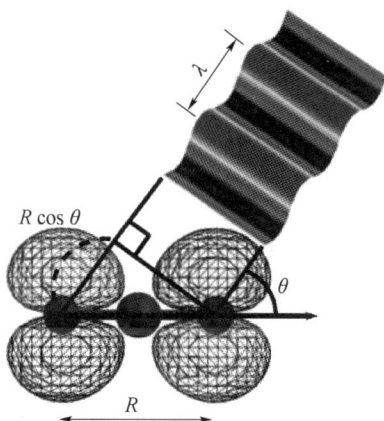

图 1-29　分子高次谐波中返回
电子的复合过程示意图[59]

随分子轴取向变化的高次谐波产率变化,从而得到分子的转动变化信息,可用于研究分子的转动动力学。实验测量的结果如图 1-30 所示,其中 Pump 光使分

子发生取向,改变 Pump – probe 延迟分子的取向将发生变化,实验中可观测到高次谐波强度随延迟的变化[59]。图 1 – 30(a)氮分子离子产率和 23 次谐波强度随 Pump – probe 延迟的变化。红色和黑色箭头分别表示 Pump 光和 Probe 光的偏振方向,灰色曲线则是理论计算的 80K 转动温度下分子的取向度 $<\cos^2\theta>$,最大值可到 0.62。图中氮分子的转动周期为 8.4ps。图 1 – 30(b)是氧分子离子产率和 23 次谐波强度随 Pump – probe 延迟的变化。灰色曲线则是理论计算的 80K 转动温度下分子的取向度,最大值可到 0.62。图中氧分子的转动周期为 11.6ps。

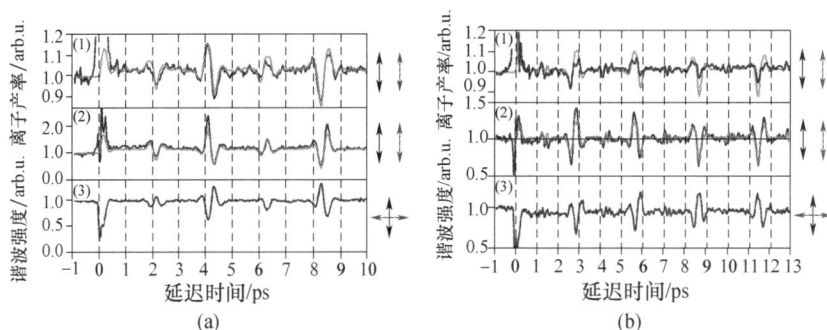

图 1 – 30 分子离子产率和 23 次谐波强度随 Pump – probe 延迟的变化
(a)氮分子离子产率和 23 次谐波强度随 Pump – probe 延迟的变化;
(b)氧分子离子产率和 23 次谐波强度随 Pump – probe 延迟的变化[59]。

上述分子转动动力学测量基于电子的复合过程,由于电子的德布罗意波长一般都很短,因此这个复合过程对于分子核分布非常敏感,除了分子的转动过程外,还可以测量分子的振动过程。由于分子振动过程中,各个原子核的位移量是很小的,因此需要很短波长的源才适合测量,而电子波则恰恰是这样一种源。图 1 – 31 是用高次谐波产生信号测量 SF_6 分子的振动模式,通过将测量到的高次谐波信号随 Pump – probe 延迟的变化进行离散傅里叶变换后,可以清晰地看到三个振动峰,而传统的受激拉曼散射方法一般只能看到一个清晰的峰[60]。

1.3.3 超快飞秒 X 射线光源

气体高次谐波的一个特点是,它是超快(飞秒)相干 X 射线源。一般单个谐波级次的脉冲宽度都在 10fs 以下,这种独特的性质不是其他 X 射线源(激光等离子体光源、加速器光源、超快 X 射线管等)所具备的,对于许多物理和化学方面的研究具有重要的应用前景。

在分子体系研究中,特定分子的大量信息可以从了解分子的势能曲线(双原子分子)或势能面(含有两个以上原子的分子)开始。根据波恩—奥本海默近似(Born – Oppenheimer Approximation),不同的势能曲线或曲面的形状由分子中

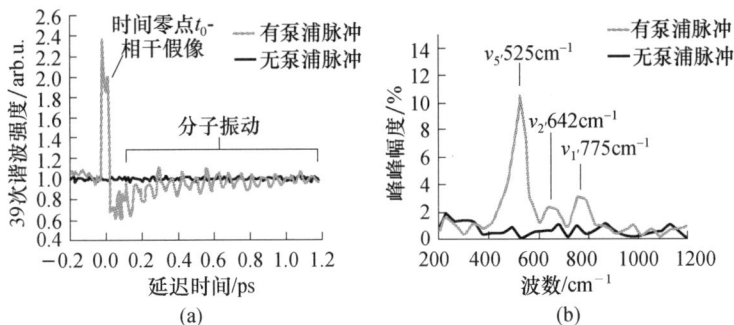

图1-31 高次谐波产生方法测量 SF$_6$ 分子的振动模式[60]

(a) SF$_6$ 分子产生的 39 谐波强度随 Pump-probe 延迟的变化,灰色和黑色曲线
分别表示有/无 pump 脉冲(即分子振动有/无激发)情况;(b) 从(a)数据进行
离散傅里叶变换后获得的振动频率,可以清晰地看到三个拉曼振动峰。

各个原子之间的键长和键角给定,而它又决定了分子的电子状态和基态分子的激发。使用红外光谱技术(IR Spectroscopy),提取势能面局部最低值附近的振动能级间距,可以了解分子势能面的形状信息。但是如果能够完整地获得势能面分布,不仅是束缚态附近的,还包括解离体系,将是更加令人感兴趣的。此外,分子中快速的原子运动(振动、解离)会破坏波恩—奥本海默近似,因此也需要找到一种方法来测量复杂的激发态分子波包运动,而所有这些都可以通过超快软 X 射线脉冲来实现。

在使用超快(飞秒)红外激光脉冲研究分子动力学过程时,虽然大量的信息可以提取,但是分子势能面的确切形状仍然是未知的,因为大多数情况下都是采用多光子激发过程来提取可测量的信号。此外,许多研究还被局限在特定的势能面位置,因为只有这些地方的电离(连续)态和束缚态势能差小于近红外或可见光子能量。所有这些局限性在用飞秒软 X 射线脉冲作为探针的情况下都将不再存在。只要单光子能量,飞秒软 X 射线脉冲就足以将束缚态电子电离,尤其是可见和红外激光脉冲无法电离的高电离能电子,这使得直接(实时)测量分子解离过程成为可能。在 Nugent-Glandorf 等[65] 的工作中(图1-32),通过 400nm、80fs 的激光脉冲激发使 Br$_2$ 分子处于库仑排斥态,采用 800nm 激光的 17 次和 19 次谐波作为探测光,测量不同时间延迟后的光电子能谱,可以看到激发态波包的演化过程。而且在实验中发现,在分子解离激发 40fs 以后,体系的运动开始变得更加接近原子的行为特征。

粒子与扩展体系的相互作用,总是通过物质表面发生的,这是为什么物理学家和化学家都对物质的表面性质和动力学过程特别感兴趣的原因。从应用的角度来说,了解表面电子结构和反应对于化学和医药等行业的催化剂工程也是非常重要的。由于 X 射线非常适合于原子尺度的结构分辨,因此它在表面分析中也是非常有效的工具。此外，X 射线光子可直接将束缚态电子结构反映到连续态，而不需要经过不同的中间态。结合飞秒 X 射线的超短脉宽特性，表面化学反应的瞬态激发态和中间态也可以在足够高的时间分辨率下观测到。超快 X 射线光电子谱可用于观测表面的占据和非占据态电子结构的动态变化，其主要优点是高光子能量可直接将局域态密度映射到连续态。在早期的实验[66]中，610nm 激光产生的气体高次谐波用于探测吸附在 Ge(111) 表面的 As 原子的反键态性质和动力学过程。不同的谐波级次（不同的 X 射线能量和频率）有助于在光电子能谱中区分体内和表面电子态，这是因为表面态对应的电子峰通常具有固定的电离能，而体内态的电子峰则与带内的电子色散有关。实验发现，在很小的时间延迟内，0.43eV 处 As 表面态电子峰具有明显的"肩膀"，在随后的几个皮秒时间内逐渐消失，且整个电子峰整体往低能方向移动，相关解释可以参考文献[66]。

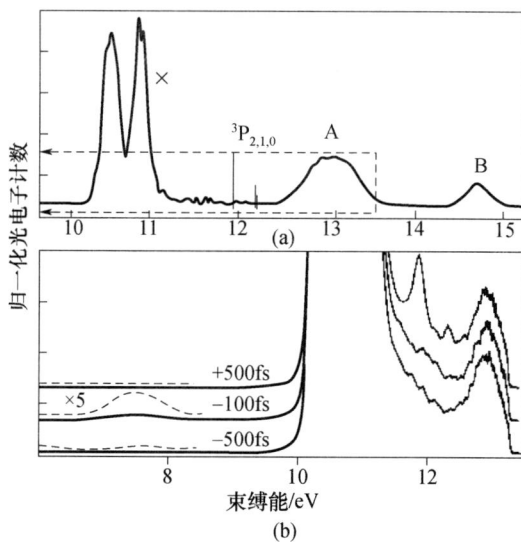

图 1-32　测量 Br$_2$ 分子解离过程[64]

(a)Br$_2$ 分子离子的光电子谱，采用 400nm 光作 Pump，800nm 的 17 次谐波作 Probe 电离，得到 X、A 和 B 态的电离峰；(b)三个不同的泵浦—探测(Pump - probe)延迟处的电子谱，-500fs 表示背景电离信号。

Timm Rohwer 等人将飞秒高次谐波和角分辨光电子谱(ARPES)结合，通过泵浦-探测方法测量固体中长程电荷有序的破坏过程[67]。实验中采用光子能量是 43eV 的高次谐波，其光谱宽度大约为 340 meV，光子数大约 10^9/s。传统的 X 射线光源都是长脉冲，无法测量超快的电子动力学过程，而高次谐波光源的脉冲宽度一般都在 10fs 以下，甚至可以到阿秒，因此可以通过泵浦—探测方法得到时间分辨的表面电子结构变化，该实验中测量得到的长程有序电荷的破坏时间约为 20fs。高次谐波是一种非常适合用于表面电子结构动力学研究的光源，它可以在 X 射线脉冲宽度和光谱宽度时间进行调节,在可以忍受的电子能谱分辨率的条件下,同时获得一定的时间分辨率信息。在无啁啾的情况下,X 射线脉冲时间宽度和光谱宽度的乘积为 1.8fs·eV,当光谱宽度为 340meV 时,其脉冲宽度可以达到 5fs 左右,仍然可以获得很高的时间分辨率(图 1-33)。

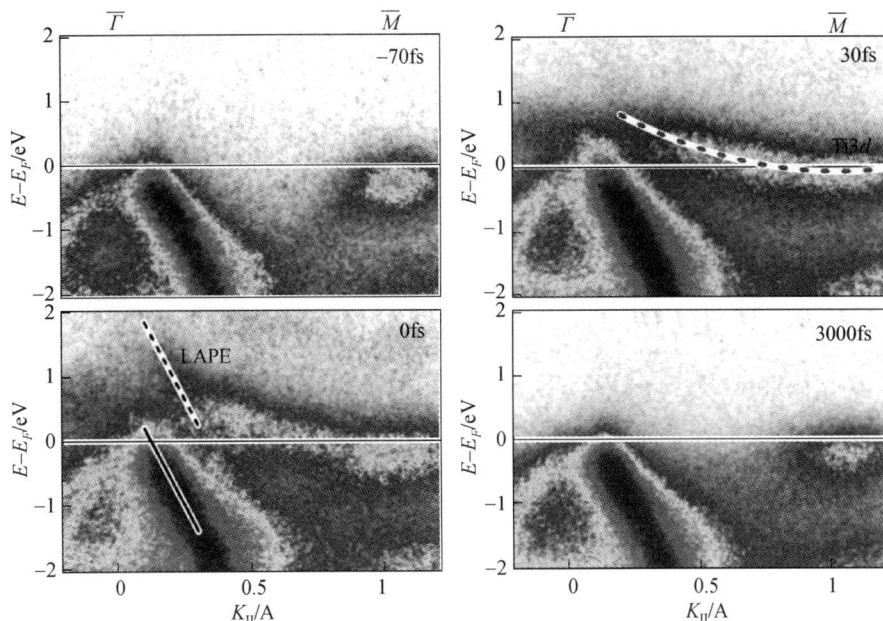

图 1-33 结合高次谐波飞秒 XUV 脉冲和角分辨光电子谱(ARPES)
测量时间分辨的光诱导跃迁[67]

图中数字表示 pump-probe 延迟;负延迟表示 probe 光在后面;pump 光能流密度为 5mJ/cm²。

其他的实验还包括表面电子激发态的复合过程测量[68]和表面电荷载流子动力学过程的测量[69]。图 1-34 所示为测量的薄膜材料 tris(8-hydroxy quinoline)aluminum(Alq)的最低未占据轨道(LUMO)信号随 Pump-probe 延迟变化[68],以 3.5eV 光为 Pump,以光子能量 22.4eV 高次谐波为 Probe,测量的表面复合速度约为 75cm/s ±30cm/s。Alq 这种材料的光致发光效率很高,而电致发光效率则相对比较低,对电子动力学的研究有可能揭示其中效率受限的原因。在表面光化学方面,Bauer 等人[70]还用气体高次谐波研究了吸附在 Pt(111)表面的氧分子在光激发后的超快(瞬态)变化过程,这对于表面催化过程的研究非常重要(图 1-35)。飞秒气体高次谐波还可用于研究固体内壳层电子动力学[71]、稠密激光等离子体产生与演化过程测量[72]等。

由于气体高次谐波的脉冲宽度一般都比较短,这意味着它具有很高的功率,在合适的聚焦条件下,目前功率密度已经可以达到 10^{14} W/cm² [73],有可能可以观测到 X 射线波段的双光子跃迁[74,75]。在 Papadogiannis 等人的工作中,XUV 光与 He 原子发生非线性相互作用,在实验中观测到 He$^+$ 离子产率随 XUV 光强度的平方关系,这是双光子跃迁的标志。Nabekawa 等人则观测到 He^{2+} 离子计数随软 X 射线光强度的平方关系变化。这些都意味着飞秒气体高次谐波光源可将非线性光学的研究推进到 X 射线波段(图 1 - 36)。

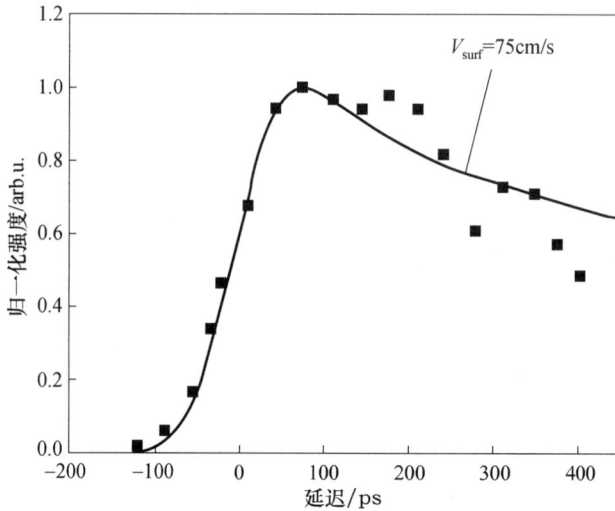

图 1 - 34 测量的薄膜材料 tris(8 - hydroxy quinoline) aluminum(Alq) 的最低未占据轨道(LUMO)信号随 Pump - probe 延迟变化[62]

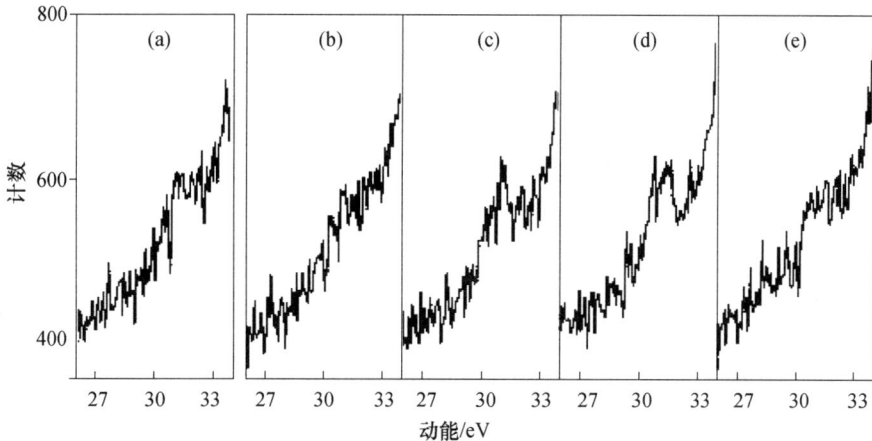

图 1 - 35 高分辨率时间分辨光电子谱[70],来自吸附于 Pt(111)表面的饱和吸附氧分子层(液氮温度下) (a)无 Pump 光;(b)有 Pump 光,零延迟;(c)250fs 延迟; (d)500fs 延迟;(e)测量完(d)的数据后,快速重复(b)的测量。

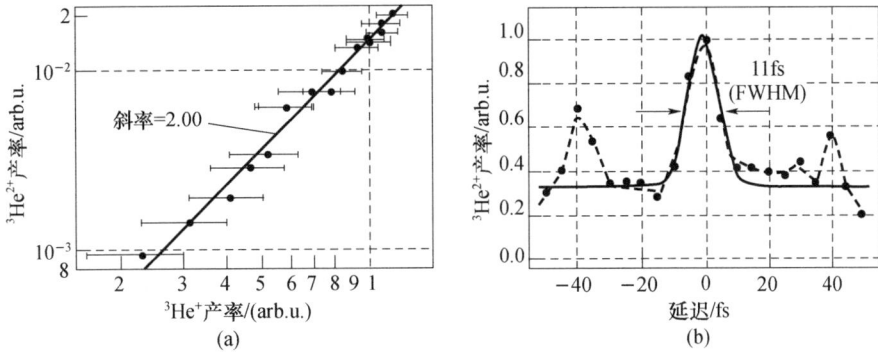

图 1 - 36   利用 27 次谐波观测 He 离子的双光子吸收[75]

(a)He⁺ 和 He²⁺ 产率的对数关系,其斜率为 2 表明 He²⁺ 的产生以双光子

吸收为主;(b)利用双光子吸收过程测量的自相关迹。

1.4   国内外研究进展

1.4.1   气体高次谐波实验装置

从 1987 年 Mcpherson 等人利用亚皮秒 KrF 激光(248nm)与惰性气体相互作用首次获得气体高次谐波辐射的实验以后,强激光场气体高次谐波在理论[13,22,76]和实验[77-79]方面迅速发展。气体高次谐波实验中所使用的激光种类包括近红外波段的 Nd:YAG,Nd 玻璃激光,掺钛蓝宝石($Ti:Al_2O_3$)激光,可见光波段的染料激光和紫外波段的准分子激光等,激光脉冲的脉宽从起初的几十皮秒缩短到现在的几飞秒。典型的气体高次谐波产生实验装置如图 1 - 37 所示[79],包括激光系统、气体介质和软 X 射线光谱仪。激光脉冲(常见波长为800nm 左右)由透镜聚焦后进入真空腔体内,与气体介质发生相互作用,产生高次谐波。产生的高次谐波与剩余的激光脉冲进入 X 射线光谱仪的腔体,剩余的激光脉冲会被滤膜(Al 膜)阻挡而只让 X 射线透过。透过的 X 射线被反射镜聚焦到光栅前的狭缝,然后由光栅分光,最后被探测器(MCP 或者 X - ray CCD)探测。强场气体高次谐波实验所用的工作介质一般为惰性气体,包括它们的离子和原子团簇等。这是由于惰性气体原子的电离阈值高,并且在很宽的波长范围内是透明的,吸收少,很适合作为气体高次谐波实验的工作介质。当将气体高次谐波产生过程作为分子微观体系的研究手段时,也将各种分子介质用于气体高次谐波产生的实验中。在气体高次谐波产生实验中,气体介质可以由脉冲阀控制(使气体脉冲与激光脉冲同步,激光聚焦在喷口下的适当位置上形成有效的相互作用区),也可以是一段准静态的气体柱。

1. 激光系统

图 1 - 38 是一套商品化的小型飞秒激光系统,Spectra - Physics 公司的 Spit-

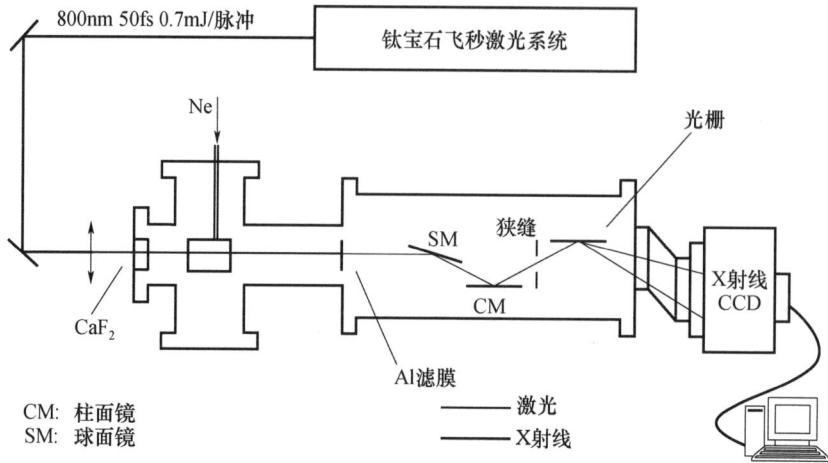

图 1 – 37　典型的气体高次谐波产生实验装置

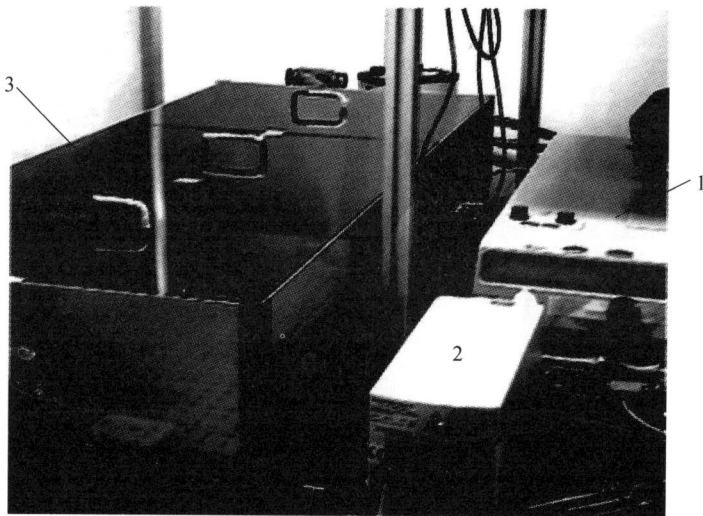

图 1 – 38　典型的小型化 1kHz 钛宝石飞秒激光系统。

1—振荡器;2—振荡器的泵浦源;3—再生放大器。

fire 50,由振荡器加一级再生放大组成,可获得 $10^{14} \sim 10^{15} \mathrm{W/cm^2}$ 的激光聚焦功率密度,其输出脉冲时间宽度和光谱如图 1 – 39 所示,光斑分布如图 1 – 40 所示。该激光系统的特征输出参数如下。

重复频率:1kHz。

脉冲宽度:50fs。

中心波长:800nm。

单脉冲最大能量:0.7mJ。

光束束腰(光斑)尺寸:7mm。

输出的光束为高斯光束基模,$M^2 < 2$。

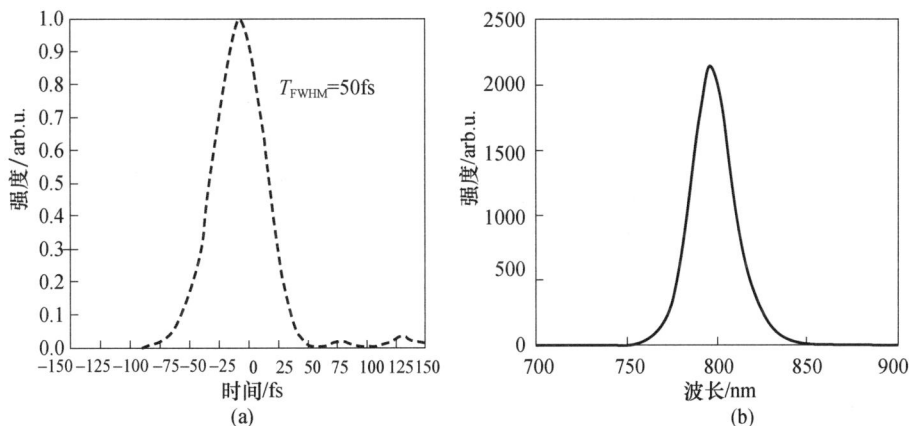

图 1-39　图 1-38 中的 1kHz 钛宝石激光系统产生的飞秒激光脉冲脉宽(a)和光谱分布(b)

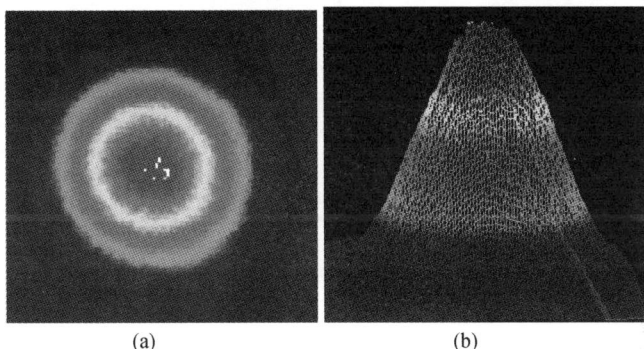

图 1-40　图 1-38 中的 1kHz 钛宝石激光系统产生飞秒激光的光斑图
(a)二维图;(b)三维图。

2. X 射线谱仪

高次谐波光谱测量中所用的 X 射线谱仪一般采用如图 1-41 所示的结构,由球面镜、柱面镜(有时候用轮胎镜取代球面镜和柱面镜,这样可以减少反射损耗)、狭缝、平场光栅、X 射线 CCD 及其控制采集系统组成。它的工作原理是入射的高次谐波经柱面镜和球面镜聚焦后,进入光谱仪的狭缝,然后由光栅进行分光,最后由 X 射线 CCD 进行探测,在 CCD 上获得高次谐波的光谱图。有的设计中用轮胎镜取代球面镜和柱面镜以减少反射损耗。CCD 也可以用微通道板探测器(MCP)替代以提高对微弱信号的检测。光栅一般采用平场光栅,这样经光栅衍射后的 X 射线可以聚焦到一个平面上以利于二维阵列探测器探测,少数也有用纳米透射光栅减小整个谱仪的结构尺寸的。上述元件需要放置在真空腔内,通过机械泵和涡轮分子泵来维持真空状态。考虑到介质对极紫外/软 X 射线光吸收很厉害,所以高次谐波在谱仪中的镜面上都采用掠入射设计(入射角一般大于85°)。设计中球面镜将高次谐波聚焦在谱仪的狭缝上,而柱面镜则一般将高次谐波在平行于狭缝方向上聚焦在 CCD 探测面附近,以减小高次谐波在 CCD 面上的空间尺寸来提高信噪比。高次谐波经过平场光栅的色散关系为

$$\sin\beta = \frac{\lambda}{\sigma_0} - \sin\alpha \qquad (1-90)$$

$$r' = \frac{R\cos^2\beta}{40m\lambda/\sigma_0 - R\cos^2\alpha/r + \cos\alpha + \cos\beta} \qquad (1-91)$$

式中:α、β、r 和 r' 分别是光栅的入射角、出射角、狭缝到光栅的距离和光栅到像点的距离。通常对于 1200 线的平场光栅,其参数为 $r = 237\text{mm}$,光栅刻线周期 $\sigma_0 = \frac{1}{1200}\text{mm}$,曲率半径 $R = 5649\text{mm}$,入射角 $\alpha = 87°$。

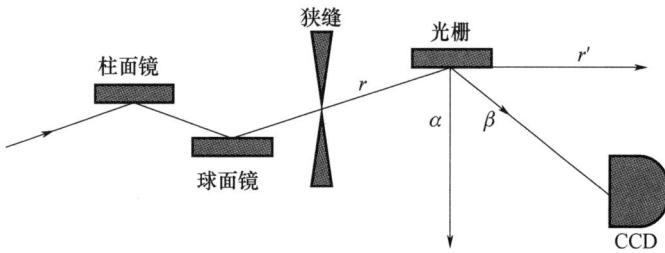

图 1-41　X 射线光谱仪的结构示意图

1.4.2　气体高次谐波的波长

1993 年,瑞典 L'Huillier 实验小组[13,77]用皮秒 Nd:YAG 激光脉冲与氖气相互作用,在实验中观察到的气体高次谐波最高达到 135 次(波长 7.6nm)(如图 1-42所示,最短波长达到 7.6nm)。同年,J. J. Macklin 等[78]首次尝试用飞秒激光脉冲(125fs,800nm,Ti:sapphire 激光)进行气体高次谐波产生实验,在氖气中获得了最高达到 109 次的谐波辐射(波长 7.4nm)(如图 1-43 所示,最短波长达到 7.4nm)。1997 年,美国 Michigan 大学超快光学中心实验小组[15]利用脉冲宽度为 26fs(约 10 个光周期)、波长 780nm 的激光脉冲与氦气相互作用,观察到了高达 297 次的谐波辐射(波长 2.73nm)(如图 1-44 所示,产生水窗波段气体高次谐波,图中采用钛(Ti)的吸收边来标定产生的高次谐波波长)。1998 年,奥地利维也纳技术大学的实验小组[14]则利用脉宽仅为 5fs(小于两个光周期)、波长 780nm 的激光脉冲与氦气相互作用,观察到的谐波辐射波长最短小于 3nm。后两个小组研究工作取得的实验结果意义深远,它使气体高次谐波辐射波长成功地进入到"水窗"波段(2.3~4.4nm)。在此波段内,水(O 原子)对入射光是透明的,而其他有机物(C 原子)则是吸收的,因此可以应用此波段的 X 射线来

进行生物活体细胞研究以获得高对比度。1999 年,中科院上海光机所利用 Ar 气作为工作介质观测到高达 91 次的谐波,这是利用 Ar 气作为工作介质获得的最短波长高次谐波(图 1 – 45a)。在用 Ne 气作为非线性工作介质的实验研究中,观测到高达 131 次(波长 5.9nm)的气体高次谐波发射谱(图 1 – 45b)[81]。2012 年,Popmintchev 等人通过采用 3.9μm 波长的激光脉冲与氦气相互作用,获得了光子能量达到 1.6keV 的气体高次谐波输出[18],其对应的波长已经小于 1nm。图 1 – 46 是 Popmintchev 等人产生的最高光子能量达到 1.6keV 的气体高次谐波,图中给出了不同激光波长(0.8μm,1.3μm,2.0μm,3.9μm)产生的高次谐波,3.9μm 波长激光产生的高次谐波连续谱似乎可以达到 0.7keV,这么宽的连续谱可以支持的阿秒脉冲宽度达到 2.5as。但是因为光谱仪的分辨率有限,这么宽的光谱是否连续仍然有待确认。

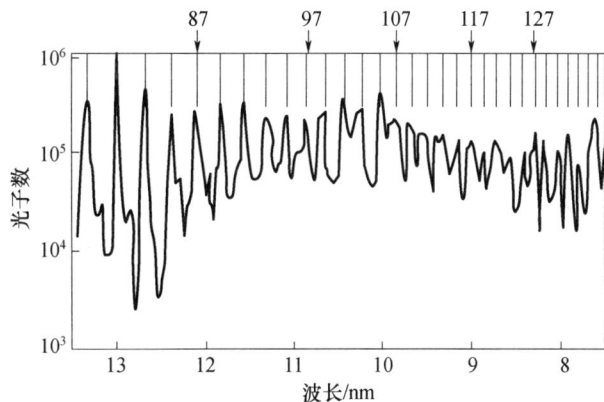

图 1 – 42　瑞典 L'Huillier 实验小组用皮秒激光脉冲与
氖气相互作用产生气体高次谐波谱[77]

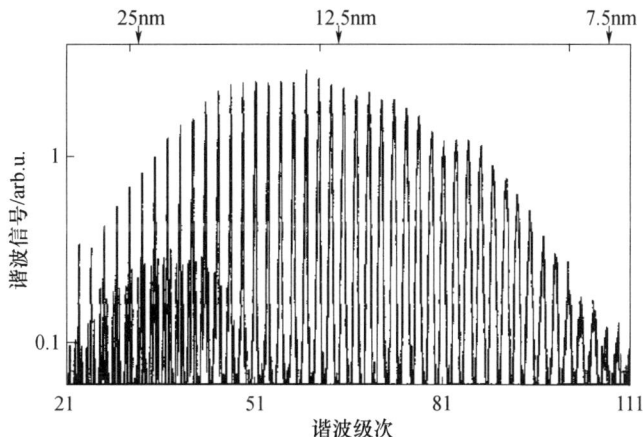

图 1 – 43　J. J. Macklin 等人首次用 125fs 激光脉冲与
氖气相互作用产生气体高次谐波[78]

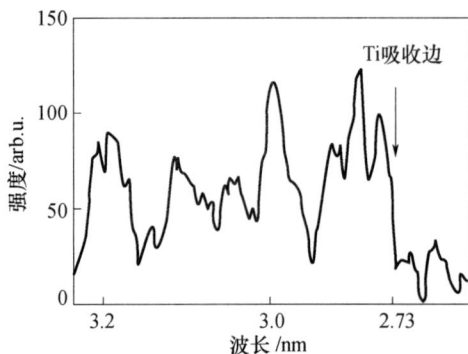

图 1-44 美国 Michigan 大学超快光学中心实验小组利用脉冲宽度为 26fs
激光脉冲与氦气相互作用,产生水窗波段气体高次谐波[14]

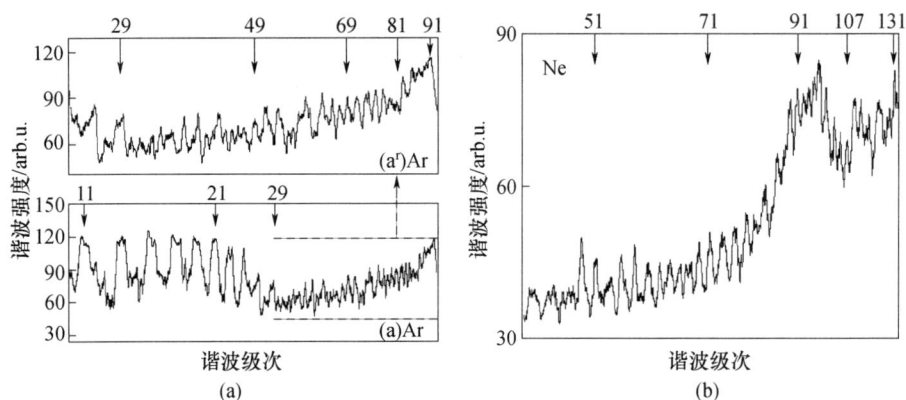

图 1-45 上海光机所徐至展等人在 1999 年获得的气体高次谐波[80]
(a)利用 Ar 气作为工作介质观测到高达 91 次的谐波;
(b)以 Ne 气作为工作介质获得高达 131 次的高次谐波辐射。

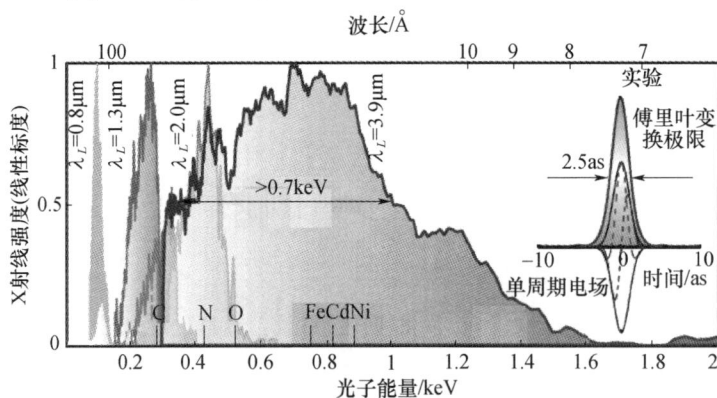

图 1-46 Popmintchev 等人通过采用 3.9μm 波长的中红外激光脉冲与氦气
相互作用,产生最高光子能量达到 1.6keV 的气体高次谐波[17]

由前文气体高次谐波产生的理论可知,气体高次谐波的最高光子能量由公式 $E_{cutoff} = I_p + 3.17 U_p$($I_p$ 为气体介质的电离能)决定,其中 $U_p(\mathrm{eV}) = 9.33 \times 10^{-14} I(\mathrm{W/cm^2})\lambda^2(\mu\mathrm{m})$ 为有质动力势(其大小等于一个自由电子在激光场中的平均有质动力动能,I 为激光强度,λ 为激光波长)。从该式中可以看出,提高气体高次谐波的光子能量可以通过采用高电离能的介质,提高驱动激光的光强以及采用更长波长的驱动激光来实现。

在一般电中性介质中,氦原子的电离能是最高的,可达 24.587eV,其过势垒电离光强(Over – the – barrier – ionization,OTBI)[2]可达约 $1.46 \times 10^{15}\mathrm{W/cm^2}$。按上述气体高次谐波的最高光子能量公式计算,该光强下 800nm 激光脉冲可产生的最高光子能量约为 300eV,也就是说,采用 800nm 钛宝石激光,在普通电中性介质中能产生的最高光子能量也就在 300eV 附近。虽然通过缩短驱动激光的脉冲宽度可以使其进一步提升到 500eV 左右[16,81],但是基本上也已经到极限了。

因此,寻求产生更高光子能量的气体高次谐波的方法,是气体高次谐波研究的重要目标之一。在电中性介质中,氦原子的电离能已经是最高的,因此就有一些研究组探索采用离子介质来产生气体高次谐波。David M. Gaudiosi 等人通过毛细管放电的方法制备全电离的等离子体,使产生的气体高次谐波从 70eV 最高光子能量提升到 150eV[82]。M. Zepf 等则不仅用氩离子将气体高次谐波最高光子能量提升到 360eV,还通过准相位匹配技术使其产生效率提高了三个数量级以上[83]。

产生更高光子能量的气体高次谐波的另一种方法是使用更长波长的激光脉冲。由有质动力势能 U_p 的表达式可以看出,U_p 与驱动激光波长的平方成正比,随着激光波长的变长,气体高次谐波的最高光子能量将迅速增加,这也是目前提高气体高次谐波光子能量的主要途径。随着 OPA(光学参量放大)技术的快速发展,通过 OPA 技术可以产生高能量的长波长激光脉冲,进一步促进了这种方法的实现。2001 年,Michigan 大学的 Bing Shan 等首次利用 OPA 输出的波长 $1.51\mu\mathrm{m}$ 的激光脉冲,将氩气产生的气体高次谐波最高光子能量从 64eV 提升到 160eV,并预测了千电子伏气体高次谐波的产生[84]。但是由于长波长光源的缺乏,一直到 2007 年以后,相关的气体高次谐波实验研究才逐步出现。2008 年,E. J. Takahashi 等人利用 $1.6\mu\mathrm{m}$ 的激光脉冲获得了水窗波段的相位匹配气体高次谐波[85]。上海光机所熊辉等人用 $1.5\mu\mathrm{m}$ 波长的激光脉冲产生了最高光子能量达到 400eV 的气体高次谐波,如图 1 – 47 所示[86],在用 1500nm 波长激光驱动时,产生的气体高次谐波的最高光子能量超过 400eV。图中标出了清晰的碳吸收边(284eV)及其二级衍射谱的位置。

美国 Colorado 大学的 M. M. Murnane 和 H. C. Kapteyn 的研究组对长波长激光脉冲产生气体高次谐波的方法进行了一系列的研究[17,87,88]。针对各种不同稀有气体,采用不同波长的激光脉冲驱动,研究了各种不同搭配下的相位匹配条件。图1-48给出了不同激光波长与不同的气体介质相互作用下,可实现相位匹配的最高光子能量[87]。不同波长激光脉冲可达到的气体高次谐波的最高光子能量是不同的,10μm波长激光脉冲可达到的最高光子能量大约为8keV。目前的实验研究中,通过采用3.9μm波长的激光与氦气相互作用,他们获得了最高光子能量达到1.6keV的气体高次谐波输出[17],其最短波长已经小于1nm。

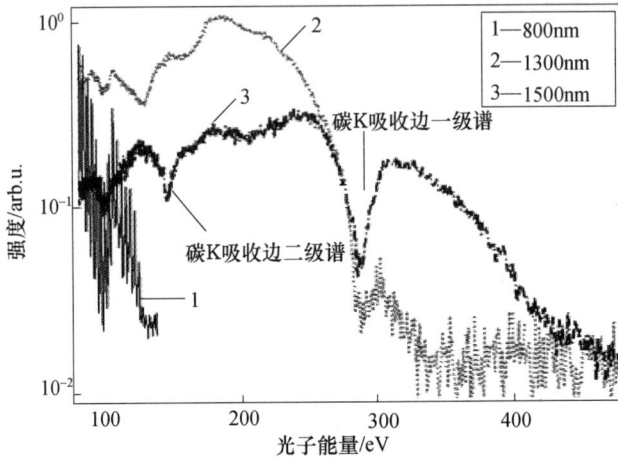

图1-47 上海光机所熊辉等人用不同波长激光脉冲作用下产生的气体高次谐波谱[86]

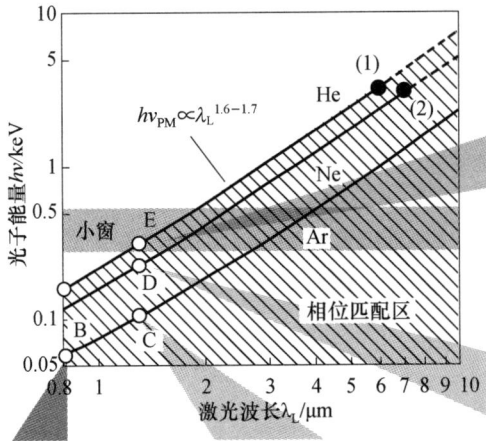

图1-48 不同介质与不同波长激光作用下可实现的相位匹配图,
斜线区为可实现相位匹配的参数区域[87]

1.4.3 气体高次谐波的产率

早期实验中气体高次谐波的转换效率都较低($10^{-10} \sim 10^{-8}$)[89],这成了阻碍气体高次谐波实用化的关键问题。如何提高谐波转换效率就成了气体高次谐波理论和实验研究的主要问题之一。目前看来,提高气体高次谐波转换效率的主要途径有:利用双色场或多色场对高次谐波辐射过程进行电子轨迹控制[90,91];利用毛细管波导或自导引(Self-guiding)等技术来实现基波与谐波的长距离相位匹配[76,92];利用空间调制毛细管实现基频与谐波的准相位匹配[93]以及利用固体或团簇介质与超短脉冲激光相互作用中的新机制等[94],其中最主要的是相位匹配技术。

相位匹配是提高谐波转换效率的关键,传统的相位匹配方法是利用非线性晶体材料的各向异性,迫使两种波长的光以相同相速度传播。但是这种晶态的非线性材料在极紫外和软 X 射线区只有极低的透明度或甚至不透明,无法用于高光子能量谐波的产生,目前对于钛宝石激光最高也只能产生五次谐波。而气体介质虽然对极紫外和软 X 射线区的光束的吸收系数很低,但是气体具有固有的各向同性,因此不能将传统的相位匹配技术直接应用于气体高次谐波产生过程中的相位匹配。

1998 年,美国密歇根大学超快光学实验组用800nm、20fs 的激光脉冲在充满Ar 气体的毛细管波导中实现了对23~31 次谐波的相位匹配控制[76],在实验中气体高次谐波的辐射效率比未实现相位匹配时提高了2~3 个数量级,其实验装置如图 1-49 所示,实验中所用激光脉冲的重复频率为 1kHz,毛细管波导内径为 150μm,三段总长为 6.4cm。其中毛细管波导不仅可以通过波导传输大大延长激光脉冲与气体介质的相互作用长度,还能够通过波导模式匹配引入新的色散量。该色散量与波导的内径和模式指数相关,通过选择特定内径的毛细管,可以提供定量的色散补偿。

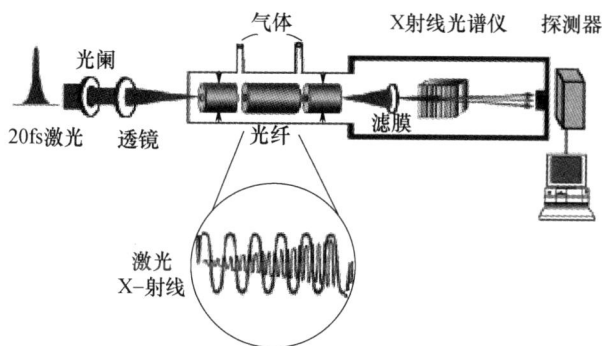

图 1-49　充气空心毛细管波导内实现气体高次谐波产生的相位匹配实验装置图[68]

在实验中,通过使用毛细管波导的静态气体靶取代传统的喷嘴式气体靶,使气体介质与激光脉冲相互作用时具有更长的相互作用长度。毛细管波导效应的引入抵消了激光脉冲在传输中出现的自散焦效应引起的相位失配,此时通过简单地调整气体压强就可以使某些级次谐波实现相位匹配[95]。另外,毛细管波导的使用让人们在实验中增加了许多可调参数,如毛细管半径、光波传播模式等,可以用来精确地控制气体高次谐波实现相位匹配的条件。

法国 H. R. Lange 小组[96]则是利用自引导传输的超短激光脉冲来与惰性气体相互作用,在三次谐波中实现了准相位匹配,实验装置如图 1 – 50 所示。超短激光脉冲的自导引效应是利用了激光脉冲在介质中传播时因克尔效应产生的自聚焦和电离电子的自散焦,通过对实验条件的控制,在一段距离内(0.7cm),达到了自聚焦与自散焦两种效应的动态平衡,使基波与谐波能以近似于平面波的方式传播,增大了相互作用的有效光强和相互作用长度。从实际效果上,自导引效应起到了毛细管波导相同的效果,都有效地消除了自散焦效应。在气体高次谐波相位匹配条件的控制上,仍与毛细管波导方式相同,可以通过调整气体室内静态气体压强来实现。

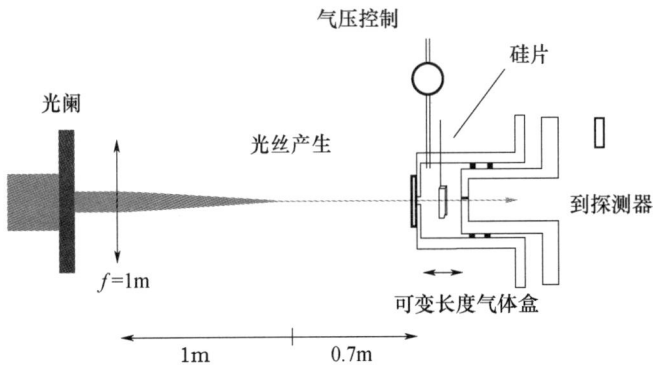

图 1 – 50　激光光束自生波导相位匹配实验装置图[96]

日本的 Midorikawa 小组[92,97]对上述两种方式的相位匹配都进行了实验研究,也取得了较好的结果。他们用 80fs 激光脉冲在 3cm 长的充氩毛细管波导实现了 25 次谐波的相位匹配,用 100fs 的自导引激光脉冲在氪气气体中实现了气体高次谐波的相位匹配。更进一步,他们在 Xe 气高次谐波产生的实验中获得了能量高达 $10\mu J$ 的输出,对于单个 15 次谐波辐射,获得了 6.4×10^{-5} 的转化效率[98]。

在以往的气体高次谐波相位匹配实验中,气体介质压强(密度)是实现相位匹配的重要调整参数。不同级次谐波的相位匹配对应着不同的最佳气体压强。当谐波级次变大,实现相位匹配所需要的最佳气体压强也随之增高。但对于气体介质来说,由于气体高次谐波在气体介质中传播时,会激发气体介质原子中电子在基态与激发态、不同激发态能级之间的跃迁,高次谐波会因此被强烈地吸收。因此气体介质压强的提高意味着吸收的增强,从而抑制了更高级次谐波的转换效率的提高,F. Krausz 实验小组[99]对此进行了详细研究。在实验中,为了使气体介质的电离比例处于较低的水平(<1%),他们使用了脉宽为7fs的超短激光脉冲作为激光驱动源,保证了高级次的谐波能够达到相位匹配条件。他们的研究发现,对于特定的气体介质,当高次谐波波长大于某一波长下限时,相位匹配技术能使高次谐波转换效率有显著提高;但当高次谐波波长小于这个下限值时,即使满足相位匹配条件也无法使高次谐波转换效率提高,其中的主要原因是当谐波波长短于此波长下限值时,气体介质对高次谐波的自吸收将会产生重要影响,限制了气体高次谐波转换效率的提高。对于氩气来说,这一波长下限值在30nm附近,而对于氖气,这一波长下限值在10nm附近。如图1-51所示,图中表示了气体高次谐波效率提高的两种限制条件(气体介质自吸收和介质电离)的影响[98],其中氩气、氖气和氦气的理论计算的谐波谱分别用点线、虚线和实线表示,输入激光脉冲的中心波长为800nm,光强为2.5×10^{15}W/cm²。

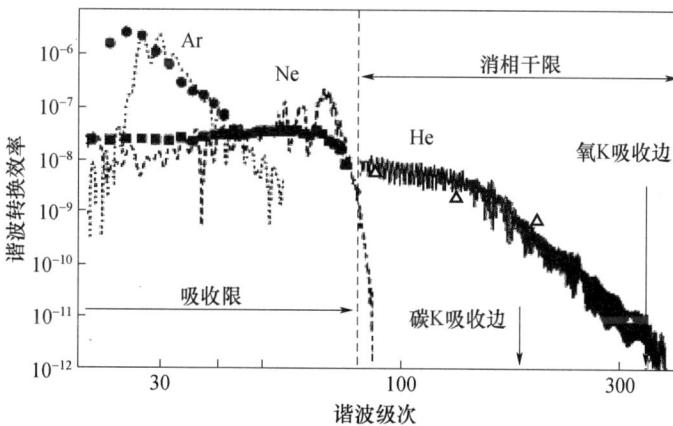

图1-51 三种惰性气体(Ar、Ne和He)的气体高次谐波输出谱的实验及理论值[99]

因此,对于高光子能量的气体高次谐波产生,需要探索新的相位匹配技术。2003年,美国Colorado大学小组[93,100]成功利用内径周期调制的充氖气毛细管,大大提高了截止区气体高次谐波的转化效率,实现了"水窗"波段气体高次谐波的准相位匹配(Quasi Phase Matching,QPM)。他们在实验中所用的毛细管如图1-52所示,毛细管平均内径为150μm,纵向调制周期为0.25mm,调制深度约为10%。它们的实验参数是1kHz、22fs、1~3mJ的激光脉冲,激光聚焦的峰值功率密度为1.5×10^{15}W/cm²,调制毛细管的长度为2.5cm。图1-52给出了氖气压强为9Torr时测量得到的调制毛细管(灰色曲线)和普通毛细管(黑色的曲线)中获得的气体高次谐波谱。

准相位匹配是提高气体高次谐波,尤其是高光子能量高次谐波的有效手段。由前文可知,考虑相位匹配后q次谐波的强度可写作

$$I_q \propto |E_q|^2 \propto q^2 I^q |n_a\chi^{(q)}|^2 \left| \int_{L/2}^{-L/2} (1+iz/z_R)^{1-q}e^{-i\Delta k_q z}\frac{dz}{z_R} \right|^2 \quad (1-92)$$

式中:Δk_q就是相位失配量,它影响了高次谐波产生的有效长度。周期调制结构可以用如下表达式表示,即

$$I^{q/2}n_a\chi^{(q)} = \sum_{m=-\infty}^{+\infty} F_m e^{iK_m z}, \quad K_m = 2\pi m/\Lambda \qquad (1-93)$$

式中:Λ 是周期性结构的周期。这样式(1-93)中就引入了一个新的波矢量,当匹配关系满足 $K_m = \Delta k_q$ 时,q 次谐波就能获得很好的相位匹配。其中 $m=1$ 时效果一般是最好的,因为一般来说 F_1 是最大的,但是其他的 m 值也能实现相位匹配。

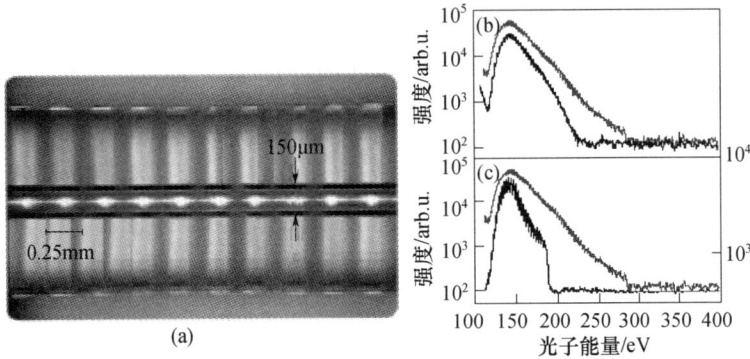

图 1-52　(a)内径调制的空心毛细管;(b)和(c)充 Ne 气普通毛细管(黑色曲线)和内径调制的毛细管(灰色曲线)内产生的气体高次谐波辐射谱;(b)用的是 Ag 膜和 C 膜(吸收边为284eV);(c)用的是 Ag 膜和 B 膜(吸收边为188eV)[100]。

　　此外,由于气体高次谐波产生是一个非微扰的过程,其单原子响应对激光电场的依赖是高度非线性的。2000 年,美国 Colorado 大学 Bartels 等人研究利用可变形镜精确控制驱动飞秒激光的脉冲形状,通过实时反馈控制来改善气体高次谐波辐射的实验并获得成功。通过实时控制驱动飞秒激光来精确地调整入射激光脉冲的电场波形,可以使高次谐波辐射的能量集中到某个特定的谐波级次中,同时抑制其他级次谐波辐射的产生,从而达到提高某特定级次谐波辐射能量转换效率的目的。飞秒激光脉冲整形可以通过可变形镜技术来实现,使研究人员能够相干地、精确地控制气体介质原子与飞秒激光脉冲的强场相互作用过程,如图 1-53 所示。最终通过多次反馈控制,他们将谐波大部分能量集中到了 27 次谐波上。

　　实验中,他们首先通过变形镜随机改变驱动激光的啁啾量,然后通过 CCD 监测后端输出的高次谐波谱,如果变形后目标级次(27 次)有所增强,则替换前一组位置,如果变形后目标级次没有增强,则继续搜索新的变形位置。这样,周而复始,不断搜索优化高次谐波谱。图 1-53(b)是不断优化和遗传迭代的实验结果,纵轴为搜寻优化次数(也是遗传迭代次数)。结果表明,目标级次(27 次)被不断优化增强,相比于初始状态,通过驱动场啁啾量的调节,目标级次增强了

8倍,对比度提高了4倍。

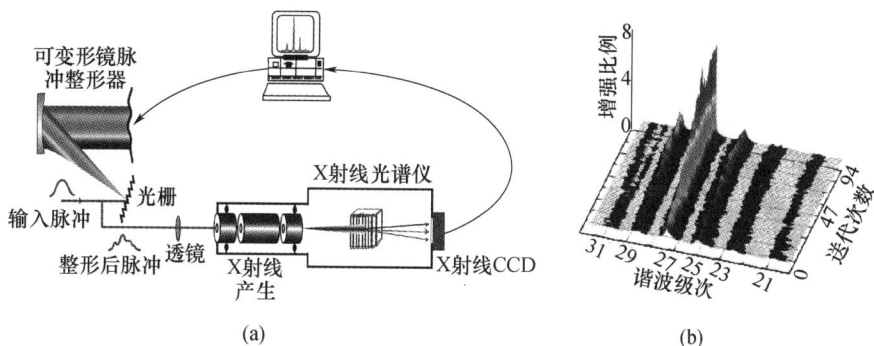

图1-53　飞秒激光脉冲整形和反馈控制装置用于优化气体高次谐波产生(a)
和整形飞秒激光脉冲使27次气体高次谐波输出优化结果(b)[101],通过94次
迭代最终使27次谐波信号增强了8倍,而相邻谐波级次增强很少

该过程被称为原子内相位匹配技术,通过下面的电偶极矩表达式[101],有

$$d(\tau) = i\int_0^\tau d\tau_b \left[\frac{\pi}{\varepsilon + i(\tau - \tau_b)}\right]^{3/2} E(\tau_b) e^{-iS(p_s,\tau,\tau_b) - \gamma(\tau_b)} \qquad (1-94)$$

采用鞍点方法处理后,可以得到m次谐波的强度正比于

$$d_m \propto \sum_s \left[\frac{\pi}{\varepsilon + i(\tau_s - \tau_{b,s})}\right]^{3/2} E(\tau_{b,s}) e^{-i[S(p_s,\tau_s,\tau_{b,s}) - \omega_m\tau_s] - \gamma(\tau_{b,s})} \qquad (1-95)$$

通过上述表达式计算优化激光电场,如图1-54所示,分别为理论模拟所用的优化前后的激光脉冲波形、脉冲包络和时间相位,其中虚线为优化前的参数,实线为优化后的参数。将上图的激光参数代入模拟方程后,得到的模拟结果与实验结果符合很好。

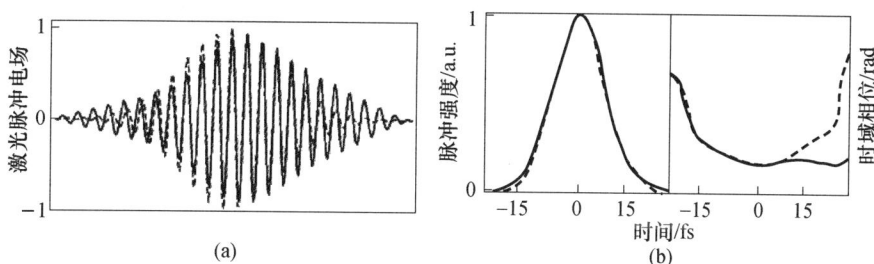

图1-54　(a)优化前后的激光脉冲波形和(b)优化前后的脉冲包络和
时间相位(虚线为优化前,实线为优化后)[102]

他们进一步对原子内相位匹配条件进行了分析,发现目标级次在优化前后的时间相位差异很大,图1-55(a)中虚线是优化前的结果,相位延迟相差上百阿秒,实线是优化后的结果,相位延迟控制在10as以内,时间相干性得到了极大

的增强;图1-55(b)是优化后相邻级次的相位延迟,与目标级次相比,相位延迟起伏变化很大,导致相干性不是很好。

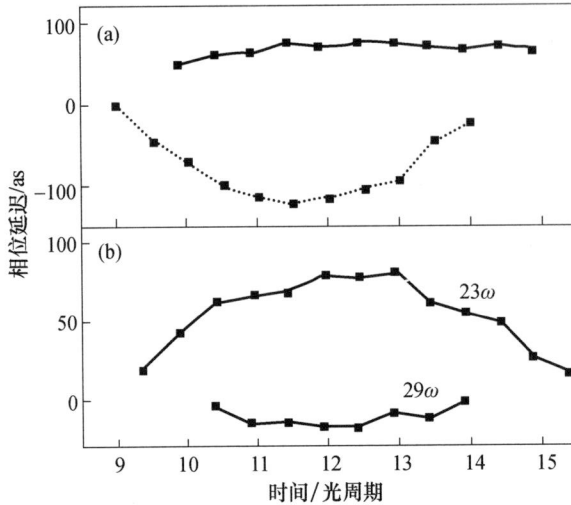

图1-55 原子内相位匹配条件分析

(a)目标级次在优化前后的相位延迟,虚线是优化前的结果,实线是优化后的结果;

(b)优化后的相邻级次的相位延迟[102]。

如何使气体高次谐波的转换效率继续提高,仍是气体高次谐波研究今后所要面对的问题,如 A. Willner 等人采用多靶阵列控制相互作用区的相位匹配,理论上可实现完全的相位匹配,实验上在六个准相位匹配周期的情况下使气体高次谐波的效率提高一个数量级以上[103]。此外,其他非线性介质也是研究人员的探索目标,如团簇[94,104,105]、预制备等离子体[106-108]、预激发介质[109]、混合气体[110]等(图1-56)。

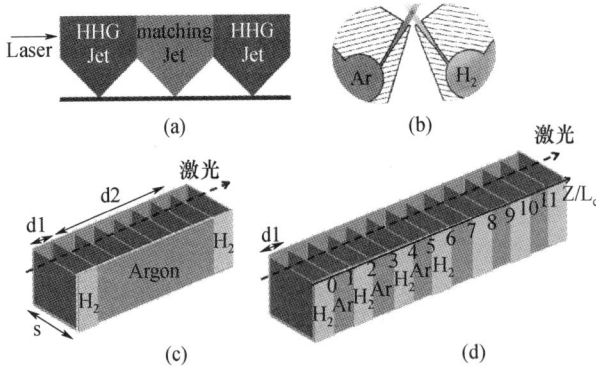

图1-56 A. Willner 等人的多靶结构[103]

(a)他们用了双靶结构,分别成为高次谐波产生靶和相位匹配靶,分别控制;

(b)两种靶的排列方式,分别由微结构靶组成;(c)和(d)是不同分布的微结构靶。

1.4.4　气体高次谐波产生过程的相干控制

相干控制是指采用两个或者多个具有相干性的激光场合成控制体系的物理过程,这在高次谐波和阿秒脉冲的产生过程中被广泛运用。在高次谐波三步模型中,自由电子在激光场中的运动完全依赖激光脉冲电场特性,通过控制激光脉冲电场的幅度变化,偏振特性等,可以实现激光场对高次谐波和阿秒脉冲产生的精确控制。

首先我们来看看单色场相干控制的物理过程。单色场相干控制是指中心频率相同的两个或多个激光脉冲合成控制,因此能够改变的主要是合成场中的强度分布和偏振特性,在高次谐波和阿秒脉冲产生过程中则主要是控制偏振特性。在高次谐波产生过程,被电离电子的轨道由隧穿的时间所决定。对于电场形式为 $E(t) = E_0\sin(\omega t)$ 的激光场,被电离的电子在 t 时刻的位移为

$$x(t) = \frac{eE_0}{m\omega^2}[\sin(\omega t) - \sin(\omega t_i) - \omega(t - t_i)\cos(\omega t_i)] \quad (1-96)$$

式中:e 和 m 分别为电子的电荷和质量。图 1-57 所示为驱动电场和在三个不同电离时刻被电离的电子位移,图中粗实线为激光电场,红色虚线、蓝色实线和黑色点线则分别表示不同时刻电离的电子轨道。从图中可以看出,当 $\omega t_i = 0.4\pi$ 时,电子被加速离开母核离子,完全无法回到 $x = 0$ 的位置(母核位置),然而,在其他两个电离时刻,电子一次($\omega t_i = 0.7\pi$)或者三次($\omega t_i = 0.55\pi$)都回复到母核附近。

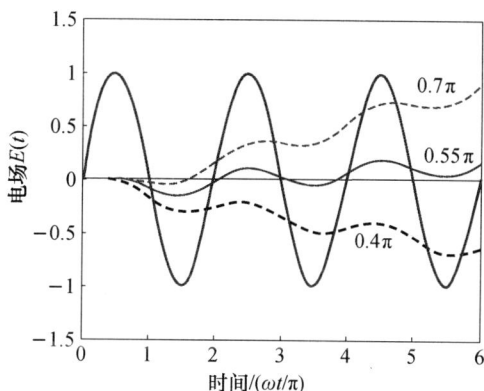

图 1-57　不同时刻电离的电子运动轨迹

通过对方程式(1-96)在第一个半电场周期内更加详细的讨论分析表明,只有当在某一时间区间内,即 $\pi/2 \leqslant \omega t_i < \pi$ 时,电子才能发生复合碰撞。之所以只考虑半个光周期,因为单色光电场相邻两个半光周期中的形状除了符号相反以外都一样。

此时,如果在与 x 垂直的另一个偏振方向上有电场 $E_y(t) = E_{0y}\sin(\omega t + \varphi)$,其中 φ 表示该电场与 x 偏振方向上电场的相位差,则在该方向上电子运动的轨迹方程可以写成

$$y(t) = \frac{eE_{0y}}{m\omega^2}[\sin(\omega t + \varphi) - \sin(\omega t_i + \varphi) - \omega(t - t_i)\cos(\omega t_i + \varphi)]$$

$$(1-97)$$

由于相位差 φ 的引入,电子在 x 和 y 方向上的运动不再同步,故其返回到母核的概率大大降低。在线偏振情况下,电子只要返回到 $x = 0$ 的位置即有可能与母核复合产生高次谐波,但是在椭圆偏振情况下,电子需要返回到 $x = 0$ 且 $y = 0$ 的位置才能产生高次谐波,这个概率基本上可以认为降低到零。因此,在椭圆偏振激光场驱动情况下,高次谐波的产生概率基本上依赖于电子波包的量子力学效应,即电子以波包的方式描述以及电子波包的扩散效应。图 1-58 是数值计算的椭偏率对以氩气为介质产生的 35 次谐波产率的影响,其中激光强度为 $2 \times 10^{14}\,\text{W/cm}^2$,激光脉冲波长为 800nm,脉冲宽度为 25fs,此处椭偏率指电场垂直两个方向上的振幅比率(固定 x 偏振方向的激光电场强度)$\varepsilon = |E_y/E_x|$,如 $\varepsilon = 0$ 表示线偏振光,$\varepsilon = 1$ 表示圆偏振光。可以看到,随着椭偏率的增大,谐波产生效率急剧下降。

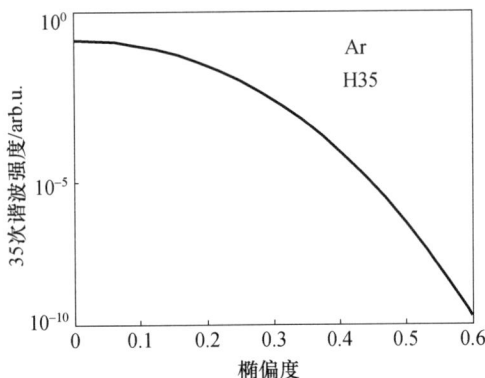

图 1-58 以氩气为介质产生的 35 次谐波相对产率随着激光脉冲电场椭偏率的变化

由于高次谐波产率随激光脉冲椭偏率剧烈变化,如果可以控制激光脉冲的椭偏度发生快速的变化,则可以控制高次谐波在极短的时间内发生辐射,从而产生了偏振门技术,可用于产生阿秒脉冲,将在下一章中介绍。

由于单色场对电子运动的控制手段有限,因此更多研究集中于双色场合成的激光脉冲。最早的双色场高次谐波实验在高次谐波被发现不久就开展了[111],当时被称为高阶混频的高次谐波产生实验,并讨论了偶极跃迁允许的各种跃迁通道及其对应的谐波峰的产生,此后这种方法被用于产生可调谐的相干 XUV 光源[112]。Corkum 等人提出了最早的双色场偏振门(Polarization Gating,

PG)方案[113]，用于产生亚飞秒 XUV 脉冲，这也将在下一章中详细讨论。

双色场方案提供了更多的自由度来控制激光脉冲的电场变化，以及高次谐波产生过程中自由电子的运动，如振幅比、偏振、波长比、相对延迟（相位）等。通过控制自由电子的运动，可以提高高次谐波的产率，产生阿秒脉冲等。I. Jong Kim 等人发现[114]，通过采用垂直偏振的双色场控制电子的运动，使得高电离率的电子可以返回到母核复合产生高次谐波（图 1－59（a）为垂直偏振双色场情况下的电子运动轨迹，插图是双色场合成电场的 Lissajous 图形，其中激光场参数为 $I_\omega = 5 \times 10^{14}\,\mathrm{W/cm^2}$，$I_{2\omega} = 8 \times 10^{14}\,\mathrm{W/cm^2}$，$A$、$B$、$C$ 和 D 分别对应 0.00、0.05、0.16 和 0.25 光周期处，点 B 和 C 分别对应基频和双色场中最高级次谐波的电离时刻；图 1－59（b）基频场和双色场中隧穿电离率和自由电子运动时间），从而产生高效率的高次谐波辐射，使得实验中 38 次谐波辐射的产生效率提高到 5×10^{-5}。

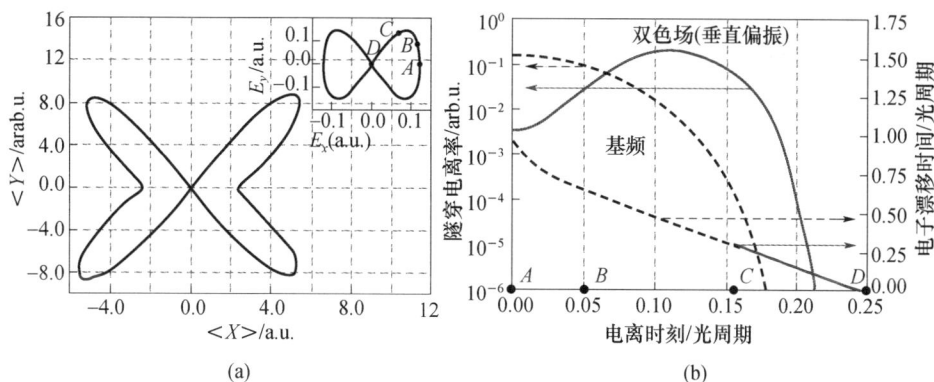

图 1－59 垂直偏振的双色场控制电子的运动[114]

不同于下一章将要讨论的双色场产生宽带 XUV 光谱和阿秒脉冲，双色激光场还可以用于窄带可调谐 XUV 光源的输出。图 1－60 利用 10fs、1500nm 和 40fs、2400nm 的两束激光进行合束整形，其偏振方向分别在 X 方向和 Y 方向，图（a）中的绿色线为双色场合束后的三维图，此时，双色场的强度比为 0.5，双色延迟为 2.17fs。图中蓝色曲线和红色曲线分别为两个方向上的电场强度，中间绿色曲线为合成后的电场矢量，可以看到其变化是非常复杂的。图（b）是利用图（a）合束场所产生的窄带 XUV 光源（他们选择的作用气体为氖气），分别给出了两个方向上的光谱分布，其中红线是 X 偏振方向的高次谐波谱，黑线是 Y 偏振方向的高次谐波谱。在 270eV 附近，主要的辐射来自 Y 方向上，比 X 方向上的辐射高出一个数量级以上，其光谱宽度大约为 4eV。可以发现，Y 偏振方向的高次谐波信号不仅强度大而且单色性和对比度也较好，而 X 偏振方向的高次谐波信号很弱，哪怕是放大 10 倍，其强度仍然不敌 Y 偏振方向的信号。

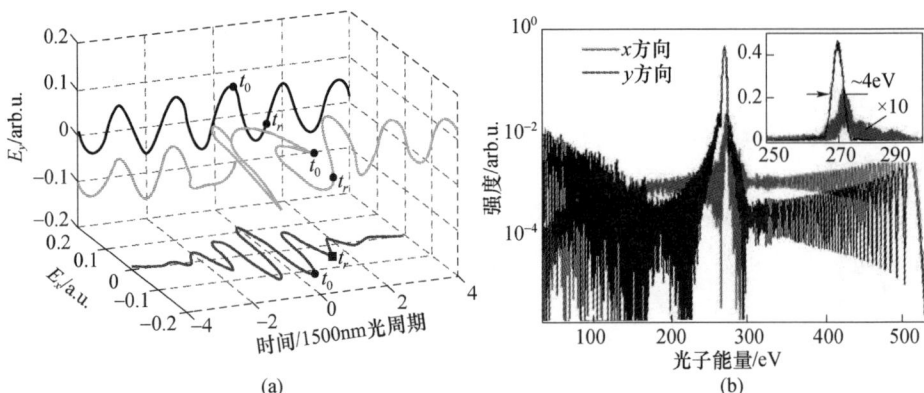

图 1-60 双色场整形技术获得窄带可调谐 XUV 光源的输出[115]

通过调节 X 偏振方向的 1500nm 激光束的驱动强度以及双色场之间的强度比(双色场之间的延时保持不变,仍然为 2.17fs),如图 1-61(a) 为 1500nm 的激光场强度从 $3 \times 10^{14} W/cm^2$ 调谐到 $9 \times 10^{14} W/cm^2$,可以发现,所产生的窄带 XUV 光源中心波长从 150eV 相应地调谐到 400eV,除了输出强度变化外,单色性和对比度基本保持不变;同样地,图 1-61(b) 为双色场强度比从 0.2 调谐到 0.7,可以发现,所产生的窄带 XUV 光源中心波长从 50eV 相应地调谐到 500eV,但此时,不仅输出强度有所变化,而且单色性和对比度变化明显。从图中可以看出,最佳的双色场强度比为 0.5。

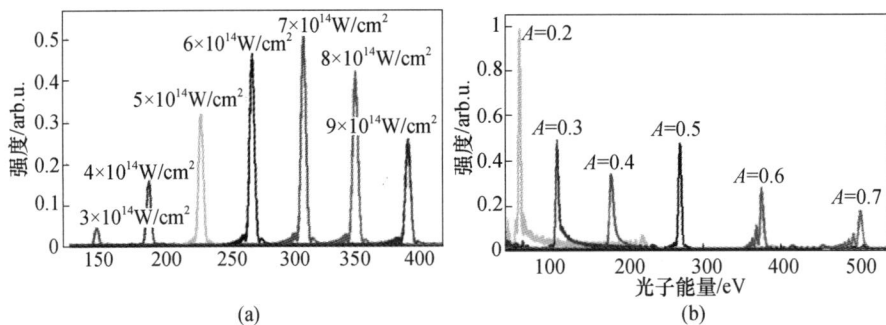

图 1-61 双色场整形技术获得窄带可调谐 XUV 光源的输出[115]
(a)不同的驱动功率密度;(b)不同的双色场强度比。

随着驱动激光波长变长,高次谐波的光子能量也在进一步变高,产生高效率高光子能量的谐波也成为一种追求。这里以双色场控制提高高次谐波的产率为例,探索传播/相位匹配效应对于更高次谐波,尤其是进入"水窗"波段的谐波产生的影响。下面用 30fs/2000nm 的基频光和 30fs/1000nm 的倍频光作为驱动光源产生高次谐波[116]。基频光和倍频光的强度分别为 $4.0 \times 10^{14} W/cm^2$ 以及

$0.4 \times 10^{14} \mathrm{W/cm^2}$，光脉冲的传播距离为 1.8mm。图 1 - 62 所示的这些谐波是传播过后由时间延迟分别为 1041.7as（点线）、2083.3as（实线）以及 3125.0as（虚线）的双色场激发所产生的，不同延迟下的高次谐波强度比超过两个数量级。从图中可以看出，由这些延迟不同的双色场产生的高次谐波的强度最大相差两个数量级，这意味着双色激光场也可以用来控制"水窗"波段高次谐波产生的相位匹配。

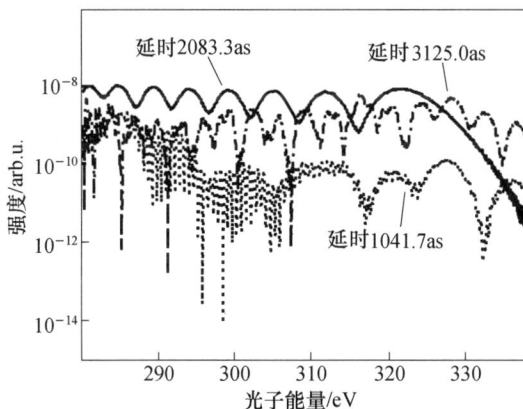

图 1 - 62　不同延时的双色场脉冲（2000nm/1000nm）产生的高次谐波谱

此外，由于前文所说的高次谐波产生效率对激光脉冲椭偏度的依赖关系，只有线偏振的激光脉冲才能有效地产生高次谐波，一直以来，高次谐波光源的研究主要都集中在线偏振的高次谐波产生，但是圆偏振的高次谐波也有其重要用途。1995 年，H. Eichmann 等提出采用线偏振和圆偏振光的高阶混频过程来产生圆偏振高次谐波[117]，1998 年，Xiaoming Tong 等提出了采用双色交叉光束产生圆偏振高次谐波[91]，随后针对圆偏振高次谐波的产生开展了一系列的研究，目前比较有效的方法是采用双色场的方法产生高亮度的圆偏振高次谐波[118,119]。

为了得到更强的控制能力，我们可以采用多色激光场合成。以三色场为例子，可以实现选择性增强单个或者少数几个谐波级次的效果。强场超快激光与气体相互作用产生高次谐波是高阶非线性的相互作用过程，高次谐波通常以频率梳的模式产生，而且各个级次（不同频率）在平台区具有类似的强度，这可归因于高次谐波过程中的非微扰属性。一方面，通过周期量级脉冲激光或激光整形技术来产生超连续谱形式的高次谐波（见第 2 章），可成为阿秒超快光源；另一方面，通过激光整形技术来选择性产生或增强某个特定级次的高次谐波[101,102,120]（同时抑制其余高次谐波），可成为单色相干光源。2000 年，美国科罗拉多大学的 Bartels 等[101]首次利用变形镜优化驱动激光脉冲的啁啾特性，获得了原子高次谐波特定级次的 8 倍增强（对比度 4:1）。在尉鹏飞等人的研究中[121]，利用独特设计的多色场操控技术[121]首次实现了原子高次谐波的相干控制和选择性增强的真正突破,输出强度增强了 $10^2 \sim 10^3$ 倍,对比度提高至 15.9:1。图 1-63 是他们的光场设计,其中基频驱动光源是 800nm 飞秒激光,通过倍频晶体产生 400nm 激光场,进一步使基频驱动光与倍频光在合频晶体上产生 267nm 激光场,合成的多色场(包含 800nm、400nm 和 267nm)通过延时晶体($CaCO_3$ 晶体)的旋转来调节它们之间的相位延时。

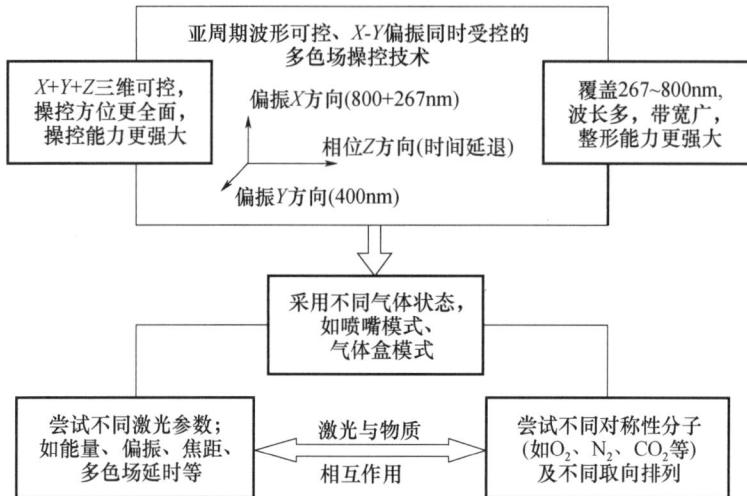

图 1-63　亚周期波形可控、$X-Y$ 偏振同时受控的多色激光场的独特设计

图 1-64(a)为双色场下的延时结果,图 1-64(b)为三色场下的延时结果。我们可以发现,双色场和三色场随激光场之间的延时变化规律是不同的,最明显的是变化周期不一致。在双色场下,一个变化周期为 0.25 光周期,而在三色场

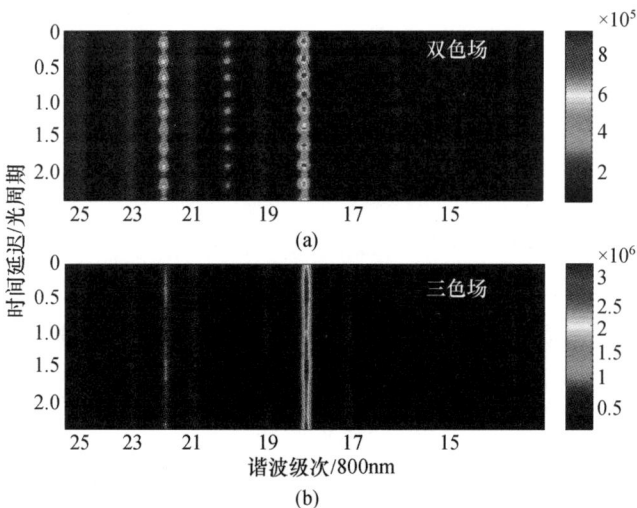

图 1-64　双色场产生高次谐波和三色场产生高次谐波的延时结果对比[120]

下,一个变化周期近似为 1 个光周期。这是因为双色场下,800nm 和 400nm 的电场绝对强度变化周期为 0.25 光周期,而在三色场下,由于 267nm 是跟随800nm 和 400nm 联动的,其变化周期难以简单确定,需要根据晶体的参数详细计算。我们还可以发现,目标级次和相邻级次的对比度在双色场和三色场下是不同的,三色场的结果明显好于双色场。此外,双色场下目标级次和相邻级次随延时变化的规律是一致的,而三色场下目标阶次和相邻级次随延时变化的规律刚好相反。

　　进一步对比,图 1-65(a)是单色场、双色场、三色场产生的高次谐波谱对比,可以发现三色场选择性增强了 18 次高次谐波(对应输出波长为 800nm/18 = 44nm)。相比于单色场,三色场驱动产生的高次谐波不仅在强度上增强了 2~3 个数量级,而且实现了单个高次谐波(单色)的输出——对比度达 1~2 个数量级。图 1-64(b)在三色场中,不同延时下的高次谐波谱对比,可以发现,在特定相位延时下,18 次高次谐波被进一步增强 43.7%,而附近的其余高次谐波至少被压制了 65.4%。因此该特定延时下,选择增强的 18 次高次谐波谱与相邻高

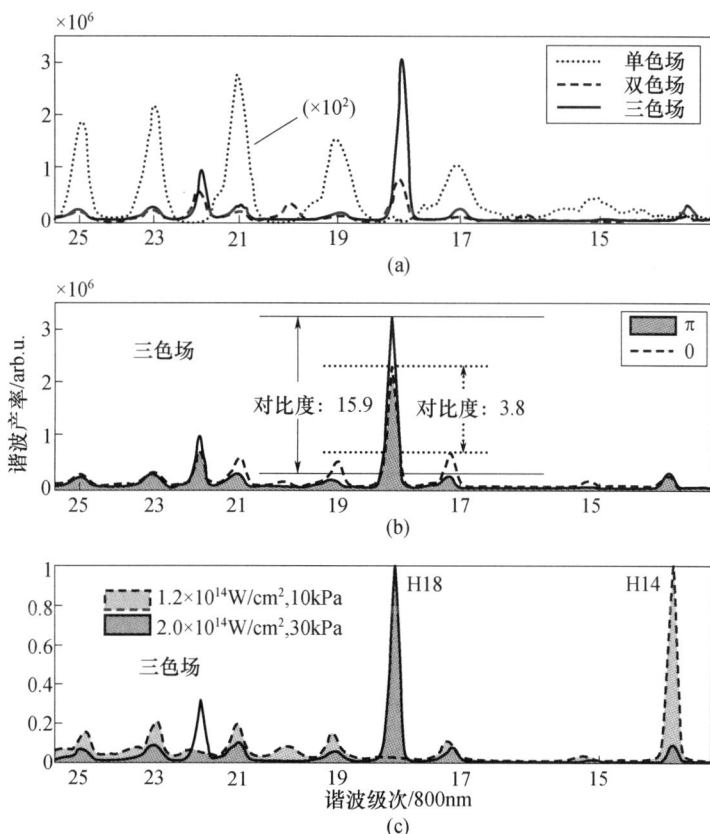

图 1-65　不同参数条件下产生的高次谐波比较[121]

次谐波的对比度从 3.8 提高至 15.9。图 1－64(c)是通过驱动光源能量和工作气压的调节,被选择增强的特定高次谐波是可调谐的,从 18 次调谐到了 14 次,即对应输出波长从 44nm 调谐到了 57nm。可以看出,三色场产生的原子高次谐波对通过实验参数的调节,输出级次(即波长)可调谐。

类似于前文原子内相位匹配技术的理论分析表明(如图 1－66(a)所示,经典的电子轨道运动来模拟高次谐波辐射的相位分布,计算不同激光场下 18 次谐波的相位分布。在三色场中,E_x 和 E_y 是两个不同偏振方向的场分量),通过优化三色场之间的啁啾、延时、场强比等参数来优化 18 次谐波辐射的相位分布,可以实现原子内相位匹配。从图中可以发现:在单色场下,相位分布变化很大,分布范围超过好几十个光周期;在双色场下,相位分布明显改善,分布范围缩小;在三色场下,相位分布再次改善,分布范围进一步缩小,在 －3～2.5 的光周期内,18 次谐波的相位分布几乎局限于 π 相位内,这样的分布范围明显可以形成干涉增强效应。

图 1－66(a)下方的插图是 －3～2.5 光周期的放大图,同时标注的还有相邻的 16 次和 17 次谐波。18 次谐波的相位分布几乎局限在 π 相位内,而相邻的 16 次和 17 次谐波接近甚至超过 2π 相位,从而造成 18 次谐波为干涉增强,而相邻谐波则会出现干涉相消。此外,采用 Lewenstein 强场近似模型计算三色场下的结果,如图 1－66(b)所示。从图中可以发现,Y 偏振方向的谐波信号很弱,几乎可以忽略不计,而 X 偏振方向几乎只产生 2 个级次的谐波。因此,该理论结果也证实三色场操控技术可以从高次谐波频率梳中挑选出单个或数个高次谐波,从而实现可调谐单色相干 XUV 光源。

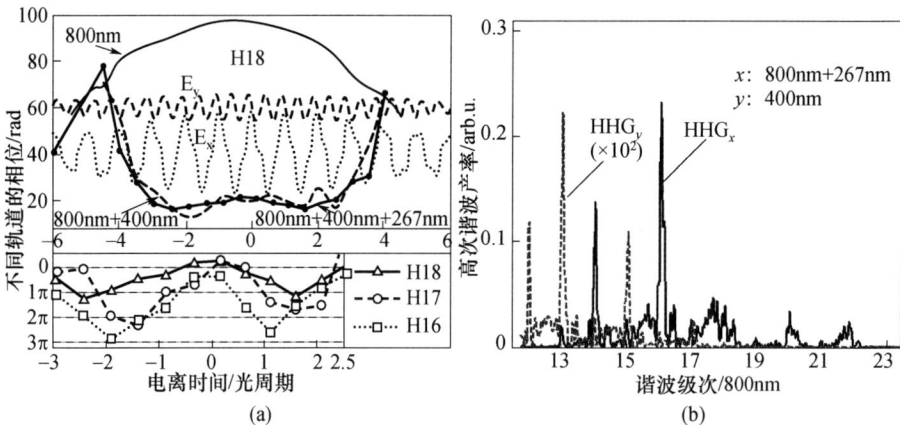

图 1－66　三色场产生高次谐波的数值模拟分析[121]

三色激光场选择性增强单个谐波级次的效果,在长焦距和长气体介质情况下的效果更显著。如图 1－67 所示,采用焦距为 1200mm 的平凸会聚透镜,气体盒长度为 25mm,工作气体为氩气(Ar),在优化了激光焦点位置后,进一步对比输出的高次谐波分布和强度随三色场延时的变化。可以发现,随着三色场延时的改变,高次谐波强度发生周期性的变化(目标级次的强弱变化与相邻级次的强弱变化刚好相反),变化周期皆为 1 个光学周期。还可以发现,喷嘴模式的周期调制深度比气体盒模式明显。

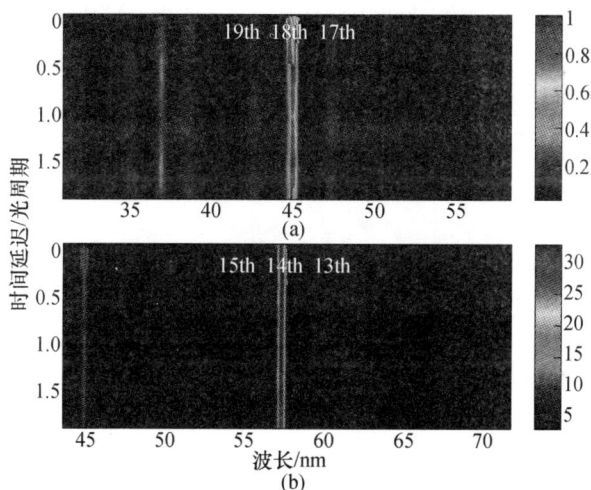

图 1-67 输出的高次谐波(分布和强度)随三色场延时变化的结果
(a)喷嘴模式;(b)气体盒模式。

在上述最佳透镜位置和最佳相位延时下,如果进一步优化气体盒模式的气压参数,可以发现随着气压的不断加大,高次谐波信号先增强后减弱,最佳气压在 1kPa 附近。除了目标级次 14 次谐波外,15 次和 18 次谐波信号将会很弱,其余谐波几乎消失不见。同时,随着气压的增加,15 次和 18 次谐波信号继续减弱直至消失。当气压达到 4kPa 时,几乎只剩下 14 次谐波信号。目标级次与相邻级次的对比度为 48.5,与喷嘴模式相比,气体盒模式下的信号强度和对比度都可获得极大的改善和提高,三色场控制的高次谐波有利于获得对比度更高的单个谐波级次。

理论上通过 Lewenstein 强场近似模型进行了数值模拟,模拟结果如图 1-68 (c)和(d)所示,其中图(c)为不考虑传输效应的模拟结果,图(d)为考虑传输效应后的模拟结果。可以发现,考虑传输效应后的目标级次的对比度明显优于没有考虑传输效应的结果。考虑传输效应后,输出谐波几乎只剩单个目标级次,对比度明显提高。尽管理论模拟和实验测量的结果有所差异,主要表现为目标级次有所不同,但这些模拟结果足以说明产生单个高次谐波辐射的可行性,而且传输效应更有利于单个高次谐波的产生。

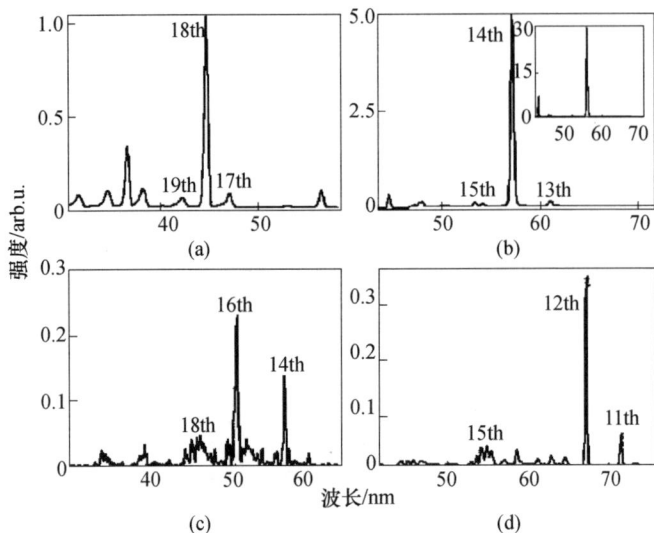

图 1-68 强场近似模型的数值模拟

(a)喷嘴模式下产生的最佳谐波信号;(b)气体盒模式下产生的最佳谐波信号;
(c)不考虑传输效应的模拟结果;(d)考虑传输效应的模拟结果。

1.5 附录

1.5.1 原子单位制

这是原子分子物理中常用的一种单位制,英文简写为 a. u. ,在本书中大量使用,取电子电荷 $e=1$,电子质量 $m_e=1$,约化普朗克常量 $\hbar=1$。下面列出原子单位制中常用单位的定义以及它们在国际单位制中的表示和数值,取约化普朗克常数

$$\hbar = 1.05457266 \times 10^{-34} \text{J} \cdot \text{s}$$

真空介电常数

$$\varepsilon_0 = 8.854187817 \times 10^{-12} \text{A} \cdot \text{s}/(\text{V} \cdot \text{m})$$

要把原子单位换到其他单位制,只要把 e、m_e 等物理量在各个单位制中的数值代入即可。下面是原子单位制中为 1 的各个物理量在国际单位制中的数值。

(1) 电子电荷:

$$e = 1.60217733 \times 10^{-19} \text{C}$$

(2) 质量单位:

$$m_e = 9.1093897 \times 10^{-31} \text{kg}$$

(3) 长度单位:

第一 Bohr 轨道半径,$a_0 = 4\pi\varepsilon_0 \hbar^2/m_e e^2 = 5.29177249 \times 10^{-11} \text{m}$

（4）速度单位：

第一 Bohr 轨道上的电子速度：$v_0 = \hbar/a_0 m_e = 2.18769416 \times 10^6 \mathrm{m/s}$

（5）动量单位：

$$p_0 = m_e v_0 = \hbar/a_0 = 1.99285336 \times 10^{-24} \mathrm{kg \cdot m/s}$$

（6）能量单位：

氢原子电离能的 2 倍，即 27.2eV，则有

$$\frac{e^2}{4\pi\varepsilon_0 a_0} = \frac{m_e e^4}{(4\pi\varepsilon_0)^2 \hbar^2} = \frac{p_0^2}{m_e} = 4.35974819 \times 10^{-18} \mathrm{J}$$

（7）时间单位：

$$\frac{a_0}{v_0} = 2.41888129 \times 10^{-17} \mathrm{s}$$

（8）频率单位：

$$\frac{v_0}{a_0} = 4.13414251 \times 10^{16} \mathrm{s}^{-1}$$

（9）电势单位：

$$\frac{e}{4\pi\varepsilon_0 a_0} = \frac{m_e e^3}{(4\pi\varepsilon_0)^2 \hbar^2} = 27.2113961 \mathrm{V}$$

（10）电场强度单位：

$$\frac{e}{4\pi\varepsilon_0 a_0^2} = \frac{m_e^2 e^5}{(4\pi\varepsilon_0)^3 \hbar^4} = 5.14220824 \times 10^9 \mathrm{V/cm}$$

（11）磁感应强度单位：

$$\frac{m_e^2 e^3}{(4\pi\varepsilon_0)^2 \hbar^3} = 2.3505181 \times 10^5 \mathrm{T} = 2.3505181 \times 10^9 \mathrm{G}$$

1.5.2 超短激光脉冲的数学描述

超短激光脉冲实际上是局限在时间和空间上的电磁辐射脉冲，在数学描述上需要由很多参量来描述：脉冲能量、峰值功率、脉冲宽度、载波包络相位（CEP）等。忽略掉空间分布信息，在时域上超短激光脉冲电场可以写作

$$E(x,y,z,t) = E(t)$$

在这里激光脉冲电场为一个实数。如果利用复数表示方法，可以简化电场的数学描述为

$$\tilde{E}(t) = \tilde{f}(t) \mathrm{e}^{\mathrm{i}\omega_0 t} \tag{1-98}$$

式中：$\tilde{f}(t)$ 为复数包络；ω_0 为载波频率。取复数电场实数部分的 2 倍来作为实际物理场，这种情况下，$\tilde{E}(t)$ 可以被分为快变和慢变两部分，$\tilde{E}(t)$ 可以进一步分解为

$$\tilde{E}(t) = |\tilde{E}(t)| \mathrm{e}^{\mathrm{i}\varphi(t)} = |\tilde{E}(t)| \mathrm{e}^{\mathrm{i}(\Phi(t) + \omega_0 t)} \tag{1-99}$$

式中：$\varphi(t)$ 通常是时域相位；$|\tilde{E}(t)|$ 是脉冲时域包络。瞬时频率 $\omega(t)$ 由时域相位的一阶导数得到，即

$$\omega(t) = \frac{\mathrm{d}\varphi(t)}{\mathrm{d}t} = \frac{\mathrm{d}\Phi(t)}{\mathrm{d}t} + \omega_0 \qquad (1-100)$$

式（1-100）表示，非线性时间相位产生了时间依赖的频率调制，图1-69所示是一个带有强烈正啁啾的超短脉冲电场示意图，其中频率随着时间而变化，在图的左边（起始端）波长要比图右边（尾端）波长要长，这意味着脉冲前沿频率比较低（红移），脉冲后沿频率比较高（蓝移），也就是说脉冲带了"啁啾"。

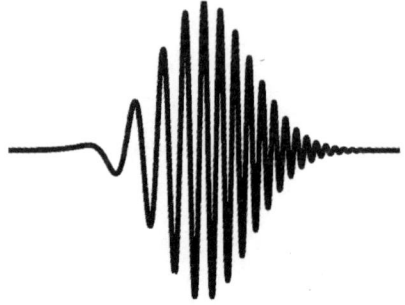

图1-69　带有强烈正啁啾的超短脉冲电场示意图

实际上，比起在时域上对脉冲的描述，频域描述更加方便。超短脉冲在频域上的描述可以通过复数傅里叶变换得到，即

$$\tilde{E}(\omega) = \frac{1}{\sqrt{2\pi}} \int_{-\infty}^{\infty} \mathrm{d}t \tilde{E}(t) \mathrm{e}^{-\mathrm{i}\omega t} \qquad (1-101)$$

与时间域的表示形式相类似，$\tilde{E}(\omega)$ 也可以表示为

$$\tilde{E}(\omega) = |\tilde{E}(\omega)| \mathrm{e}^{\mathrm{i}\varphi(\omega)} \qquad (1-102)$$

式中：$\varphi(\omega)$ 为谱相位。通过逆傅里叶变换，可以将脉冲的频域表达返回到时域来表示，即

$$\tilde{E}(t) = \frac{1}{\sqrt{2\pi}} \int_{-\infty}^{+\infty} \mathrm{d}\omega \tilde{E}(\omega) \mathrm{e}^{\mathrm{i}\omega t} \qquad (1-103)$$

从式（1-103）中可以清楚地看到，$\tilde{E}(t)$ 可以看作是由多个单色波的相互叠加而成的。光脉冲谱幅度的平方，即 $|\tilde{E}(\omega)|^2$，表示功率谱，又称作谱功率密度，在实验中这一参数是较为容易直接获得的参数之一，一般我们都把它称作脉冲的光谱。与对脉冲的时域表示相类似的处理方法，谱相位也可以被分解为不同的部分。通常的做法是利用泰勒级数进行展开，即

$$\varphi(\omega) = \varphi_0 + \sum_{n=1}^{\infty} \frac{1}{n!} a_n (\omega - \omega_0)^n \qquad (1-104)$$

其中

$$a_n = \frac{\mathrm{d}^n \varphi}{\mathrm{d}\omega^n} \bigg|_{\omega = \omega_0} \qquad (1-105)$$

将式（1-104）和式（1-105）表示的泰勒级数展开表达式带入式（1-103）中会发现，展开式前两项（常数项和线性项）不会改变脉冲的时域形状。线性变化不会改

变脉冲的形状,只是会给整个脉冲带来一个时间上的移动。因此,通常大家感兴趣的都是谱相位的非线性部分。任何对相位额外的非线性影响都会使脉冲的频率成分重新分布,并改变脉冲的时域形状。例如,如图1-70和图1-71所示(图中实线:傅里叶变换极限脉冲(即整个谱相位为常数);虚线:展宽的脉冲形状和瞬时频率,可以看到其脉冲宽度有所展宽,峰值强度有所下降,脉冲也带有啁啾),二次型分布的相位项会引入瞬时频率的线性变化,并使得脉冲宽度增大。

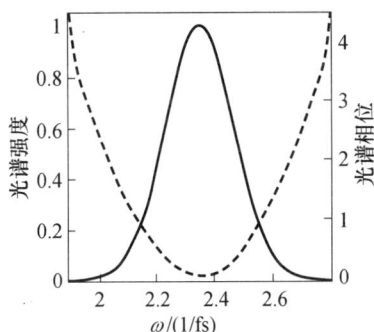

图1-70 实线:具有傅里叶极限
脉宽10fs的脉冲光谱;虚线:谱相位

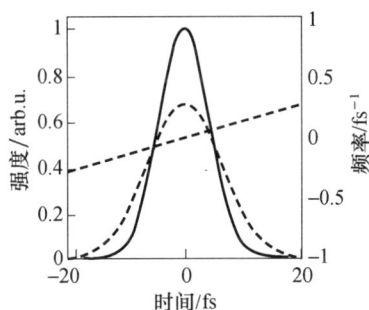

图1-71 从图1-70的光谱强度和
相位分布变换而来的时域脉冲形状

通常而言,真实的超短脉冲的时域和频域形状非常复杂。因此,在平时的计算和数值模拟中,常使用带有线性啁啾的高斯型脉冲的特殊形式,即

$$\tilde{E}(t) = e^{-2\ln2(t/\tau)^2} \times e^{-i\left(\omega t + \frac{1}{2}bt^2\right)} \tag{1-106}$$

式中:τ 为被展宽了的脉冲的宽度(脉冲强度的半高全宽,Full Width at Half Maximum, FWHM);b 为啁啾率。为方便起见,可以引入无量纲的啁啾参量 a_c 来描述激光脉冲。对于高斯型脉冲,啁啾参量和二阶谱相位项 a_2 的关系为

$$a_c = a_2 \frac{4\ln2}{\tau_0^2} = a_2 \frac{(\Delta\omega)^2}{4\ln2} \tag{1-107}$$

式中:τ_0 为傅里叶变换极限脉宽;$\Delta\omega$ 为光谱的半高全宽(FWHM),啁啾参量可以由 τ_0 的函数来计算得到,即

$$\tau = \tau_0\sqrt{1 + a_c^2} \tag{1-108}$$

或者也可以由啁啾率的函数而得到,即

$$b = \frac{\Delta\omega}{\tau}\sqrt{\frac{a_c^2}{1 + a_c^2}} \tag{1-109}$$

一束带有啁啾的高斯脉冲的谱宽由两部分组成,第一部分为支持脉冲宽度所需要的光谱宽度,第二部分来自脉冲频率变化的啁啾,即

$$\Delta\omega^2 = \left(\frac{4\ln2}{\tau}\right)^2 + (b\tau)^2 \tag{1-110}$$

式中:τ 为脉冲的宽度。同样,也可以利用啁啾参数表示为

$$(\Delta\omega)^2 = \left(\frac{\Delta\omega}{\sqrt{1+a_c^2}}\right)^2 + \left(\Delta\omega\sqrt{\frac{a_c^2}{1+a_c^2}}\right)^2 \qquad (1-111)$$

正如增加非线性谱相位会增大脉冲的宽度,如果不考虑脉冲宽度的同时,增大脉冲的时间相位也会增加脉冲的谱宽。

1.5.3 惰性气体的折射率和色散

惰性气体是气体高次谐波产生过程中的常用气体,其对不同驱动激光波长的折射率关系为

He $\quad n_0^2 - 1 = 6.927 \times 10^{-5}\left(1 + \frac{2.24\times10^5}{\lambda^2} + \frac{5.94\times10^{10}}{\lambda^4} + \frac{1.72\times10^{16}}{\lambda^6} + \cdots\right)$

Ne $\quad n_0^2 - 1 = 1.335 \times 10^{-4}\left(1 + \frac{2.24\times10^5}{\lambda^2} + \frac{8.09\times10^{10}}{\lambda^4} + \frac{3.56\times10^{16}}{\lambda^6} + \cdots\right)$

Ar $\quad n_0^2 - 1 = 5.547 \times 10^{-4}\left(1 + \frac{5.15\times10^5}{\lambda^2} + \frac{4.19\times10^{11}}{\lambda^4} + \frac{4.09\times10^{17}}{\lambda^6} + \right.$
$$\left. \frac{4.32\times10^{23}}{\lambda^8} + \cdots\right)$$

Kr $\quad n_0^2 - 1 = 8.377 \times 10^{-4}\left(1 + \frac{6.70\times10^5}{\lambda^2} + \frac{8.84\times10^{11}}{\lambda^4} + \frac{1.49\times10^{18}}{\lambda^6} + \right.$
$$\left. \frac{2.74\times10^{24}}{\lambda^8} + \cdots\right)$$

Xe $\quad n_0^2 - 1 = 1.366 \times 10^{-3}\left(1 + \frac{9.02\times10^5}{\lambda^2} + \frac{1.81\times10^{12}}{\lambda^4} + \frac{4.89\times10^{18}}{\lambda^6} + \right.$
$$\left. \frac{1.45\times10^{25}}{\lambda^8} + \cdots\right)$$

上述表达式中波长单位为 nm。此外,当在中空光纤充入惰性气体后,气体的折射率将受到气压的影响。气体的折射率与气压之间的关系可以表示为

$$n(p,T) = \left(2\frac{n_0^2-1}{n_0^2+2}\frac{pT_0}{p_0T} + 1\right)^{1/2}\left(1 - \frac{n_0^2-1}{n_0^2+2}\frac{pT_0}{p_0T}\right)^{-1/2}$$

式中:p_0 是一个大气压;$T_0 = 273.15\text{K}$;n_0 为气体在此条件下的折射率。

1.5.4 几种常用气体对 X 射线的透过率

在气体高次谐波产生过程中,气体介质本身会吸收产生的 X 射线,这决定了高次谐波产生过程中的吸收长度,实验过程中气体介质长度一般不需要超过吸收长度。下面列出一些常用气体在气压为 1Torr(1Torr = 133.322Pa),长度为 1cm 时 X 射线的透过率(图 1 - 72 和图 1 - 73)。

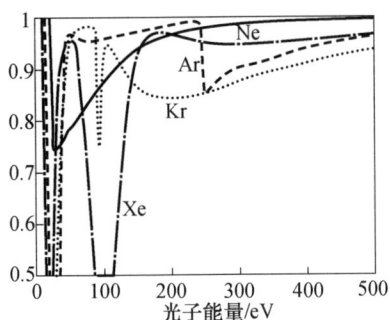

图1-72 几种不同惰性气体介质对XUV
和软X射线的透过率(气体介质长度
为1cm,气压为1Torr)

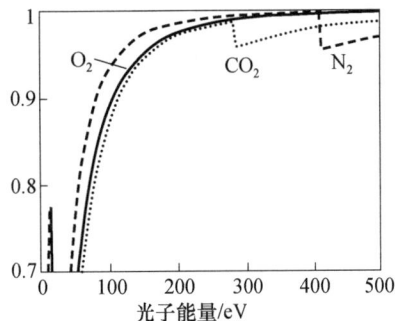

图1-73 几种不同分子气体介质对
XUV和软X射线的透过率(气体
介质长度为1cm,气压为1Torr)

1.5.5 一些金属滤膜的性质

在高次谐波实验中,金属膜常用于分离激光和产生的高次谐波,有时候还可用于补偿高次谐波的色散。对于X射线波段,金属膜的复折射率可以写作$1-\delta-i\times\beta$,这样金属折射率一般都是小于1的,而$-i\times\beta$项一般表示金属膜对透过X射线的吸收。下图列出来几种常用的金属膜的δ和β值。在70eV光子能量以下,Al膜是常用的金属膜,其透过率很高。但是对于100eV以上的高次谐波,一般选择Zr膜,也可以采用Ag膜(图1-74)。

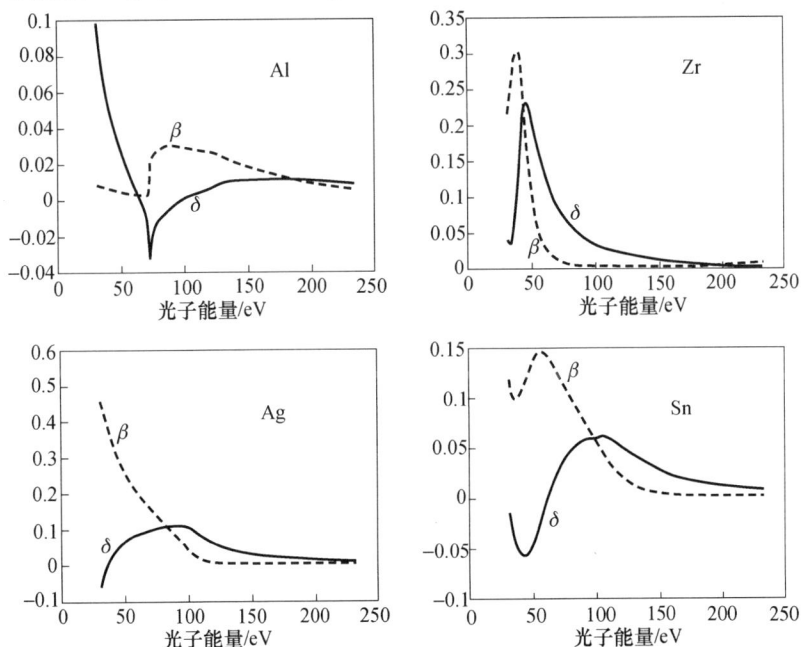

图1-74 几种不同金属滤膜在X射线波段的复折射率

1.5.6 几种常见金属反射镜

在软 X 射线波段,几乎所有介质都有强烈的吸收,因此软 X 射线的反射镜一般都采用掠入射形式(入射角大于 85°),下面列出几种金属反射镜在 5°掠入射角(对应 85°入射角)情况下的理想反射率(不考虑表面粗糙度)。对于 100eV 左右光子能量的高次谐波,镀金反射镜是比较合适的,而对于较高光子能量的高次谐波,如 100 ~ 300eV,镀银的反射镜则是比较好的选择(图 1 - 75)。

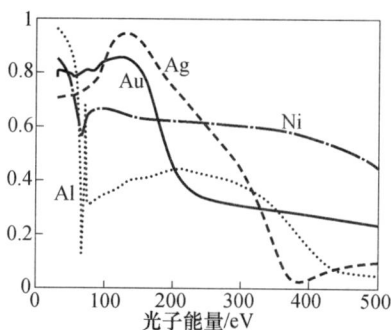

图 1 - 75 几种不同金属膜反射镜在 5°角掠入射(85°入射角)时的理想反射率

1.5.7 超短脉冲传播方程的推导

描述电磁波的基本方程是 Maxwell 方程组,但是在实际数值计算中需要进一步简化,一般从标量波亥姆霍兹方程出发。由于亥姆霍兹方程对时间和空间都是二阶偏导,这对于数值计算不太方便,一般需要将其降低到一阶偏导。在微扰非线性光学中,一般假设介质极化的中心频率与激光脉冲的载波频率相同,此时,通过近似忽略掉脉冲包络的二阶偏导项即可。在强场非线性光学中,介质极化主要来自超快电离的自由电子,在气体介质中普通线性色散对极化项的贡献可忽略。此时,由于极化项不再和激光脉冲具有相同的载波频率,因此一般需要将亥姆霍兹方程变换到频率域进行处理。下面针对强场非线性相互作用的超短脉冲传播,从频率域亥姆霍兹方程出发,推导一阶偏导的超短脉冲传播方程,即

$$\left[\partial_z^2 + \nabla_\perp^2 + k^2(\omega) \right] E(\boldsymbol{r}, \omega) = \frac{\omega^2}{\varepsilon_0 c^2} \hat{F} \left[P_{nl}(\boldsymbol{r}, t) \right] \qquad (1 - 112)$$

首先做如下替换,即

$$\tilde{E} = \tilde{U} e^{ik(\omega)z}$$

代入式(1 - 112)并考虑慢变包络近似(Slowly Varying Envelope Approximation)忽略掉对 z 的二阶空间偏导项,成立条件是光场沿传播方向在一个波长尺度内变化足够小,可得到

$$\left[2ik(\omega) \partial_z + \nabla_\perp^2 \right] \tilde{U}(\omega) = \frac{\omega^2}{\varepsilon_0 c^2} e^{-ik(\omega)z} \hat{F} [P_{nl}] \qquad (1 - 113)$$

然后,$\tilde{U} = \tilde{E} e^{-ik(\omega)z}$,将电场 $\tilde{E}$ 代回去可得

$$\partial_z \tilde{E}(\omega) = ik(\omega) \tilde{E}(\omega) + \frac{i}{2k(\omega)} \nabla_\perp^2 \tilde{E}(\omega) - \frac{i\omega}{2\varepsilon_0 n(\omega) c} \hat{F} [P_{nl}] \qquad (1 - 114)$$

如果假设 $n(\omega) \approx 1$,则可以得到时域表达式,即

$$\left(\partial_z + \frac{1}{c}\partial_t\right)E(t) = \frac{c}{2}\nabla_\perp^2 \int_{-\infty}^{t} \mathrm{d}t' E(t') - \frac{e^2}{2\varepsilon_0 mc}\int_{-\infty}^{t} n_e E(t')\mathrm{d}t' - \frac{I_p}{2\varepsilon_0 c}\frac{\partial_t n_e}{E}$$

其中极化强度的表达式采用第一节中强场非线性极化强度的表达式。

1.5.8 平焦场光栅光谱仪

在气体高次谐波光谱测量中,常用的是平焦场光栅光谱仪。它采用变栅距光栅设计,使得一定波段范围内的 X 射线光谱能够成像在一个平面上,这样便于平面探测器(如微通道板(MCP)或 X 射线 CCD)的测量。图 1-76 是Hitachi公司的 1200 线/mm 的变栅距光栅,其光栅面曲率半径为 5649mm,入射狭缝到光栅中心的距离为 237mm,成像面到光栅中心的距离为 235mm,闪耀角 3.2°,表面镀金,光栅安装入射角为 3°,可以使 5~20nm 波长范围内的光谱成像在一个平面上。

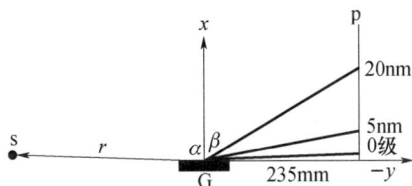

图 1-76 Hitachi 公司的变栅距平场光栅

1.5.9 时间频率分析

在气体高次谐波和阿秒脉冲产生的理论研究中,时间频率分析经常用于研究高次谐波的时间和频率特性,以分析微观电子波包的运动过程,目前在高次谐波的时间频率分析中,一般采用小波变换。传统的傅里叶变换作为信息处理的一个极为重要的工具,在科学和技术的许多领域得到了广泛的应用。时域信号 $g(t)$ 的傅里叶变换定义为

$$G(\omega) = \int_{-\infty}^{+\infty} g(t)\exp(-\mathrm{i}\omega t)\mathrm{d}t \qquad (1-115)$$

将 $g(t)$ 进行傅里叶变换,得到的是它在 t 时域 $(-\infty, +\infty)$ 上的整个频谱分布。如果我们希望了解其中某一频率成分在时域上的分布,上述变换显然是无能为力的。为了有效地提取信号 $g(t)$ 的局部信息,必须引入一个局部化的变换。所谓局部化,包含两个因素:第一,被分析的区间要有一定的宽度 Δt,从而仅对 Δt 内及其附近的信息进行处理;第二,被分析区间要有一个中心坐标 t_c,当 t_c 改变时,就可以提取不同的信息。

为了实现局部化,一个有效的方案是先将傅里叶变换基元函数 $g(t)$ 乘一个窗函数 $w(t-t_c)$ 再进行变换,t_c 为窗函数的中心。如果 $w(t-t_c)$ 和它的傅里叶谱

有足够快的衰减速度,窗函数就是一个局部化的函数。这种变换就是所谓的短时傅里叶变换。当窗函数 $w(t-t_c)$ 为高斯函数时,就得到 Gabor 变换,即

$$G\{\omega,t_c;g(t)\} = \frac{1}{\sqrt{2\pi}\sigma} \int_{-\infty}^{+\infty} g(t)\exp[-i\omega(t-t_c)]\exp\left[-\frac{(t-t_c)^2}{2\sigma^2}\right]dt$$

$$(1-116)$$

Gabor 变换实质上是高斯窗短时傅里叶变换。Gabor 变换具有如下特点:它给出一个中心位于 t_c、宽度为 $2\sqrt{\ln 2}\,\sigma$ 的时间窗,从而实现时域处理的局部化;与之对应,它又给出一个中心位于 ω、宽度为 $2\sqrt{\ln 2}/\sigma$ 的频率窗,从而实现频域处理的局部化。用 Gabor 变换来处理信号时,处理过程限制在时间—频率窗内进行。但是上述表达式仍然有一些问题的是,对于不同的频率位置,频率窗的宽度是一样的,这显然是不太合适的。对于越高频的分量,由于其时间变化越快,往往需要更小的时间窗,因此时间频率分析中一般采用下式,即

$$G\{\omega,t_c;g(t)\} = \frac{\omega}{\sqrt{2\pi}\sigma} \int_{-\infty}^{+\infty} g(t)\exp[-i\omega(t-t_c)]\exp\left[-\frac{\omega^2(t-t_c)^2}{2\sigma^2}\right]dt$$

$$(1-117)$$

这样使得不同频率位置的频率窗和时间窗分别与其频率和振荡周期成正比,保证了小波变换以同样的精度去处理不同中心频率的信号。图 1-77 是一个典型的高次谐波产生过程中的时间频率分析结果(图片来自 Phys. Rev. A 77,023416(2008)),可以看到,在双色场控制下不同的电子轨道对高次谐波辐射的控制效果,通过控制双色场的延迟,高次谐波辐射的时间分布(啁啾特性)发生了显著的变化,这也影响了不同电子轨道辐射谱之间的干涉,最终导致了窄带高次谐波辐射谱的出现。

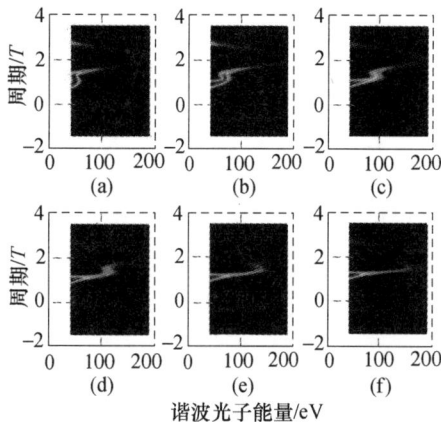

图 1-77 双色场产生的高次谐波的时间频率分析

1.5.10 虚时间演化

在数值求解含时薛定谔方程(Time Dependent Schrödinger Equation,TDSE)时间演化之前,需要给定体系的初始状态。一般情况下,我们认为体系初始处于基态,虚时间演化是较为常用的计算体系基态波函数的方法。为了得到进行体系在虚时间中的演化,可以用虚时间 $-i\tau$(i 为虚数单位)代替波函数和体系哈密顿量中的 Δt,即

$$\Psi(x,t_0 + \Delta t) = \exp[-iH(x)\Delta t]\Psi(x,t_0) \qquad (1-118)$$

从而得到 $\Psi(x,t_0 + \tau) = \exp[-H(x)\tau]\Psi(x,t_0)$。虚时间演化的原理是,初始任意波函数 $\Psi(x,0)$ 可以写成哈密顿量 H 的本征态的叠加(或积分),即

$$\Psi(x,0) = \sum_{i=0}^{\infty} c_i\varphi_i(x) \qquad (1-119)$$

式中:$\varphi_i(x)$ 是哈密顿量 H 的本征态;c_i 是其展开的系数,因此在虚时间演化下可得

$$\Psi(x,\tau) = \sum_{i=0}^{\infty} c_i e^{-\tau\varepsilon_i}\varphi_i(x) \qquad (1-120)$$

式中:ε_i 为哈密顿量 H 的能量本征值,即 $H\varphi_i = \varepsilon\varphi_i$。从式(1-120)可以看出,随着时间的演化,束缚态的系数是指数增长的,其增长的快慢程度是由相应的能量本征值 ε_i 决定的。由于基态本征能量是最小的负值,所以基态对应的本征态是增长最快的,而其他态的增长要比基态慢得多。因此,经过一定的时间演化后,体系波函数最终将以基态为主,这样就可以得到体系的基态波函数。

1.5.11 傅里叶变换方法计算动能项

研究原子与强激光场相互作用可以归结到求解如下含时薛定谔方程(原子单位制),即

$$i\frac{\partial\Psi(x,t)}{\partial t} = \left[-\frac{1}{2}\frac{\partial^2}{\partial x^2} + V(x) + xE(t)\right]\Psi(x,t) \qquad (1-121)$$

式中:$E(t)$ 为激光场;$xE(t)$ 为相互作用项,这里采用长度规范的偶极相互作用;x 为电子坐标。式(1-121)等号右边第一项是电子的动能项,第二项是电子感受到的库仑势。为了提高计算精度,式(1-121)的求解一般采用劈裂算符(Split-operator)的方法,首先将方程变换为

$$\frac{\partial\Psi(x,t)}{\partial t} = \left\{\frac{i}{2}\frac{\partial^2}{\partial x^2} - i[V(x) + xE(t)]\right\}\Psi(x,t) \qquad (1-122)$$

这样,其时间迭代演化过程可以近似写为

$$\Psi(x,t_n) \approx \exp\left\{\frac{i\Delta t}{2}\frac{\partial^2}{\partial x^2} - i\Delta t[V(x) + x\overline{E}(t_n)]\right\}\Psi(x,t_{n-1}) \qquad (1-123)$$

采用劈裂算符方法时,其中劈裂项可以选择动能项,也可以选择势能项。以动能项为例可得

$$\Psi(x,t_n) \approx \exp\left\{\frac{\mathrm{i}\Delta t}{4}\frac{\partial^2}{\partial x^2}\right\}\exp\left\{-\mathrm{i}\Delta t[V(x)+x\overline{E}(t_n)]\right\}\exp\left\{\frac{\mathrm{i}\Delta t}{4}\frac{\partial^2}{\partial x^2}\right\}\Psi(x,t_{n-1})$$

$$(1-124)$$

式中:$\overline{E}(t_n)=\frac{1}{\Delta t}\int_{t_n-\Delta t/2}^{t_n+\Delta t/2}E(t')\mathrm{d}t'$ 为 Δt 范围内的外电场的平均值,劈裂算法的精确度可以达到$(\Delta t)^3$。理论上讲,Δt 越小,计算结果越精确。由式$(1-124)$可见,只要知道初始状态 $\Psi(x,t=0)=\varphi_0(x)$,便可以用波函数的时间演化计算出我们想要得到的宏观可观测量。

下面介绍利用傅里叶变换计算其中的动能项。首先将作用在空间波函数上的指数动能算符变换到动量空间,于是,指数动能算符的作用变成了相乘的关系,即

$$\exp\left\{\frac{\mathrm{i}\Delta t}{4}\frac{\partial^2}{\partial x^2}\right\}\Psi(x,t_{n-1}) \approx \frac{1}{N}\sum_{j=-N/2+1}^{N/2}\mathrm{e}^{\mathrm{i}p_j x}\mathrm{e}^{\frac{-\mathrm{i}p_j^2\Delta t}{4}}\Psi(p_j,t_{n-1}) \quad (1-125)$$

式中:p_j 为动量格点,$p_j=j\times2\pi/(N\times\Delta x)$;$N$ 为最大空间格点数。动量波函数 $\Psi(p_j,t_{n-1})$ 可由空间波函数的傅里叶变换得来,因此指数动能算符作用过程可以表述为

$$\exp\left\{\frac{\mathrm{i}\Delta t}{4}\frac{\partial^2}{\partial x^2}\right\}\Psi(x,t_{n-1}) \approx \frac{1}{N}\sum_{j=-N/2+1}^{N/2}\mathrm{e}^{\mathrm{i}p_j x}\mathrm{e}^{\frac{-\mathrm{i}p_j^2\Delta t}{4}}\sum_{n=-N/2+1}^{N/2}\mathrm{e}^{-\mathrm{i}p_j x_n}\Psi(x_n,t_{n-1})$$

$$(1-126)$$

式中:第一个求和为傅里叶变换,第二个求和为逆傅里叶变换。利用快速傅里叶算法(FFT),可以快速地计算式$(1-126)$。式$(1-124)$右端的中间一项指数势能算符作用在空间波函数上可以直接变成相乘的关系,这样便可以递推地计算体系波函数在外场作用下的演化过程。

参考文献

[1] Mourou G A, et al. Optics in the relativistic Regime. Reviews of Modern Physics, 2006, 78(2): 309-371.

[2] Protopapas M, Keitel C H and Knight P L. Atomic physics with super-high intensity lasers [J]. Rep. Prog. Phys., 1997, 60(4): 389.

[3] Keldysh L V. Ionization in the field of a strong electromagnetic wave [J]. Sov. Phys. JETP, 1965, 20: 1307.

[4] Fabre F, Petite G, Agostini P, et al. Multiphoton above-threshold ionisation of xenon at 0.53 and 1.06 μm [J]. Journal of Phys. B: At. Mol. Phys., 1982, 15(9): 1353-1369.

[5] Lompre L A, Mainfray G, Manus C, et al. Multiphoton ionization of rare gases by a tunable-wavelength 30-psec laser pulse at 1.06 μm [J]. Phys. Rev. A., 1977, 15(4): 1604-1612.

［6］Kruit P, Kimman J, Muller H G, et al. Electron spectra from multiphoton ionization of xenon at 1064, 532, and 355nm ［J］. Phys. Rev. A. , 1983, 28(1): 248－255.

［7］Yergeau F, Petite G, Agostini P. Above－threshold ionisation without space charge ［J］. Journal of Phys. B, 1986, 19(19): L663－669.

［8］Freeman R R, Bucksbaum P H, Milchberg H. Above－threshold ionization with subpicosecond laser pulses ［J］. Phys. Rev. Lett. , 1987, 59(10): 1092－1095.

［9］Corkum P B, Burnett N H, Brunel F. Above－threshold ionization in the long－wavelength limit ［J］. Phys. Rev. Lett. , 1989, 62(11): 1259－1262.

［10］Ammosov M V, Delone N B, Krainov V P. Tunnel ionization of complex atoms and of atomic ions in an alternating electromagnetic field ［J］. Sov. Phys. JETP, 1986, 64(6): 1191－1194.

［11］McPherson A, Gibson G, Jara H, et al. Studies of multiphoton production of vacuum－ultraviolet radiation in the rare gases ［J］. J. Opt. Soc. Am B, 1987, 4(4): 595－601.

［12］Zhou J, Peatross J, Murnane M M, et al. Enhanced High－Harmonic Generation Using 25 fs Laser Pulses ［J］. Phys. Rev. Lett. , 1996, 76(5): 752－755.

［13］Li X F, L' Huillier A, Ferray M, et al. Multiple－harmonic generation in rare gases at high laser intensity ［J］. Phys. Rev. A. , 1989, 39(11): 5751－5761.

［14］Spielmann C, Burnett N H, Sartania S, et al. Generation of Coherent X－rays in the Water Window Using 5－Femtosecond Laser Pulses ［J］. Science, 1997, 278(5368): 661－664.

［15］Chang Z, Rundquist A, Wang H, et al. Generation of Coherent Soft X Rays at 2. 7nm Using High Harmonics ［J］. Phys. Rev. Lett. , 1997, 79(16): 2967－2970.

［16］Schnürer M, Spielmann Ch, Wobrauschek P, et al. Coherent 0. 5－keV X－Ray Emission from Helium Driven by a Sub－10－fs Laser ［J］. Phys. Rev. Lett. , 1998, 80(15): 3236－3239.

［17］Popmintchev T, Chen M C, Popmintchev D, et al. Bright Coherent Ultrahigh Harmonics in the keV X－ray Regime from Mid－Infrared Femtosecond Lasers ［J］. Science, 2012, 336: 1287.

［19］Mourou G A, Yanovsky V. Relativistic Optics: A Gateway to Attosecond Physics ［J］. Optics & Photonics News, 2004, 15(5): 40－45.

［19］Corkum P B. Plasma perspective on strong field multiphoton ionization ［J］. Phys. Rev. Lett. , 1993, 71(13): 1994－1997.

［20］Kulander K C, Schafer K J, Krause J L. in Super－Intense Laser－Atom Physics ［J］. NATO Advanced Study Institute, Series B: Physics, 1993, 316: 95.

［21］Krausz F, Brabec T, Schnürer M, et al. Extreme nonlinear optics: Exposing matter to a few periods of light ［J］. Optics & Photonics News, 1998, 9(7): 46－51.

［22］Lewenstein M, Balcou Ph, Ivanov M Yu, et al. Theory of high－harmonic generation by low－frequency laser fields ［J］. Phys. Rev. A, 1994, 49(3): 2117－2132.

［23］Krause J L, Schafer K J, Kulander K C. High－order harmonic generation from atoms and ions in the high intensity regime ［J］. Phys. Rev. Lett. , 1992, 68(24): 3535－3538.

［24］Kulander K C, Shore B W. Calculations of Multiple－Harmonic Conversion of 1064－nm Radiation in Xe ［J］. Phys. Rev. Lett. , 1989, 62(5): 524－527.

［25］Chen Y J, Liu J, Hu B. Intensity dependence of intramolecular interference from a full quantum analysis of high－order harmonic generation ［J］. Phys. Rev. A. , 2009, 79: 033405.

［26］Gavrila M, Kamiński J Z. Free－Free Transitions in Intense High－Frequency Laser Fields ［J］. Phys. Rev. Lett. , 1984, 52(8): 613－616.

［27］Joachain C J, Dorr M, Kylstra N J, et al. RMF theory of multiphoton processes ［J］. Comments At. Mol.

Phys. , 1997, 33: 247 - 270.

[28] Frolov M V, Flegel A V, Manakov N L, et al. Description of harmonic generation in terms of the complex quasienergy. I. General formulation [J]. Phys. Rev. A, 2007, 75: 063407.

[29] Guo D S, Aberg T. Quantum electrodynamical approach to multiphoton ionisation in the high - intensity H field [J]. J. Phys. A, 1988, 21: 4577 - 4591.

[30] Morishita T, Le A - T, Chen Z, et al. Accurate retrieval of structural information from laser - induced photoelectron and high - order harmonic spectra by few - cycle laser pulses [J]. Phys. Rev. Lett. , 2008, 100: 013903.

[31] Le A - T, Lucchese R R, Tonzani S, et al. Quantitative rescattering theory for high - order harmonic generation from molecules [J]. Phys. Rev. A, 2009, 80(1): 013401.

[32] Li X F, L'Huillier A, Ferray M, et al. Multiple - harmonic generation in rare gases at high laser intensity [J]. Phys. Rev. A, 1989, 39: 5751.

[33] Ivanov M Y, Spanner M, Smirnova O. Anatomy of strong field ionization [J]. Journal of Modern Optics, 2005, 52: 165 - 184.

[34] Zhao Z, Yuan J, Brabec Th. Multielectron signatures in the polarization of high - order harmonic radiation [J]. Phys. Rev. A. , 2007, 76: 031404(R).

[35] Sukiasyan S, McDonald C, Destefani C, et al. Multielectron Correlation in High - Harmonic Generation: A 2D Model Analysis [J]. Phys. Rev. Lett. , 2009, 102: 223002.

[36] Shiner A D, Schmidt B E, Trallero - Herrero C, et al. Probing collective multi - electron dynamics in xenon with high - harmonic spectroscopy [J]. Nature physics, 2011, 7: 464 - 467.

[37] Brabec Th and Krausz F. Intense few - cycle laser fields: Frontiers of nonlinear optics [J]. Reviews of Modern Physics, 2000, 72(2): 547 - 567.

[38] Milosevic N, Scrinzi A, Brabec Th. Numerical Characterization of High Harmonic Attosecond Pulses [J]. Phys. Rev. Lett. , 2002, 88(9): 093905.

[39] Salières P, L'Huillier A, Lewenstein M. Coherence Control of High - Order Harmonics [J]. Phys. Rev. Lett. , 1995, 74(19): 3776 - 3779.

[40] Ditmire T, Gumbrell E T, Smith R A, et al. Spatial Coherence Measurement of Soft X - Ray Radiation Produced by High Order Harmonic Generation [J]. Phys. Rev. Lett. , 1996, 77(23): 4756 - 4759.

[41] Bellini M, Lyngå C, Tozzi A, et al. Temporal Coherence of Ultrashort High - Order Harmonic Pulses [J]. Phys. Rev. Lett. , 1998, 81(2): 297 - 300.

[42] Lyngå C, Gaarde M B, Delfin C, et al. Temporal coherence of high - order harmonics [J]. Phys. Rev. A. , 1999, 60(6): 4823 - 4830.

[43] Déroff L L, Salières P, Carré B, et al. Measurement of the degree of spatial coherence of high - order harmonics using a Fresnel - mirror interferometer [J]. Phys. Rev. A. , 2000, 61(4): 043802.

[44] Bartels R A, Paul A, Green H, et al. Generation of Spatially Coherent Light at Extreme Ultraviolet Wavelengths [J]. Science, 2002, 297: 376 - 378.

[45] Zeitoun Ph, Faivre G, Sebban S, et al. A high - intensity highly coherent soft X - ray femtosecond laser seeded by a high harmonic beam [J]. Nature, 2004, 431: 426 - 429.

[46] Lambert G, Hara T, Garzella D, et al. Injection of harmonics generated in gas in a free - electron laser providing intense and coherent extreme - ultraviolet light [J]. Nature Physics, 2008, 4: 296 - 300.

[47] 马礼敦,杨福家. 同步辐射应用概论[M]第2版. 上海:复旦大学出版社,2005:454 - 517.

[48] Vartanyants I A, Pitney J A, Libbert J L, et al. Reconstruction of surface morphology from coherent x - ray reflectivity [J]. Phys. Rev. B. , 1997, 55(19): 13193 - 13202.

[49] Miao J, Charalambous P, Kirz J, et al. Extending the methodology of X – ray crystallography to allow imaging of micrometre – sized non – crystalline specimens [J]. Nature, 1999, 400: 342 – 344.

[50] Sandberg R L, Paul A, Raymondson D A, et al. Lensless diffractive imaging using tabletop coherent high – harmonic soft – X – ray beams [J]. Phys. Rev. Lett. , 2007, 99(9): 098103.

[51] Ravasio A, Gauthier D, Maia F R N C, et al. Single – shot diffractive imaging with a table – top femtosecond soft X – ray laser – harmonics source [J]. Phys. Rev. Lett. , 2009, 103(2): 028104.

[52] Chen B, Dilanian R A, Teichmann S, et al. Multiple wavelength diffractive imaging [J]. Phys. Rev. A. , 2009, 79(2): 023809.

[53] Sandberg R L, Raymondson D A, La – o – vorakiat C, et al. Tabletop soft – x – ray Fourier transform holography with 50nm resolution [J]. Opt. Lett. 2009, 34(11): 1618 – 1620.

[54] Itatani J, Levesque J, Zeidler D, et al. Tomographic imaging of molecular orbitals [J]. Nature, 2004, 432(7019): 867 – 871.

[55] Le V – H, Le A – T, Xie R – H, et al. Theoretical analysis of dynamic chemical imaging with lasers using high – order harmonic generation [J]. Phys. Rev. A. , 2007, 76(1): 013414.

[56] Vozzi C, Negro M, Calegari F, et al. Generalized molecular orbital tomography [J]. Nature physics, 2011, 7: 822 – 826.

[57] Wörner H J, Bertrand J B, Corkum P B, et al. High – Harmonic Homodyne Detection of the Ultrafast Dissociation of Br2 Molecules [J]. Phys. Rev. Lett. , 2010, 105(10): 103002.

[58] Wörner H J, Bertrand J B, Kartashov D V, et al. Following a chemical reaction using high – harmonic interferometry [J]. Nature, 2010, 466: 604 – 607.

[59] Kanai T, Minemoto S, Sakai H. Quantum interference during high – order harmonic generation from aligned molecules [J]. Nature, 2005, 435: 470 – 474.

[60] Wagner N L, Wüest A, Christov I P, et al. Monitoring molecular dynamics using coherent electrons from high harmonic generation [J]. PNAS, 2006, 103(36): 13279.

[61] Baker S, Robinson J S, Haworth C A, et al. Probing proton dynamics in molecules on an attosecond time scale [J]. Science, 2006, 312(5772): 424 – 427.

[62] McFarland B K, Farrel J P, Bucksbaum P H, et al. High harmonic generation from multiple orbitals in N_2 [J]. Science, 2008, 322(5905): 1232 – 1235.

[63] Smirnova O, Mairesse Y, Patchkovskii S, et al. High harmonic interferometry of multi – electron dynamics in molecules [J]. Nature, 2009, 460: 972 – 977.

[64] Chaitanya K S, Ebrahim – Z M. High – power, continuous – wave, mid – infrared optical parametric oscillator based on MgO:sPPLT [J]. Opt. Lett. , 2011, 36(13): 2578 – 2580.

[65] Lora N – G, Michael S, David A S, et al. Ultrafast time – resolved soft X – ray photoelectron spectroscopy of dissociating Br_2 [J]. Phys. Rev. Lett. , 2001, 87(19): 193002.

[66] Haight R and Peale D R. Antibonding state on the Ge(111):As surface: spectroscopy and dynamics [J]. Phys. Rev. Lett. , 1993, 70(25): 3979.

[67] Rohwer T, Hellmann S, Wiesenmayer M, et al. Collapse of long – range charge order tracked by time – resolved photoemission at high momenta [J]. Nature, 2011, 471: 490 – 493.

[68] Probst M and Haight R. Unoccupied molecular orbital states of tris (8 – hydroxy quinoline) aluminum: observation and dynamics [J]. Appl. Phys. Lett. , 1997, 71(2): 202 – 204.

[69] Siffalovic P, Drescher M and Heinzmann U. Femtosecond time – resolved core – level photoelectron spectroscopy tracking surface photovoltage transients on p – GaAs [J]. Europhys. Lett. , 2002, 60(6): 924 – 2002.

［70］ Bauer M, Lei C, Read K, et al. Direct observation of surface chemistry using ultrafast soft − X − ray pulses ［J］. Phys. Rev. Lett. , 2001, 87(2): 025501.

［71］ Shimizu T, Sekikawa T, Kanai T et al. Time − resolved auger decay in csBr using high harmonics ［J］. Phys. Rev. Lett. , 2003, 91(1): 017401.

［72］ Dobosz S, Doumy G, Stabile et al. Probing hot and dense laser − induced plasmas with ultrafast XUV pulses ［J］. Phys. Rev. Lett. , 2005, 95(02): 025001.

［73］ Mashiko H, Suda A and Midorikawa K. Focusing coherent soft − x − ray radiation to a micrometer spot size with an intensity of 10^{14} W/cm^2 ［J］. Opt. Lett. , 2004, 29(16): 1927 − 1929.

［74］ Papadogiannis N A, Nikolopoulos L A A, Charalambidis D, et al. Two − photon ionization of he through a superposition of higher harmonics ［J］. Phys. Rev. Lett. , 2003, 90(13): 133902.

［75］ Nabekawa Y, Hasegawa H, Takahashi E J et al. Production of doubly charged helium Ions by two − photon absorption of an intense sub − 10 − fs Soft X − ray pulse at 42 eV photon energy ［J］. Phys. Rev. Lett. , 2005, 94(4): 043001.

［76］ Rundquist A, Durfee III C G, Chang Z, et al. Phase − Matched Generation of Coherent Soft X − rays ［J］. Science, 1998, 280: 1412 − 1415.

［77］ L'Huillier A, Balcou Ph. High − order harmonic generation in rare gases with a 1ps 1053nm laser ［J］. Phys. Rev. Lett. , 1993, 70(6): 774 − 777.

［78］ Macklin J J, Kmetec J D, Gordon C L. High − order harmonic generation using intense femtosecond pulses ［J］. Phys. Rev. Lett. , 1993, 70(6): 766 − 769.

［79］ Miyazaki K, Takada H. High − order harmonic generation in the tunneling regime ［J］. Phys. Rev. A. , 1995, 52(4): 3007 − 3021.

［80］ Xu Z, Wang Y, Zhai K, et al. Science in China 42(7), 778 (1999).

［81］ Seres J, Seres E, Verhoef A J, et al. Laser technology: Source of coherent kiloelectronvolt X − rays ［J］. Nature (London), 2005, 433: 596.

［82］ Gaudiosi D M, Reagan B, Popmintchev T, et al. High − order harmonic generation from Ions in a capillary discharge ［J］. Phys. Rev. Lett. , 2006, 96(20): 203001.

［83］ Zepf M, Dromey B, Landreman M, et al. Bright quasi − phase − matched soft − X − ray harmonic radiation from argon Ions ［J］. Phys. Rev. Lett. , 2007, 99(14): 143901.

［84］ Shan B, Chang Z. Dramatic extension of the high − order harmonic cutoff by using a long − wavelength driving field ［J］. Phys. Rev. A. , 2001, 65(1): 011804(R).

［85］ Takahashi E J, Kanai T, Ishikawa K L, et al. Coherent water window X ray by phase − matched high − order harmonic generation in neutral media ［J］. Phys. Rev. Lett. , 2008, 101(25): 253901.

［86］ Xiong H, Xu H, Fu Y, et al. Generation of a coherent X ray in the water window region at 1 kHz repetition rate using a mid − infrared pump source ［J］. Opt. Lett. , 2009, 34(11): 1747 − 1749.

［87］ Popmintchev T, Chen M − C, Bahabad A, et al. Phase matching of high harmonic generation in the soft and hard X − ray regions of the spectrum ［J］. PNAS, 2009, 106(26): 10516 − 10521.

［88］ Chen M − C, Arpin P, Popmintchev T, et al. Bright, coherent, ultrafast soft X − ray harmonics spanning the water window from a tabletop light source ［J］. Phys. Rev. Lett. , 2010, 105(17): 173901.

［89］ Ditmire T, Crane J K, Nguyen H, et al. Energy − yield and conversion − efficiency measurements of high − order harmonic radiation ［J］. Phys. Rev. A. , 1995, 51(2): R902 − R905.

［90］ Watanabe S, Kondo K, Nabekawa Y, et al. Two − color phase control in tunneling ionization and harmonic generation by a strong laser field and its third harmonic ［J］. Phys. Rev. Lett. , 1994, 73 (20): 2692 − 2695.

[91] Tong X M, Chu S I. Generation of circularly polarized multiple high – order harmonic emission from two – color crossed laser beams [J]. Phys. Rev. A. , 1998, 58(4) : 2656 – 2659.

[92] Tamaki Y, Itatani J, Nagata Y, et al. Highly efficient, phase – matched high – harmonic generation by a self – guided laser beam [J]. Phys. Rev. Lett. , 1999, 82(8) : 1422 – 1425.

[93] Paul A, Bartels R A, Tobey R, et al. Quasi – phase – matched generation of coherent extreme – ultraviolet light [J]. Nature, 2003, 412 : 51 – 54.

[94] Donnelly T D, Ditmire T, Neuman K, et al. High – order harmonic generation in atom clusters [J]. Phys. Rev. Lett. , 1996, 76(14) : 2472 – 2475.

[95] Monot P, Auguste T, Lompré L A, et al. Focusing limits of a terwatt laser in an underdense plasma [J]. J. Opt. Soc. Am. B, 1992, 9(9) : 1579 – 1584.

[96] Lange H R, Chiron A, Ripoche J – F, et al. High – order harmonic generation and quasiphase matching in xenon using self – guided femtosecond pulses [J]. Phys. Rev. Lett. , 1998, 81(8) : 1611 – 1613.

[97] Tamaki Y, Nagata Y, Obara M, et al. Phase – matched high – order – harmonic generation in a gas – filled hollow fiber [J]. Phys. Rev. A. , 1999, 59(5) : 4041 – 4044.

[98] Takahashi E, Nabekawa Y, Midorikawa K, et al. Generation of 10 – m J coherent extreme – ultraviolet light by use of high – order harmonics [J]. Opt. Lett. , 2003, 27(21) : 1920 – 1922.

[99] Schnürer M, Cheng Z, Hentsc M, et al. Absorption – limited generation of coherent ultrashort soft – X – ray pulses [J]. Phys. Rev. Lett. , 1999, 83(4) : 722 – 725.

[100] Gibson E A, Paul A, Wagner N, et al. Coherent soft X – ray generation in the water window with quasi – phase matching [J]. Science, 2003, 302 : 95 – 98.

[101] Bartels R, Backus S, Zeek E, et al. Shaped – pulse optimization of coherent emission of high – harmonic soft X – rays [J]. Nature, 2000, 406 : 164 – 166.

[102] Christov I P, Bartels R, Kapteyn H C, et al. Attosecond time – scale intra – atomic phase matching of high harmonic generation [J]. Phys. Rev. Lett. ,2001, 86 :5458 – 5461.

[103] Willner A, Tavella F, Yeung M, et al. Coherent control of high harmonic generation via dual – gas multi-jet arrays [J]. Phys. Rev. Lett. , 2011, 107(17) : 175002.

[104] Vozzi C, Nisoli M, Caumes J – P, et al. Cluster effects in high – order harmonics generated by ultrashort light pulses [J]. Appl. Phys. Lett. , 2005, 86(11) : 111121.

[105] Ruf H, Handschin C, Cireasa, et al. Inhomogeneous high harmonic generation in krypton clusters [J]. Phys. Rev. Lett. , 2013, 110(8) : 083902.

[106] Ganeev R, Suzuki M, Baba M, et al. High – order harmonic generation from boron plasma in the extreme – ultraviolet range [J]. Opt. Lett. , 2005, 30(7) : 768 – 770.

[107] Ganeev R A, Suzuki M, Baba M, et al. Harmonic generation from chromium plasma [J]. Appl. Phys. Lett. , 2005, 86(13) : 131116.

[108] Elouga Bom L B, Ganeev R A, Abdul – Hadi J, et al. Intense multimicrojoule high – order harmonics generated from neutral atoms of In_2O_3 nanoparticles [J]. Appl. Phys. Lett. , 2009, 94(11) : 111108.

[109] Paul P M, Clatterbuck T O, Lyngå C, et al. Enhanced high harmonic generation from an optically prepared excited medium [J]. Phys. Rev. Lett. , 2005, 94(11) : 113906.

[110] Takahashi E J, Kanai T, Ishikawa K L, et al. Dramatic enhancement of high order harmonic generation [J]. Phys. Rev. Lett. , 2007, 99(5) : 053904.

[111] Perry M D, Crane J K. High – order harmonic emission from mixed fields [J]. Phys. Rev. A, 1993, 48 : R4051.

[112] Eichmann H, Meyer S, Riepl K,et al. Generation of short – pulse tunable xuv radiation by high – order

frequency mixing [J]. Phys. Rev. A, 1994, 50: R2834.

[113] Corkum P B, Burnett N H, Ivanov M Y, Subfemtosecond pulses [J]. Optics Letters, 1994, 19: 1870 – 1872.

[114] Kim I J, Kim C M, Kim H T, et al. Highly efficient high – harmonic generation in an orthogonally polarized two – color laser field [J]. Phys. Rev. Lett. , 2005, 94: 243901.

[115] Yao J P, Cheng Y, et al, Generation of narrow – bandwidth, tunable, coherent xuv radiation using high – order harmonic generation [J]. Phys. Rev. A, 2011, 83: 033835.

[116] Dai Jun, Zeng Zhi – Nan, Li Ru – Xin, et al. Control of high – order harmonic generation with two – colour laser field [J]. Chin. Phys. B, 2010, 19: 113203.

[117] Eichmann H, Egbert A, Nolte S, et al. Polarization – dependent high – order two – color mixing [J]. Phys. Rev. A, 1995, 51: R3414(R).

[118] Fleischer A, Kfir O, Diskin T, et al. Spin angular momentum and tunable polarization in high – harmonic generation [J]. Nature Photonics, 2014, 8: 543 – 549.

[119] Kfir O, Grychtol P, et al. Generation of bright phase – matched circularly – polarized extreme ultraviolet high harmonics [J]. Nature Photonics, 2015, 9: 99 – 105.

[120] Yao J P, Cheng Y, et al. Generation of narrow – bandwidth, tunable, coherent xuv radiation using high – order harmonic generation [J]. Phys. Rev. A, 2011, 83: 033835.

[121] Wei P F, Miao J, et al. Selective enhancement of a single harmonic emission in a driving laser field with subcycle waveform control [J]. Phys. Rev. Lett. , 2013, 110: 233903.

第2章
阿秒激光产生与测量

2.1 阿秒激光概述

目前,物理学中最长的时间应该是宇宙的年龄,根据大爆炸宇宙学理论,目前宇宙的年龄大约为 $4.3 \times 10^{17} s$。而最小的时间应该是普朗克时间,根据我们目前已知的物理学,它是最小的可测时间间隔,这个时间大约为 $5.4 \times 10^{-44} s$。随着激光脉冲的出现,脉冲宽度不断缩短,人们对物质世界的了解越来越深入。在构筑万物基础的微观世界,生物、化学和物理的界限正在逐步消失,因为其根本都是来自电子运动,如分子内的电子运动负责生物信息传递、改变化学产物以及生物系统功能,信息处理的速度则可以通过采用更小的纳米电路来提高等。这些电子运动的时间尺度从几十阿秒($10^{-18} s$)到几十飞秒($10^{-15} s$),对这些电子运动的了解是解释所有生物、化学和物理现象的基础。阿秒量级的超高时间分辨率与原子尺度($10^{-8} cm$)的超高空间分辨率相结合将可能实现人类了解和把握原子 – 亚原子微观世界中极端超快现象的梦想。同时,电子态的超快相干控制也是 21 世纪国际物理学前沿领域之一、量子操控与新材料的重要研究方向之一。由量子力学理论和测不准原理可知,$\Delta E \cdot \Delta t \sim \hbar$,也就是说,当电子能量状态变化达到 3.83eV 以上时,电子运动周期就可能在 1fs 以下,进入阿秒的时间尺度。阿秒科学是测量技术的革命,在人类历史上,它第一次提供了超快电子运动的直接的时域观测。图 2 – 1 给出了微观世界不同物理过程的特征时间尺度,化学反应的时间尺度一般在飞秒量级,而原子分子中的电子运动则一般要到阿秒的时间尺度。

图 2 – 1 原子、分子、固体等各种不同微观粒子和体系运动的特征时间尺度

获得飞秒超短激光脉冲的方法有很多种,包括从激光器腔内直接获得、通过光学参量放大及毛细管压缩等。但是,要得到周期量级乃至脉宽更窄的激光脉冲,必须对激光光谱进行充分的展宽。但是经过光谱展宽的宽带激光脉冲在非线性介质中传播时其色散效应将会非常明显,为此,还必须对激光脉冲进行色散补偿才能最终得到超短脉冲。所以,要想通过传统的方法得到更短的激光脉冲,只能向寻找具有更宽增益带宽的激光增益介质、产生更宽的光谱以及更好的色散补偿的方向努力。但是,这些方向的研究对于阿秒脉冲的产生仍然是不够的。首先,目前常用的激光晶体钛宝石,由于其增益带宽和参量过程方面的限制,即使锁定其增益带宽内的全部频率成分也只能达到 3fs 左右的激光脉冲输出;其次,即使能够将不同的参量过程组合起来在不同的光谱区产生超短脉冲,再将它们组合起来形成一个超宽的频带来支持仅含一个光学周期的超短脉冲,那也只有在我们能够实现色散补偿时,这些组合光谱的超宽频带才能发挥作用,这对宽带啁啾镜的制造技术有很高的要求。所以要想产生阿秒脉冲,就必须寻找更高的载频。

诺贝尔物理学奖获得者 Hänsch 早在 1993 年就提出用傅里叶合成的方法来产生阿秒脉冲[1]。这一方法源自锁模激光器的原理:如果增益带宽中 N 个纵模是相位锁定的,那么,它们的时域形状是被腔循环时间分隔的序列脉冲,每个脉冲的宽度与 $1/N$ 成正比。一般激光脉冲的频率范围被限制在增益带宽内($\sim$ 100THz)。要合成一个 100as 的超短脉冲,光谱带宽必须达到 5×10^3 THz。为此,研究者提出利用不同的非线性过程产生宽序列等间隔频率的方法,例如,Hänsch 提出通过和频差频的方法产生六个频率成分。后来人们发现利用气体高次谐波产生过程能够得到更宽的频率成分。在气体高次谐波产生过程中,载波频率为 ω_0 的强激光脉冲聚焦到气体介质中发生相互作用,可以产生频率为 $q\omega_0(q = 3, 5, \cdots)$ 的奇次谐波组成的频率梳。这个过程中产生的谐波在非常大的频谱范围内是接近等振幅的,称为"平台",后面紧跟着一个迅速减小的"截止"区。假设这些谐波相位相等,1992 年,Farkas 和 Toth[2] 首先预言了相干叠加 N 个谐波级次能够产生的脉冲时间波形,发现在每个基频光的光学周期内 $(2\pi/\omega_0)$ 会出现两个时间尺度很窄的峰,峰值强度正比于 N^2(图 2 – 2)。图 2 – 2 为 5 ~ 21 次谐波合成的电场形状(a)和电场平方后的强度分布(b),产生间隔为半个激光振荡周期的阿秒脉冲链。这是一个类似激光腔中的纵模合成的过程,图 2 – 2(b)的输出就相当于激光器中产生的一个个的激光脉冲,只是这里的脉冲间隔非常短,只有半个激光振荡周期。从图 2 – 2 可以看出,合成的脉冲链,每个脉冲宽度均远小于激光周期,产生了阿秒脉冲链。

假设从气体高次谐波平台区选取 n_1 到 n_2 的谐波级次,合成后的时域电场可以写成

$$E(t) = \sum_{n=n_1}^{n_2} E_n e^{i\omega_n t + i\varphi_n} \qquad (2-1)$$

在单色线偏振光情况下,根据高次谐波的特性,其中 n 为奇数,ω_n 为第 n 次谐波的频率,一般情况下等于 $n\omega_0$,ω_0 为驱动激光载波频率,φ_n 为第 n 次谐波的相位,E_n 为第 n 次谐波的振幅。如果假设所有的高次谐波振幅 E_n 和相位 φ_n 均相同,则

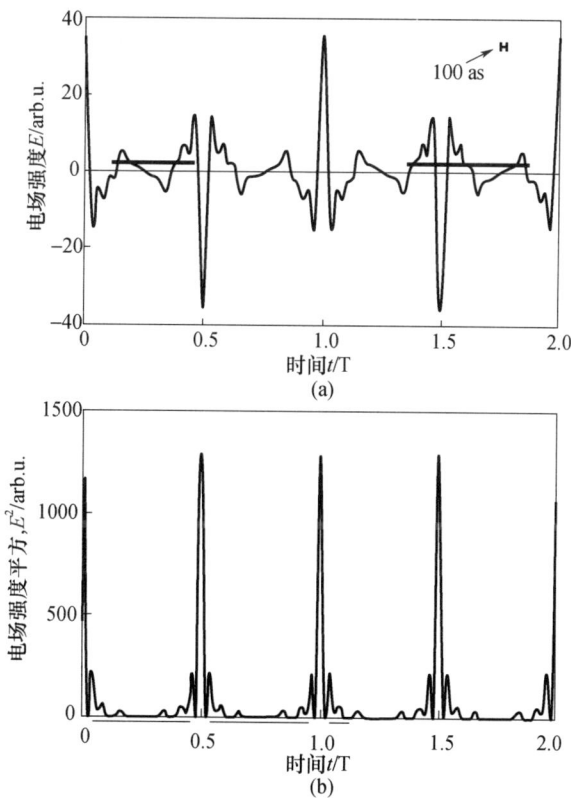

图 2-2 利用 5~21 次谐波合成的电场强度曲线(a)和电场平方后的
强度分布(b),产生间隔为半个激光振荡周期(T)的阿秒脉冲链[2]

$$E(t) = \sum_{n=n_1}^{n_2} E e^{in\omega_0 t + i\varphi} = E e^{i\varphi} \sum_{n=n_1}^{n_2} e^{in\omega_0 t} =$$

$$E e^{in_1\omega_0 t + i\varphi} \sum_{n=0}^{n_2-n_1} e^{in\omega_0 t} = E e^{in_1\omega_0 t + i\varphi} \sum_{n=0}^{2(N-1)} e^{in\omega_0 t} =$$

$$E e^{in_1\omega_0 t + i\varphi} (1 - e^{i2N\omega_0 t})/(1 - e^{i2\omega_0 t}) \qquad (2-2)$$

因为 n_1 和 n_2 都是奇数,因此 $n_2 - n_1$ 是偶数,可以写成 $2(N-1)$。上述表达式显然与多光束干涉的表达式类似,可以得到其光强的时域分布为

$$I(t) = \varepsilon_0 \mid E(t) \mid^2 = \varepsilon_0 \mid Ee^{in_1\omega_0t+i\varphi}(1 - e^{i2N\omega_0t})/(1 - e^{i2\omega_0t}) \mid^2 =$$

$$I_0 \frac{\sin^2(N\omega_0t)}{\sin^2(\omega_0t)} \qquad\qquad (2-3)$$

根据该光强表达式,就可以采用类似多光束干涉的结论。它可以得到一束阿秒脉冲链,每个阿秒脉冲的中心位置都位于

$$\sin(\omega_0t) = 0$$

间隔为半个激光周期即 $T_L/2(T_L = 2\pi/\omega_0)$,其峰值强度为 I_0N^2。其中每个阿秒脉冲的全宽 $\Delta\tau$ 可以通过下式得到,即

$$\sin^2(N\omega_0t) = 0$$

简单计算得到 $\Delta\tau = \dfrac{T_L}{N}$ 反比于 N, N 为参与合成的谐波个数。显然, N 越大,产生的阿秒脉冲宽度越短。

上述计算只是证实了多个高次谐波合成确实可以产生阿秒脉冲(链),但是要获得阿秒脉冲,不同谐波级次之间的相位关系也是重要参量,这需要对高次谐波的产生过程进行深入的研究。1995 年, M. Ivanov[3]和 Platonenko、Strelkov[4] 提出用较长的泵浦激光利用气体高次谐波过程对泵浦激光偏振性质的敏感性质来产生亚飞秒辐射。图 2-3 给出了垂直偏振、频率分别为 $\omega \pm \Delta\omega$ 的多周期双色场激光脉冲,利用气体高次谐波对驱动激光脉冲偏振的敏感特性产生的单个亚飞秒/阿秒脉冲[3]。该模拟计算虽然在实验上难以实现,但是证实了高次谐波可以用于产生单个亚飞秒脉冲,具有重要的理论指导意义。图 2-4(a)则显示了垂直偏振双脉冲构成偏振态随时间变化的激光脉冲和图 2-4(b)产生的阿秒脉冲[4],可用多周期激光脉冲产生单个阿秒脉冲。图(a)中 E_x 和 E_y 电场之间有 $\pi/4$ 的相位差,同时由于 E_y 看起来是一个哑铃型,中间没有电场,因此两者合成后的电场,两侧将是圆偏振态,无法产生高次谐波。中间部分由于 E_y 没有电场则是线偏振态,可以产生高次谐波,因此可以产生单个阿秒脉冲。图(b)则是产

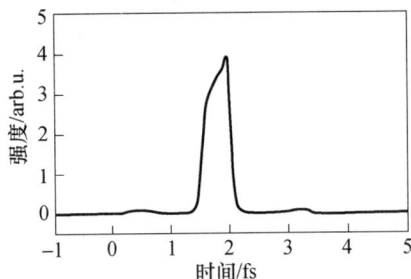

图 2-3　垂直偏振、频率分别为 $\omega \pm \Delta\omega$ 的多周期双色
场激光脉冲,利用气体高次谐波对驱动激光脉冲
偏振的敏感特性产生的单个亚飞秒/阿秒脉冲[3]

生的阿秒脉冲电场强度(绝对值平方),可以看到在 0.5 光周期附近有一个很强的亚飞秒脉冲,而在其他时刻则由于合成的电场(左图)处于(椭)圆偏振态,高次谐波的产生效率大大降低。1996 年,Antoine 等[5]理论证明了单原子模型的计算可以产生阿秒脉冲。同年,Christov 等[6]利用三维模型证明,脉宽低于 10fs 的激光脉冲可以产生宽带谐波辐射,这些气体高次谐波可以通过宽带 X 射线滤波产生约为 100as 的 X 射线脉冲。

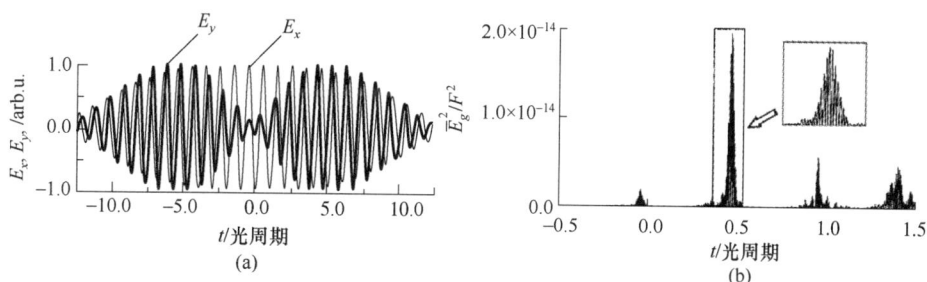

图 2-4　垂直偏振双脉冲构成偏振态随时间变化的激光脉冲(a)和
产生的阿秒脉冲(b)[4],可用多周期激光脉冲产生单个阿秒脉冲

单个阿秒脉冲的产生,目前,比较成熟的做法是采用载波包络相位稳定的,脉冲宽度小于 5fs 的 800nm 周期量级激光脉冲与惰性气体相互作用产生气体高次谐波连续谱,利用金属薄膜对气体高次谐波谱进行色散补偿来压缩脉冲宽度。2001 年,奥地利维也纳技术大学的 F. Krausz 研究组在实验上成功地利用气体高次谐波产生并测量了脉冲宽度为 650as 的单个阿秒脉冲[7]。同年,Paul 等人又利用气体高次谐波产生并测量了脉宽为 250as 的阿秒脉冲链[8]。2004 年,他们产生了 250as 的单个阿秒脉冲[9]。

2006 年,G. Sansone 等采用偏振时间门的方法产生 130as 的单个阿秒脉冲[10]。2008 年,Krausz 研究小组进一步用 3.3fs 驱动激光脉冲产生并测量了脉冲宽度达到 80as 的单个阿秒脉冲[11]。目前获得的最短脉冲是佛罗里达大学物理系的 Zenghu Chang 教授在 2012 年产生的 67as 的脉冲[12]。这些由气体高次谐波产生的阿秒脉冲,其中心频率均在 XUV 波段范围内。

一束高强度飞秒激光脉冲聚焦到原子或分子气体中可以辐射出气体高次谐波,800nm 波长的钛宝石激光脉冲产生的谐波波长可短至几纳米[13,14]。若产生的气体高次谐波光谱相位能够锁定,只要其中的一小段高次谐波光谱就足以支持亚飞秒/阿秒脉冲的产生。因此,气体高次谐波的光谱相位对于亚飞秒/阿秒脉冲的产生起着极为重要的作用,下面介绍一下这方面的理论成果。

从气体高次谐波理论上讲,高次谐波光谱相位是激光强度的线性函数,对于聚焦的激光脉冲来说则为时间和空间的函数,所以要使不同级次谐波间保持相同的相位差是很困难的。早期关于平台区气体高次谐波的叠加产生阿秒脉冲时域强度包络的计算结果表明,平台区 10 个级次谐波的叠加产生每个光周期 4 次的高次谐波辐射,这些辐射则分别对应于长、短量子路径。只有在考虑了宏观传播效应后,其中一种量子路径的贡献才可能被抑制,而这依赖于具体实验参数。例如,当原子介质相对于激光聚焦焦点的位置与高斯光束的瑞利长度相比很小时,计算结果表明,每个基频光周期内可以得到两个脉冲宽度为 120as 的高次谐波辐射,如图 2-5 所示,图中虚线是单原子响应的结算结果,实线是考虑了宏观传播效应后的结果。τ_1 和 τ_2 分别指短、长量子路径产生的气体高次谐波辐射。数值模拟结果表明,考虑了宏观传播效应后,长量子路径对气体高次谐波辐射的贡献被抑制了,每个基频光周期只剩下两个阿秒脉冲。这种宏观相位匹配效应[15]可以理解为基频激光经过焦点时的几何相移(即 Gouy Phase)和随着激光强度分布而变化的电偶极相位之间的相互平衡[16]。Gaarde 和 Schafer[17] 详细讨论了激光脉冲的时间-空间强度分布对实验结果的影响,发现在一定的聚焦条件下相位锁定的脉冲序列可以达到最强。

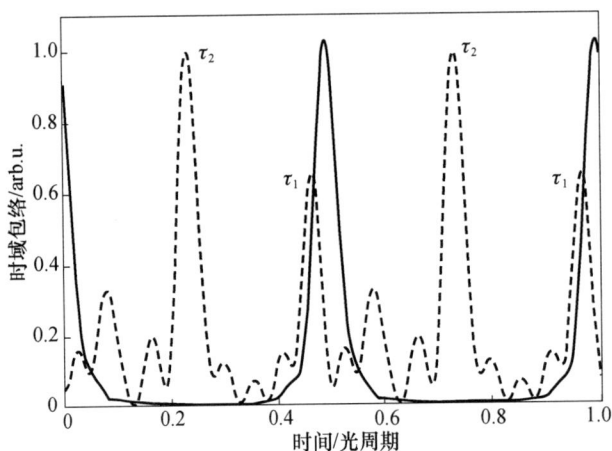

图 2-5　数值模拟得到的 41~61 次谐波叠加产生的高次谐波时域强度包络[15]

　　同时,Gaarde 和 Schafer 指出,必须考虑高次谐波脉冲的时间和空间变化。气体高次谐波的瞬时频率实际上由时域脉冲相位的时间导数决定,对于一个高斯型飞秒激光脉冲,其产生的气体高次谐波时域相位也是高斯型的(正比于飞秒激光脉冲强度)。Gaarde 和 Schafer 的工作预言了气体高次谐波频域非线性啁啾的存在,频域非线性啁啾将会对气体高次谐波的时间包络产生影响(在飞秒甚至阿秒尺度内)[16,18]。

　　从阿秒脉冲产生的角度讲,若存在与谐波级次有关的非线性啁啾,那么,啁啾显然会影响不同级次谐波在时域的干涉,从而导致阿秒脉冲序列的产生。若啁啾本身很小且与谐波级次无关,则啁啾只会引起阿秒脉冲在时间轴上的平移。但是直到 Mairesse 等[19] 的实验工作以后,准经典模型的预言才得到重视:不同动能(谐波级次)的电子路径有不同的返回时间和累计相位,不同谐波级次之间的这种不同步性是气体高次谐波合成阿秒脉冲的基本限制。

I. P. Christov 等人的工作[20]则使阿秒脉冲的产生更加具有可行性,也是目前已有的阿秒脉冲产生实验的理论基础。他们在气体高次谐波的理论研究中发现,当驱动激光的脉冲宽度短于 100fs 甚至更短时,气体高次谐波的时域相干性会有极大的提高。他们的理论分析结果表明,完全可以用一个很短的驱动激光脉冲来直接产生单个阿秒脉冲。如图 2-6 所示,I. P. Christov 等人通过数值求解含时薛定谔方程(TDSE),发现当驱动激光脉冲足够短时,在截止区附近可直接产生单个阿秒脉冲[20]。图 2-6(a)和(d)分别为 10fs 和 5fs 激光脉冲产生的高次谐波,图 2-6(b)和(c)分别为 10fs 激光脉冲产生的高次谐波从不同频率段取出的 XUV 脉冲的时域形状。图 2-6(e)和(f)分别为 5fs 激光脉冲产生的高次谐波从不同频率段取出的 XUV 脉冲的时域形状,图 2-6(f)中产生了单个阿秒脉冲。

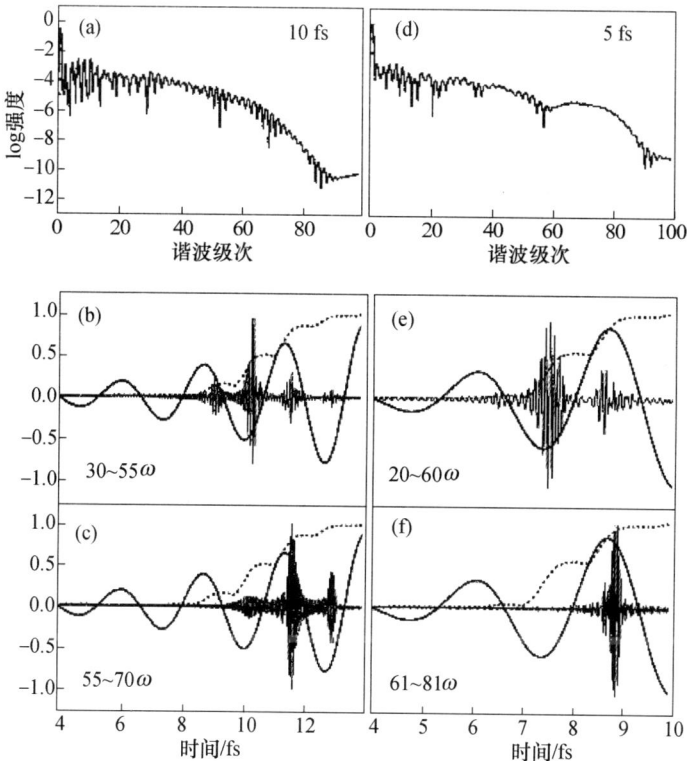

图 2-6　I. P. Christov 等通过数值求解含时薛定谔方程(TDSE),
发现当驱动激光脉冲足够短时,在截止区附近
可直接产生单个阿秒脉冲[20]

2.2 阿秒激光的产生方法

脉冲宽度较长的飞秒激光脉冲(含有多个基频光周期)产生的气体高次谐波光谱一般是一系列间隔为两倍基频光中心频率的分立峰,从这种气体高次谐波光谱中选择出一部分光谱进行逆傅里叶变换到时域产生的则是阿秒脉冲链,即一串的阿秒脉冲,阿秒脉冲之间的时间间隔是半个激光周期。由于阿秒脉冲链中脉冲之间的间隔为半个基频光周期 $T_L/2$(T_L 为基频激光脉冲的振荡周期),要从这一串的阿秒脉冲链中选择出单个的阿秒脉冲显然是非常困难的。但是对于时间分辨的 Pump – probe 过程,如超快电子动力学测量,又必须采用单个阿秒脉冲。因此,研究如何产生单个阿秒脉冲具有十分重要的意义,下面简单介绍目前关于单个阿秒脉冲的产生方法的研究进展。

2.2.1 少周期激光脉冲泵浦激光方案

由于气体高次谐波产生过程对激光脉冲强度的高度非线性依赖关系,理论上指出了少周期激光脉冲驱动的气体高次谐波过程可以产生单个的阿秒 XUV 脉冲辐射[20,21]。气体高次谐波产生的阿秒脉冲个数随着基频光脉冲宽度缩短而剧烈减少的原因可以是多方面的,包括电偶极对激光脉冲强度的高度非线性依赖关系、源于强度相关的相位失配以及介质基态的耗尽等,图 2 – 7 是少周期激光脉冲产生单个阿秒脉冲的原理示意图,图中红色曲线是激光脉冲电场振荡,蓝色曲线则是产生阿秒脉冲(链),从上到下,激光脉冲宽度不断缩短,最上面的图中由于激光脉冲宽度很宽,每半个激光周期产生一个阿秒脉冲,因此产生的是一个阿秒脉冲链;中间的图中,激光脉冲宽度明显缩短,阿秒脉冲个数也大大减少,但是仍然有多个阿秒脉冲产生;最下面的图中,激光脉冲宽度约为 1.5 个光

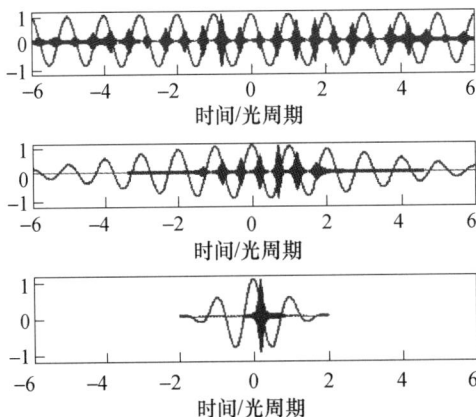

图 2 – 7 少周期激光脉冲产生单个阿秒脉冲的原理示意图

周期,此时,可以产生单个阿秒脉冲。

2001 年,由奥地利维也纳技术大学、加拿大国家研究中心和德国比利斐尔大学的研究人员组成的国际研究小组,在单个阿秒脉冲产生的实验研究上有了突破性的进展[22]。在实验中,他们用一个脉冲宽度只有 7fs 的少周期激光脉冲与氖气相互作用产生高次谐波,然后采用金属膜滤片和 X 射线多层膜反射镜从中滤出 90eV 光子能量附近的谐波谱,直接产生了一个脉冲宽度为 650as 的超短脉冲。实验装置如图 2-8 所示,7fs 的激光脉冲由镀银反射镜聚焦到氖气靶上产生气体高次谐波,Zr 膜将光束中心部分与 XUV 光重合的红外光滤掉。XUV光与红外光被共同聚焦到 Kr 气靶上产生光电离产生电子,由时间飞行谱仪(TOF)测量电子能谱。通过测量电子能谱随 XUV 光与红外光相对延迟的变化,获得阿秒脉冲宽度信息,模拟计算结果表明,产生的阿秒脉冲宽度为 650as±150as。

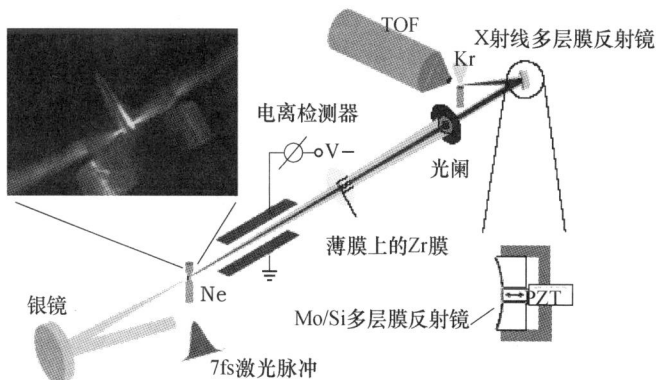

图 2-8　少周期 7fs 泵浦激光脉冲产生 650as 的单个阿秒脉冲实验装置示意图[22]

2004 年,R. Kienberger 等进一步用脉冲宽度 5fs、中心波长 750nm、载波包络相位稳定的少周期激光脉冲聚焦到氖气靶上,通过调节载波包络相位,直接产生了 250as 的单个 XUV 阿秒脉冲[9]。

在少周期激光脉冲驱动产生单个阿秒脉冲的过程中,载波包络相位(CEP)是一个重要的参数。2003 年,Baltuška 等人研究了少周期激光脉冲的载波包络相位对气体高次谐波产生的影响,图 2-9 给出了脉冲宽度 5fs、中心波长 790nm的少周期激光脉冲在不同的载波包络相位情况下所获得的气体高次谐波谱,从图 2-9(a)~(d)可以看到,在载波包络相位稳定的情况下,不同载波包络相位对产生的气体高次谐波光谱的影响。图 2-9(e)则表明,当激光脉冲载波包络相位无法稳定时,气体高次谐波的谱峰分立结构将会被抹平,出现伪"连续谱"的结果。因此,产生的高次谐波 XUV 光谱随着激光脉冲载波包络相位的变化而变化,并且当载波包络相位不锁定时,由于在谐波谱测量积分时间内 CEP 是随机抖动的,各种不同载波包络相位的激光脉冲所产生的气体高次谐波谱叠加的结果就是抹平了谐波谱的分立峰结构,产生一个伪"连续谱"。因此,采用少周期激光脉冲方案产生单个阿秒脉冲,必须有周期量级($\leqslant$7fs)的载波包络相位稳定的驱动激光。目前,用该方法产生的最短脉冲是80as[11],E. Goulielmakis等人采用载波包络相位稳定的3.3fs超短激光脉冲,在80eV光子能量附近获得了28eV带宽的气体高次谐波连续谱,测量获得了80as的单个阿秒脉冲,脉冲能量达到0.5nJ。

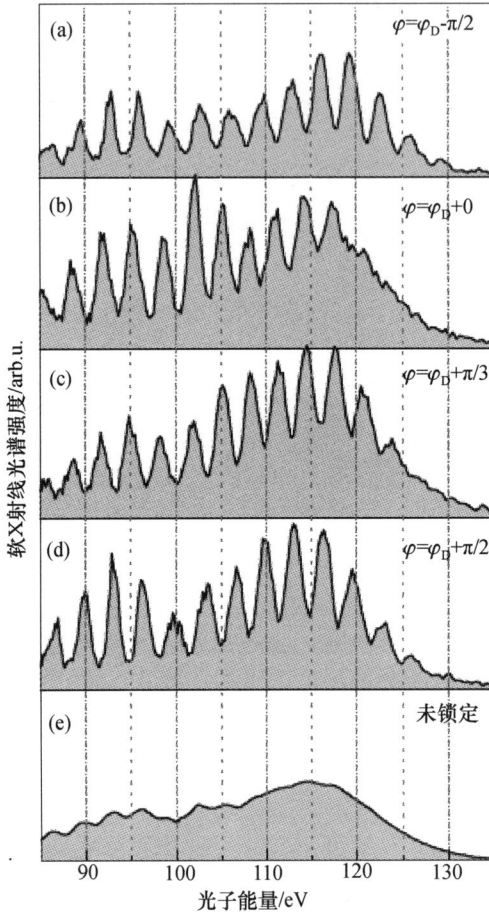

图2-9　脉冲宽度5fs、中心波长790nm的少周期激光脉冲在
不同的载波包络相位情况下获得的气体高次谐波谱[23]

2.2.2　偏振时间门方案

周期量级泵浦激光产生单个阿秒脉冲已经得到了实验证实,但是由于该方

法基于载波包络相位稳定,只包含两三个周期的超短激光脉冲,这样的激光脉冲产生需经过空心毛细管波导进行腔外压缩,通常能量很低,而且需要载波包络相位稳定,其技术难度相当高。这就促使人们探索新的单个阿秒脉冲的产生方法,偏振时间门方案是目前一个已经非常成熟的技术。

研究表明,气体高次谐波的产生效率对于泵浦激光脉冲的偏振性质非常敏感,随着泵浦激光脉冲的偏振性质远离线偏振,产生的气体高次谐波强度会迅速降低。从气体高次谐波产生的"三步"模型来看,这是因为椭圆偏振的泵浦激光脉冲使电子无法再次准确回到母核位置,电子复合回到母核的概率大大降低。这意味着,若泵浦激光的偏振性质能够从圆偏振到线偏振再到圆偏振迅速扫过,泵浦激光脉冲有效的泵浦时间相应地会大大减少,只有线偏振部分能够产生高次谐波辐射。

1995 年,Ivanov 等[3]就提出采用双色场控制电子波包的运动,产生亚飞秒辐射。双色场偏振方向垂直,载波频率则分别为 $\omega_0 - \Delta\omega$ 和 $\omega_0 + \Delta\omega$。他们用这种双色激光电场构建了偏振时间门,使高次谐波辐射只在很短的时间范围内发生,但是这种双色激光电场难以获得。

1999 年,Platonenko 和 Strelkov 等[4]提出了用单一频率的激光脉冲构建偏振时间门[24],使得该方案的可行性大大增加。近年来,许多小组对偏振时间门控制气体高次谐波产生方案进行了详细的研究[10,25-35]。

2003 年,Tcherbakoff 小组[25]和 Kovacev 小组[26]用两个 $\lambda/4$ 波片产生可控制的偏振时间门:第一个多级 $\lambda/4$ 波片产生偏振方向相互垂直、具有一定时间延迟的两束线偏振激光脉冲。通过调节第二个零级 $\lambda/4$ 波片的角度使出射光束的偏振性质随时间而变化。利用这样的方案,Tcherbakoff 等实现了用脉冲宽度为 35fs 的泵浦激光脉冲使高次谐波辐射局限在 7fs 的时间范围内。图 2-10 是用双石英波片产生偏振含时变化的激光脉冲的示意图,第一个波片为多阶 $\lambda/4$ 波片(光轴与激光偏振方向夹角为 α),对于两个偏振方向上的电场引入的延迟约等于激光脉冲宽度(准确值是整数再加上 1/4 个光周期),第二个波片为零阶 $\lambda/4$ 波片,与初始激光脉冲偏振方向的夹角为 β,这样就使两个偏振方向上的电场分别变为左旋和右旋圆偏振光,这样两个偏振方向上的脉冲电场在中间重合位置就是线偏振光(因为两个 $\lambda/4$ 波片刚好近似相当于 $\lambda/2$ 波片)。图 2-11 给出了这种光路结构产生的偏振时间门的脉冲特性。图 2-11(a)中,曲线 1 为最终获得的激光脉冲包络;曲线 2 为激光脉冲椭偏度变化,0 表示线偏振,1 表示圆偏振;曲线 3,当 $\beta = 0$ 时偏振门形状(产生高次谐波的有效脉冲)。图 2-11(b)中,β 角对偏振时间门的控制效果。曲线 1 为偏振门时域半高全宽;曲线 2 为合成的激光脉冲电场强度矢量扫过的角度。图 2-12 则是偏振时间门方案产生的气体高次谐波光谱的实验结果与模拟结果的比较[35]。偏振调制的泵浦激光脉冲($\tau = 5fs$,$\delta = 6.2fs$,$\beta = 0°$)与 Ar 气相互作用得到的气体高次谐波光谱,图中红线和黑线为载波包络相位(CEP)相差 $\pi/2$ 的结果,表明在特定载波包络相位下5fs激光脉冲可以用偏振时间门方案产生高次谐波连续谱。图2-12(a)为模拟计算的高次谐波光谱,小图为谐波脉冲的时域强度包络;图2-12(b)为实验测量的高次谐波光谱。

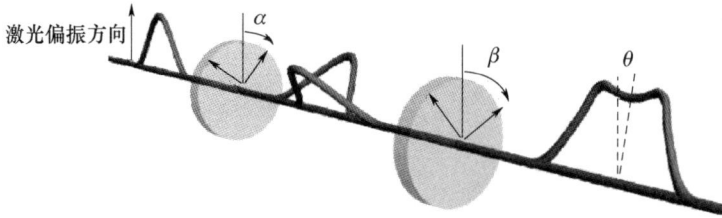

图2-10　双 $\lambda/4$ 波片用于控制驱动激光脉冲的偏振含时变化[27]

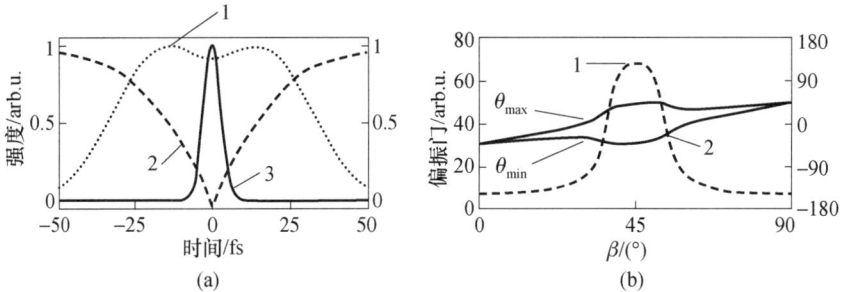

(a)　　　　　　　　　　(b)

图2-11　图2-10中的偏振时间门产生方案分析[27]

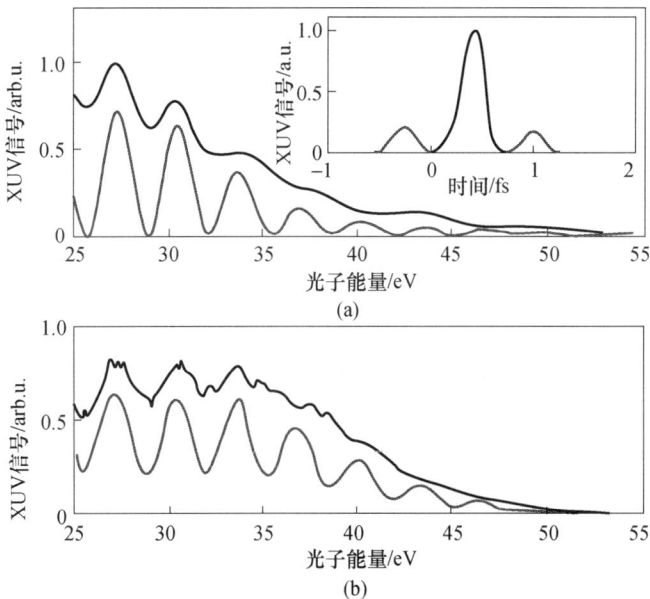

(a)

(b)

图2-12　气体高次谐波光谱的实验结果(a)与模拟结果(b)的比较[35]

2006 年,偏振时间门方案在产生单个的阿秒脉冲上获得了重大突破,Sansone 等[10]利用载波相位稳定的 5fs 激光脉冲和偏振时间门方案在实验上产生了 130as 的单个阿秒脉冲(图 2 – 13)。图 2 – 13(a)是时间飞行谱仪测量的电子能谱随 XUV 光与红外激光脉冲相对延迟变化,可用于获得 XUV 光谱相位和重构阿秒脉冲时域形状,图 2 – 13(b)为通过实验数据重构得到的阿秒脉冲时域包络图,黑色实线为阿秒脉冲包络,半高全宽为 130as,红色虚线为相位分布。

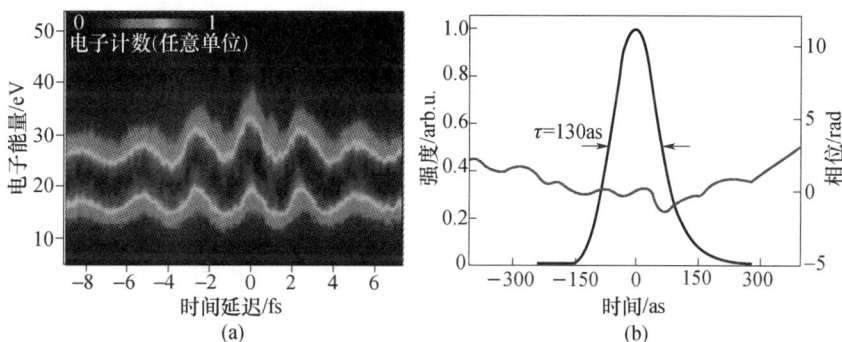

图 2 – 13 载波包络相位稳定的激光脉冲利用偏振时间门方案产生
的单个单周期、脉宽为 130as 的阿秒脉冲[10]

利用偏振时间门方案获得的有效脉冲宽度可以用以下方法估计。首先把两个垂直偏振方向上的激光电场写成

$$E_i(t) = E_{0i}(t)\sin\phi_i(t), i = x, y$$

式中:$E_{0i}(t)$ 和 $\phi_i(t)$ 分别为电场包络和相位,可以得到合成脉冲电场的椭偏度变化为[36]

$$\varepsilon = \tan\left[\frac{1}{2}\arcsin\left[\frac{2E_{0x}E_{0y}\sin(\phi_y - \phi_x)}{E_{0x}^2 + E_{0y}^2}\right]\right] \qquad (2-4)$$

假设两个相对延迟为 T_d 的左右旋圆偏振光可以分别写成[37]

$$E_1(t) = E_0 e^{-a(t+T_d/2)^2}[\cos(\omega_0 t + \phi)\boldsymbol{x} - \sin(\omega_0 t + \phi)\boldsymbol{y}] \qquad (2-5a)$$

$$E_r(t) = E_0 e^{-a(t-T_d/2)^2}[\cos(\omega_0 t + \phi)\boldsymbol{x} + \sin(\omega_0 t + \phi)\boldsymbol{y}] \qquad (2-5b)$$

式中:$a = 2\ln2/\tau_p^2$;$\boldsymbol{x}$ 和 $\boldsymbol{y}$ 则分别表示两个偏振方向,则在 x、y 方向上的电场可分别写成

$$E_x(t) = E_0[e^{-a(t-T_d/2)^2} + e^{-a(t+T_d/2)^2}]\sin(\omega_0 t + \phi + \pi/2) \qquad (2-6a)$$

$$E_y(t) = E_0[e^{-a(t-T_d/2)^2} - e^{-a(t+T_d/2)^2}]\sin(\omega_0 t + \phi) \qquad (2-6b)$$

代入式(2 – 4),在设定一个气体高次谐波产生的阈值椭偏度 ε_{th} 后,偏振时间门的有效脉冲宽度可以写成(设 $t \approx 0, T_d \approx \tau_p$)[29,38]

$$\Delta \approx \frac{\varepsilon_{th}\tau_p}{\ln2} \qquad (2-7)$$

式中：τ_p 为原始激光脉冲的最短脉宽(无啁啾)。

偏振时间门方案除了可以产生单个阿秒脉冲外,还可以产生可控制的双阿秒脉冲[36],产生的双阿秒脉冲之间的相对延迟可以在很长的时间范围内精确控制,这对于 XUV pump/XUV probe 的超快动力学研究具有一定的实用价值。图 2 - 14(a)为 800nm 的激光脉冲产生的,图 2 - 14(b)为 2μm 波长激光脉冲产生的。两图横轴为产生的阿秒脉冲(链)时域电场包络,纵轴为双激光脉冲之间的相对延迟,通过精确控制这个相对延迟,可以调节双阿秒脉冲(链)之间的相对延迟)。

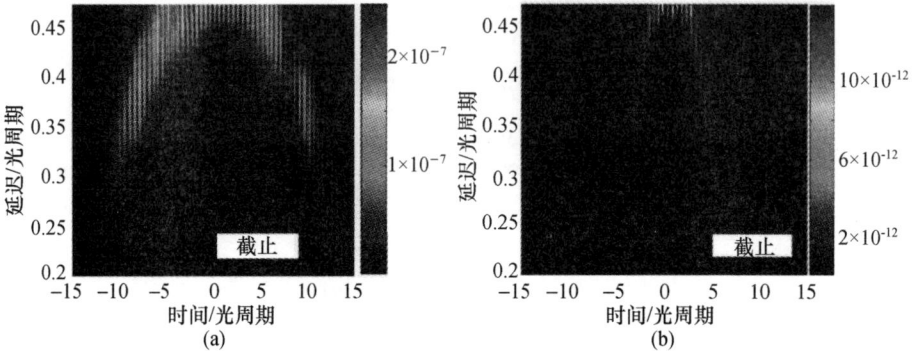

图 2 - 14　偏振时间门方案产生的双阿秒脉冲(链)[36]

偏振时间门方案还可以拓展到双色场偏振时间门方案。如果采用双色场(基频光与其倍频光)组合光束作为高次谐波过程的泵浦激光,两束激光的振幅为 E_0,脉冲宽度为 τ_p,载波相位为 ϕ,它们的载频分别为 ω_0 和 $2\omega_0$,两束激光之间的时间延迟为 T_d。在 z 方向传播的两束圆偏振激光可以表示为

$$E_1(t) = \mathrm{Re}\{E_0 e^{-2\ln(2)((t-T_d/2)/\tau_p)^2}[\boldsymbol{x}e^{i(\omega_0 t+\Phi)} + \boldsymbol{y}e^{i(\omega_0 t+\Phi-\pi/2)}]\} \quad (2-8)$$

$$E_r(t) = \mathrm{Re}\{E_0 e^{-2\ln(2)((t+T_d/2)/\tau_p)^2}[\boldsymbol{x}e^{i(2\omega_0 t+\Phi)} - \boldsymbol{y}e^{i(2\omega_0 t+\Phi-\pi/2)}]\} \quad (2-9)$$

式中：$\boldsymbol{x}$ 和 $\boldsymbol{y}$ 分别表示 x 和 y 方向的单位矢量。合成后的激光脉冲电场可以表示为

$$E(t) = \mathrm{Re}\left\{ \begin{matrix} \boldsymbol{x}[e^{-2\ln(2)((t-T_d/2)/\tau_p)^2}e^{i(\omega_0 t+\Phi)} + e^{-2\ln(2)((t+T_d/2)/\tau_p)^2}e^{i(2\omega_0 t+\Phi)}] + \\ \boldsymbol{y}[e^{-2\ln(2)((t-T_d/2)/\tau_p)^2}e^{i(\omega_0 t+\Phi-\pi/2)} - e^{-2\ln(2)((t+T_d/2)/\tau_p)^2}e^{i(2\omega_0 t+\Phi-\pi/2)}] \end{matrix} \right\}$$

$$(2-10)$$

由 Lewenstein 模型计算合成激光场在 $\boldsymbol{x}$ 方向的偶极矩 $x(t)$ 可由下面的积分式表示,即

$$x(t) = i\int_0^\infty d\tau \left(\frac{\pi}{\varepsilon + i\tau/2}\right)^{3/2} d_x^*[\boldsymbol{p}_s(t,\tau) - \boldsymbol{A}(t)]e^{-iS(p_s,t,\tau)}$$
$$\{E_x(t-\tau) \cdot d_x[\boldsymbol{p}_s(t,\tau) - \boldsymbol{A}(t-\tau)] + E_y(t-\tau) \cdot$$
$$d_y[\boldsymbol{p}_s(t,\tau) - \boldsymbol{A}(t-\tau)]\} \cdot |a(t)|^2 + \mathrm{c.c.} \quad (2-11)$$

同理,合成激光场在 y 方向的偶极矩 $y(t)$ 可以表示为

$$y(t) = \mathrm{i} \int_0^\infty \mathrm{d}\tau \left(\frac{\pi}{\varepsilon + \mathrm{i}\tau/2} \right)^{3/2} \boldsymbol{d}_y^* [\boldsymbol{p}_s(t,\tau) - \boldsymbol{A}(t)] e^{-\mathrm{i}S(\boldsymbol{p}_s,t,\tau)}$$

$$\{E_x(t-\tau) \cdot d_x[\boldsymbol{p}_s(t,\tau) - \boldsymbol{A}(t-\tau)] + E_x(t-\tau) \cdot$$

$$d_x[\boldsymbol{p}_s(t,\tau) - \boldsymbol{A}(t-\tau)]\} \cdot |a(t)|^2 + \text{c. c.} \qquad (2-12)$$

其中

$$d_x^*(\boldsymbol{p}_s(t,\tau) - \boldsymbol{A}(t)) = -\mathrm{i} \frac{2^{7/2}}{\pi} \alpha^{5/4} \times$$

$$\frac{p_{s,x}(t,\tau) - A_x(t)}{\{[p_{s,x}(t,\tau) - A_x(t)]^2 + [p_{s,y}(t,\tau) - A_y(t)]^2 + \alpha\}^3} \qquad (2-13)$$

$$d_y^*(\boldsymbol{p}_s(t,\tau) - \boldsymbol{A}(t)) = -\mathrm{i} \frac{2^{7/2}}{\pi} \alpha^{5/4} \times$$

$$\frac{p_{s,y}(t,\tau) - A_y(t)}{\{[p_{s,x}(t,\tau) - A_x(t)]^2 + [p_{s,y}(t,\tau) - A_y(t)]^2 + \alpha\}^3} \qquad (2-14)$$

式中: $d_x(\boldsymbol{p}_s(t,\tau) - \boldsymbol{A}(t-\tau))$ 和 $d_y(\boldsymbol{p}_s(t,\tau) - \boldsymbol{A}(t-\tau))$ 的表达式与先前的线偏振光的表达式相似,只是将矢势的位置移到 $t-\tau$。其中的动量可以表示为

$$p_{s,x}(t,\tau) = \frac{1}{\tau} \int_{t-\tau}^t \mathrm{d}t'' A_x(t'') \qquad (2-15)$$

和

$$p_{s,y}(t,\tau) = \frac{1}{\tau} \int_{t-\tau}^t \mathrm{d}t'' A_y(t'') \qquad (2-16)$$

最后, S 的作用可以表示为

$$S(\boldsymbol{p}_s,t,\tau) = I_\mathrm{p}\tau - \frac{1}{2}[p_{s,x}^2(t,\tau) + p_{s,x}^2(t,\tau)]\tau + \frac{1}{2} \int_{t-\tau}^t \mathrm{d}t''[A_x^2(t'') + A_y^2(t'')]$$

$$(2-17)$$

并且,这里将合成脉冲电场的椭偏度表示为

$$\xi_x(t) = |E_y| / |E_x| \qquad (2-18)$$

图 2 - 15 中,实线给出的是计算得到的当 $T_\mathrm{d} = \tau_\mathrm{p} = 20\mathrm{fs}$ 时双色场合成光束在 x 方向的偏振曲线,虚线给出的是单色场合成光束在 x 方向的偏振曲线,单色场合成光束除两束激光的频率相同以外,其他参数均与双色场合成光束时相同。从图中可以看到,实线随着时间的变化而上下振荡,其包络与虚线,即单色场合成光束的计算结果相吻合。单色场合成光束的偏振曲线的性质依赖于两脉冲的宽度及脉冲之间的时间延迟。但是,对于双色场合成光束而言,其偏振性质曲线除了受到两脉冲宽度和脉冲之间时间延迟的影响,还由于两束激光频率的不同而发生很大的改变。从而,我们可以得到一个与单色合成光束相比更短的偏振时间门。双色场时,偏振性质曲线的包络随着时间 $|t|$ 的增大而增大。在时间延迟零值附近,合成光束接近线偏振光,这一部分的光束

对谐波辐射起主要作用。

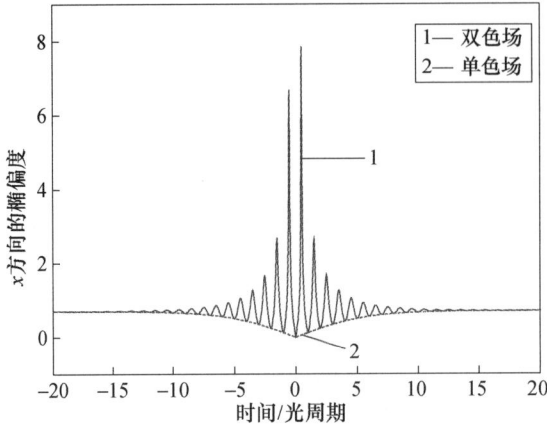

图 2 – 15　合成光束在 x 方向的椭偏度曲线
1—双色场合成脉冲;2—单色场合成脉冲。

下面给出一个具体计算的例子。计算中,令基频光(左旋圆偏振)与其倍频光(右旋圆偏振)的脉冲宽度均为 20fs,激光电场包络均为高斯形。基频光的中心波长为 800nm。基频光与倍频光的峰值强度均为 $4 \times 10^{14} \mathrm{W/cm^2}$。组合光束的线偏振部分,即合成光束的中心的强度为 $5.66 \times 10^{14} \mathrm{W/cm^2}$。数值模拟中气体原子选用电离势为 21.56eV 的 Ne 原子,即

$$E(t) = \hat{\pmb{x}} E_0 \exp\left[-2\ln(2) \left(t/\tau_\mathrm{p} \right)^2 \right] \cos(\omega t) \qquad (2-19)$$

高次谐波产生的计算使用 Lewenstein 模型,将基态波函数和由 ADK 隧道电离公式得到的与时间有关的振幅概率相乘,同时可以将由电离引起的耗尽也考虑进来。

图 2 – 16 给出的是在双色场和单色场合成光束情况下得到的高次谐波光谱。从图中可以看出,与单色场合成光束产生的高次谐波光谱相比,双色场合成光束可以产生更强的谐波光谱,并且同时含有奇次谐波和偶次谐波。图 2 – 16 (a)中曲线 1 为 x 方向的谐波谱,曲线 2 为 y 方向的谐波谱,为了便于比较,图中将 x 和 y 方向的谐波错开,不代表二者实际的强度比例关系。图 2 – 16(b)给出了周期量级激光脉冲产生的谐波谱。由周期量级激光脉冲产生的谐波谱只含有奇次谐波,谐波谱较弱且结构比较复杂。从图 2 – 16 中可以看到,强度相似的合成光束和周期量级激光脉冲产生的高次谐波谱具有不同的截止频率,其中双色场给出了较低的谐波截止位置,为 51 级,而周期量级激光脉冲给出相对较高的谐波谱截止位置,为 111 级。这是由于谐波谱的截止频率反比于激光频率的平方,合成光束中基频光强度的降低及二次谐波的引入导致双色场合成光束产生的谐波谱截止频率的降低。

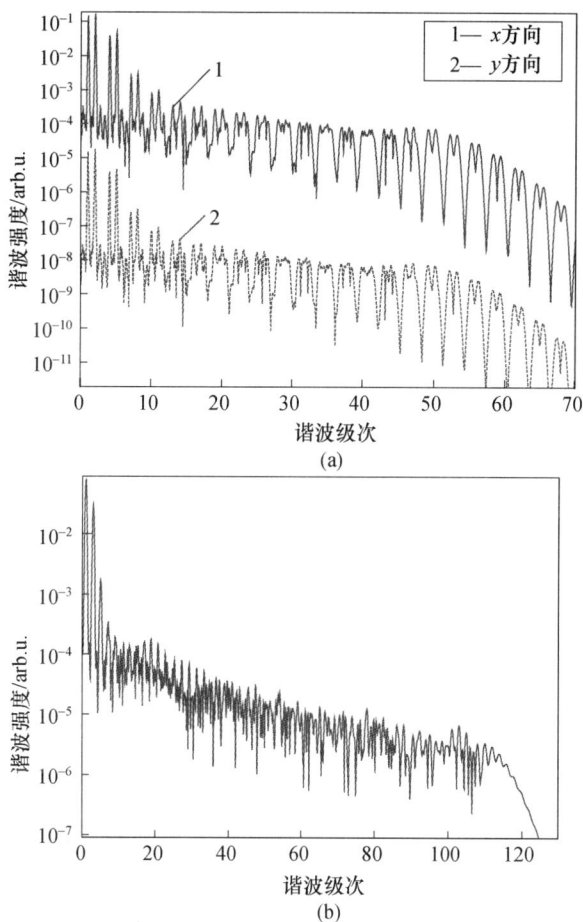

图 2 - 16　双色场合成光脉冲产生的高次谐波谱(a)
与单色场合成光脉冲产生的高次谐波谱(b)

　　用一个高斯光谱窗作用于谐波谱,对经过高斯窗滤波的光谱做逆傅里叶变换就可以得到时域的谐波脉冲,所用的作用于高次谐波谱的高斯窗的半高全宽为 6eV,高斯窗具有一定的宽度以减小高斯窗对谐波谱脉冲宽度的影响。图 2 - 17(a)给出了双色场在中心级次位于 51 次谐波($51\hbar\omega_0$)的(x 方向)的位置产生了单个的脉冲,脉冲宽度为 470as。

　　作为比较,还给出了周期量级激光脉冲在中心级次为 $111\hbar\omega_0$ 的位置产生的单个阿秒脉冲。显然,双色场激光脉冲产生的单个阿秒脉冲(图 2 - 17(a))比周期量级激光脉冲产生的单个阿秒脉冲(图 2 - 17(b))强了许多。图 2 - 18 中实线和虚线分别给出了双色场组合激光脉冲在 x 和 y 方向得到的谐波辐射,中心级次仍位于 51 次谐波($51\hbar\omega_0$)。

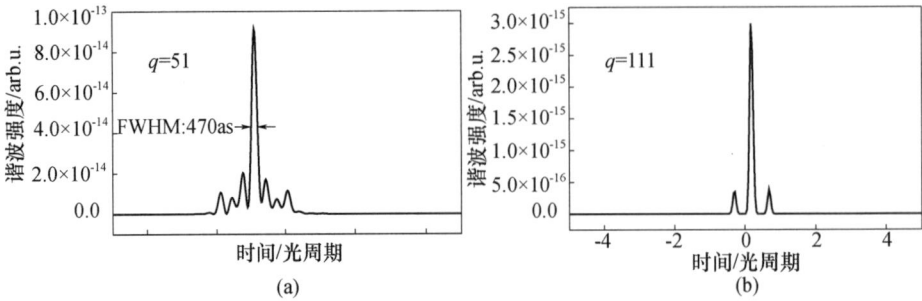

图 2-17　高次谐波脉冲的时域包络
（a）双色场激光脉冲结果；（b）周期量级激光脉冲结果；
（a）、（b）中的脉冲包络分别由中心位于 $51\hbar\omega$ 和 $111\hbar\omega$ 的高次谐波谱得到。

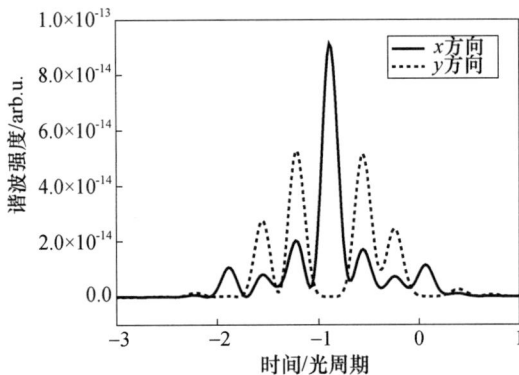

图 2-18　实线和虚线分别表示双色场合成激光脉冲在 x
和 y 方向的谐波辐射，中心级次位于 $51\ \hbar\omega_0$

　　双色场合成光脉冲是由脉冲宽度为20fs、旋转方向相反的基频激光与其倍频光合成的，两束光之间的时间延迟为20fs。虽然双色场合成光束的椭偏度曲线的包络（图 2-15 中曲线1）与单色场合成光束的椭偏度曲线（图 2-15 中曲线2）相似，但是双色场椭偏度曲线包含了周期性的振荡。正是振荡使得双色场情况下的时间门更短，从而使得20fs的泵浦脉冲可以产生单个的阿秒脉冲。

　　谐波辐射，特别是较高级次的谐波辐射，对泵浦激光的偏振性质有着强烈的依赖关系，截止区附近最高级次的谐波光谱只能在泵浦激光的峰值附近产生。虽然有许多短的偏振时间门的出现，却只有脉冲峰值附近的时间门对截止区附近的谐波谱有贡献。这样，对高斯窗从截止区附近滤出的谐波谱进行逆傅里叶变换就得到了单个阿秒脉冲。

　　从图 2-16 中可以看到，虽然谐波光谱受到了调制，位于截止区附近的光谱并没有分裂成一个一个级次的谐波。事实上，每一相对独立的部分都包含了若干个级次的谐波光谱。所以位于截止区附近的光谱包含了部分连续谱。对它们进行适当的滤波,可以将那部分连续谱滤出,从而双色场合成光束偏振时间门产生了单个的阿秒脉冲。

与周期量级激光脉冲的单个阿秒脉冲产生过程相似,双色场合成光脉冲的单个阿秒脉冲产生中,载波包络相位起着重要的作用。当 CEP = 0 时,可以在 x 方向产生单个阿秒脉冲。若将 CEP 的值改变 $\pi/2$,将在 x 方向产生阿秒脉冲序列,而在 y 方向可以产生单个的阿秒脉冲。载波包络相位对单个阿秒脉冲产生调制的周期为 π。在图 2 – 19 中,给出了在不同载波包络相位情况下,双色场合成光脉冲在 x 方向产生的谐波中心级次位于 $51\hbar\omega_0$ 的阿秒脉冲。可以看出,只有当 CEP 为 0 或 π 时,才可以产生单个的阿秒脉冲,故实验中需要载波包络相位稳定的激光脉冲。

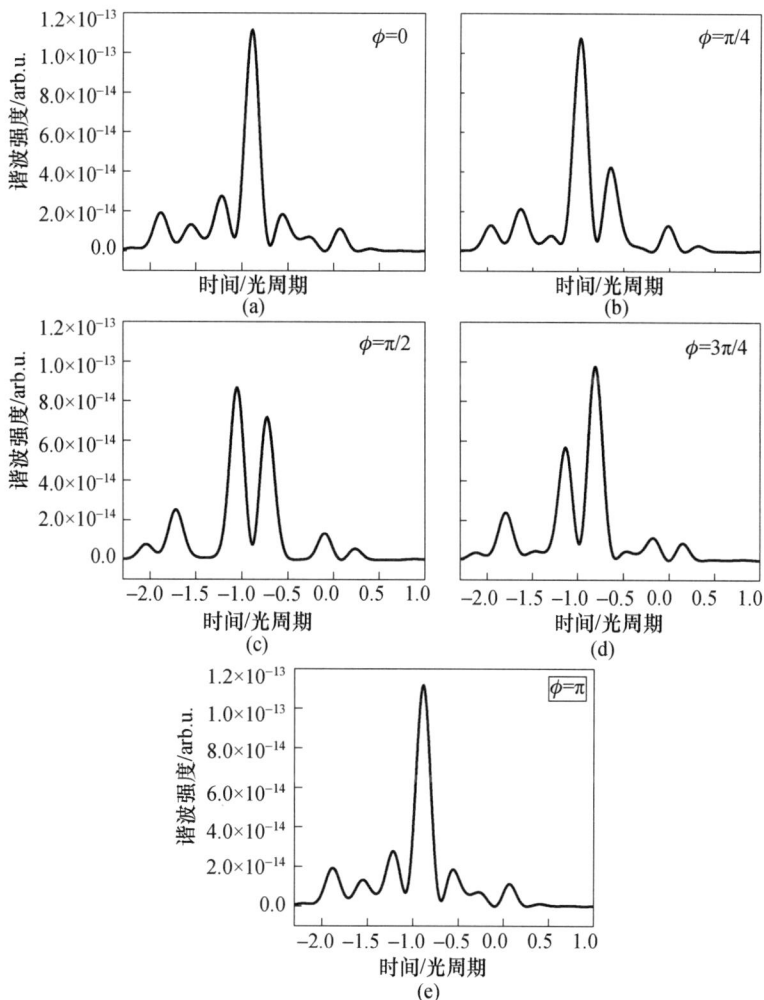

图 2 – 19　不同载波包络相位的双色场合成光脉冲在 x 方向产生的阿秒脉冲
(a)$\phi = 0$;(b)$\phi = \pi/4$;(c)$\phi = \pi/2$;(d)$\phi = 3\pi/4$;(e)$\phi = \pi$。

2.2.3 DOG 和 GDOG

DOG(Double Optical Gating)与 GDOG(General DOG)是美国 Kansas 大学的 Zenghu Chang 教授提出的[38—40]。基于偏振时间门方案,通过附加倍频激光场形成双色场时间门,使较长的多周期飞秒激光脉冲可以用于产生单个阿秒脉冲。图 2-20 比较了单色场时间门和双色场时间门的电场结构,图 2-20(a)是普通的偏振时间门电场形状,上下两个电场偏振方向垂直,Gating Field 通过在 Driving Field 脉冲前后形成圆偏振电场,降低高次谐波辐射,形成时间门;图 2-20(b)是 Zenghu Chang 教授等发展的 Double Optical Gating(DOG)电场结构,通过在驱动脉冲电场偏振方向上引入倍频光(由 Gating Field 产生),形成双色场驱动激光脉冲,从而可以进一步降低单个阿秒脉冲产生对驱动激光脉冲宽度的要求[39]。

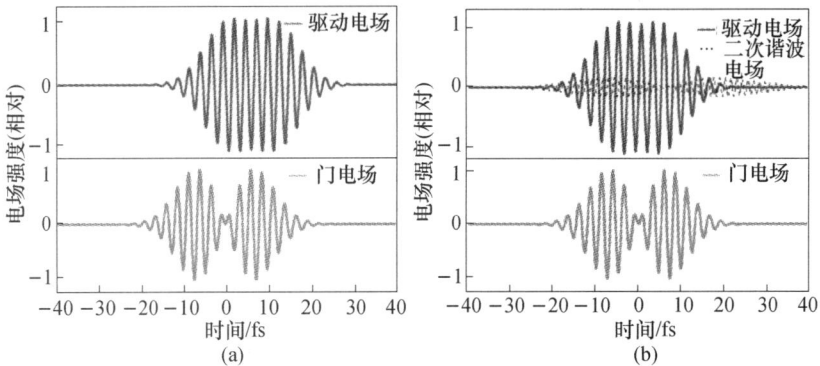

图 2-20 单色场时间门和双色场时间门的电场结构的比较[39]

图 2-21 是不同方案下产生的气体高次谐波连续谱的比较,可以看到 DOG 方案下产生的连续谱非常好。在后续进一步的工作中,该小组进一步将其推广到 GDOG,使产生单阿秒脉冲的驱动激光脉冲最长脉宽可达到 28fs[40]。而且,DOG 方法可以产生可支持一个原子单位时间以下的阿秒脉冲的宽带 XUV 连续谱[41]。

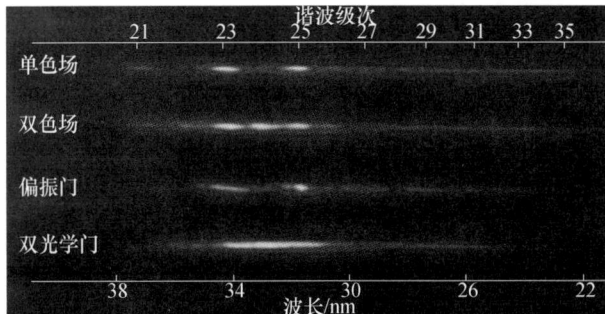

图 2-21 脉冲宽度为 9fs 的驱动激光脉冲在单色场、双色场、偏振时间门和 DOG 方案下产生的连续谱[42],可以看到 DOG 情况下可以产生非常好的连续谱

2.2.4　双色场方案

双色场方案基于气体高次谐波产生对激光电场强度非常敏感的特性,通过精确控制飞秒激光脉冲电场形状来产生单个阿秒脉冲[43-53]。一般情况下,通过在基频激光场上叠加一个倍频激光场,可以使产生阿秒脉冲链中的脉冲个数减少一半,图2-22(a)为单色场产生的阿秒脉冲链,图2-22(b)为基频光与其倍频光合成电场产生的阿秒脉冲链。可以看出,在加上倍频光后,基频光电场振荡的对称性被破坏,致使产生的阿秒脉冲个数减少1/2,由原来的每半个周期产生一个阿秒脉冲变为每个周期产生一个阿秒脉冲。Pfeifer等人在理论上提出了一种产生单个阿秒脉冲的方法,他们通过在多周期的驱动激光脉冲叠加一个弱的、相位锁定的二次谐波,产生了边带很弱、脉宽为550as的单个阿秒脉冲。

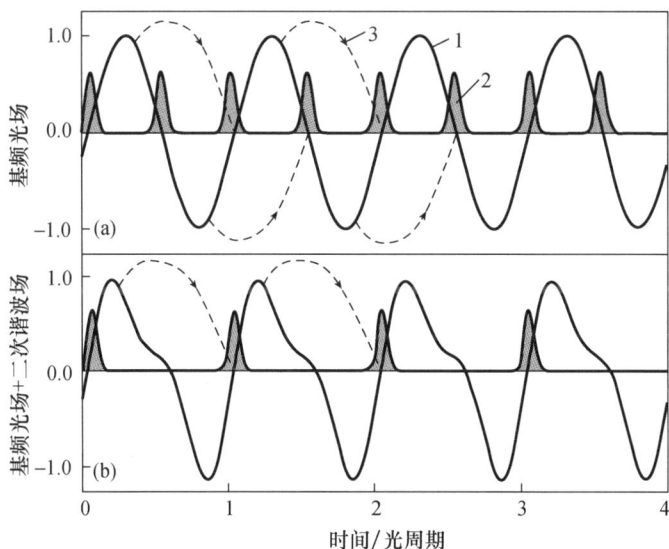

图2-22　双色场控制阿秒脉冲的产生

(1—激光脉冲电场;2—产生的阿秒脉冲;3—表示电子电离与复合过程。

Oishi等人提出了另外一种产生高能极紫外(XUV)连续谱辐射的方法,这种方法采用由亚10fs的基频激光脉冲和偏振方向相同的二次谐波合成的双色场。他们实验上获得了带宽为8nm的气体高次谐波连续谱。

中国科学院上海光学精密机械研究所曾志男等人进一步提出了电场精密控制的双色场相干控制方法,可以获得光谱宽度达到148eV的超宽带XUV光谱[54],这么宽的光谱可以支持产生脉冲宽度小于一个原子单位时间(24.2as)的超短脉冲。图2-23(a)是模拟计算的结果[54],计算中800nm脉冲宽度为6fs,400nm为长脉冲,蓝色点划线是单色800nm基频激光脉冲产生的高次谐波谱,其连续谱宽度只有30eV,红色虚线是叠加了一个400nm倍频激光场后,连续谱宽度拓宽到了75eV。进一步优化双色场的相对延迟,在一个特定延迟下,气体高次谐波连续谱的带宽会从75eV拓宽到148eV(黑色实线)。这么宽的XUV光谱,理论上可以支持产生一个脉冲宽度短到23as的超短脉冲,它比一个原子单位时间(24.2as)还要短。图2-23(b)是实验的结果,蓝色曲线是基频800nm/7fs的激光脉冲产生的,绿色曲线是叠加了400nm/37fs的倍频光产生的,红色曲线则是双色场延迟经过优化后获得的。可以明显看到,优化后高次谐波谱调制度大大降低,谐波产率也明显增加[55]。

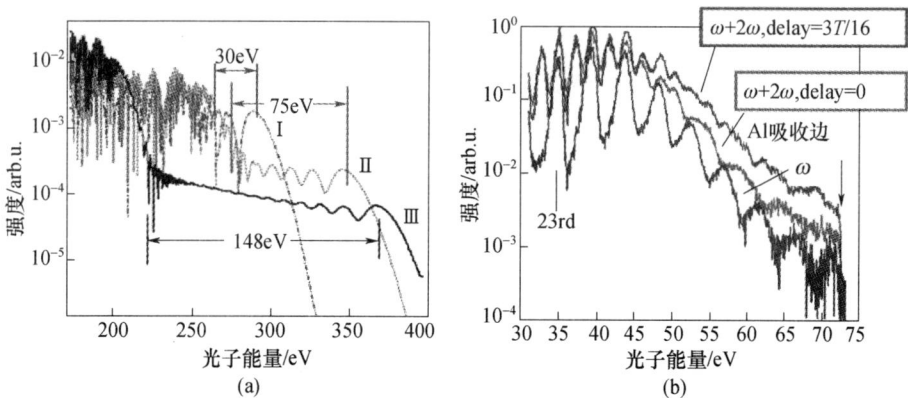

图2-23 电场精密控制的双色场相干控制产生单个阿秒脉冲方法

2.2.5 其他方案

除了上述方法外,还有一些其他方法,如非倍频双色场方法,是双色场方案的进一步发展。采用非倍频双色场[56-59],如800nm和1150nm波长组合(图2-24),可以将产生单阿秒脉冲的驱动激光脉冲宽度扩大到数十飞秒。由于脉冲宽度数十飞秒的激光脉冲可以获得很高的单脉冲能量,因此该方法将可能产生大能量的单个阿秒脉冲。该方法的实验研究目前刚刚开始,主要是它需要通过光学参量放大(OPA)技术将钛宝石激光系统出来的高能量800nm激光脉冲变换到其他波长,而OPA技术近几年才在这方面获得长足进步。随着OPA技术的发展和新波长光源的出现,该方法在产生高能量单个阿秒脉冲方面具有独特的优势。

图2-24(a)为35fs/800nm+46fs/1150nm双色激光脉冲合成场产生的气体高次谐波光谱,纵轴是随双色场之间相对延迟的变化,其激光强度分别为$1.0 \times 10^{14}\text{W/cm}^2$和$1.5 \times 10^{14}\text{W/cm}^2$。图(b)为从图(a)中选取光子能量在153eV以上的高次谐波光谱变换到时域获得的XUV脉冲的时域形状,不同相对延迟下的谐波谱差别很大,当延迟从0变化到0.3fs时,153eV光子能量以上的高次谐波

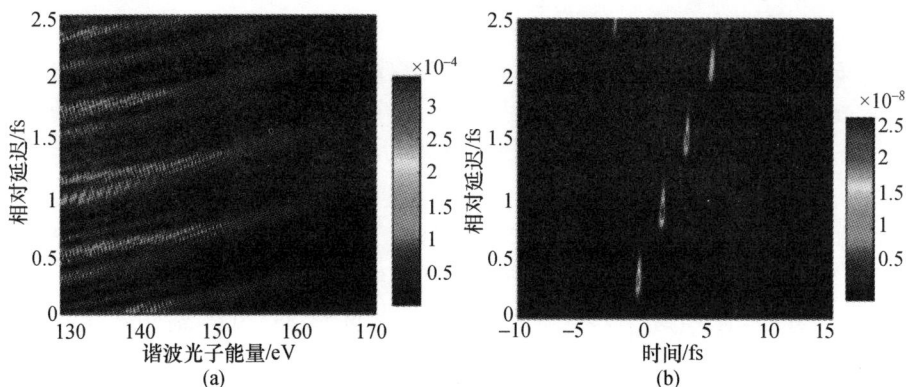

图 2 - 24　非倍频双色场方法产生的高次谐波(a)和
阿秒脉冲(b)随双色场相对延迟的变化

光谱逐渐变强,谐波谱上的调制减少。当相对延迟继续增大时,谐波光谱开始变弱,谐波谱上的强度调制又开始增加。这个现象随双色场相对延迟周期性变化,当选择光子能量在 153eV 以上的高次谐波谱变换到时域,在某些特定延迟下可以出现很好的单阿秒脉冲(图 2 – 24(b))。

单阿秒脉冲的脉冲宽度约为 220as,可以通过改变双色场之间的相对延迟进行控制,上述模拟中其中一个最好的延迟位置为 0.29fs。在此延迟下,图 2 – 25 给出了另外一个激光脉冲波长的影响,图 2 – 25(a)为 800nm 激光脉冲和一个长波长脉冲合成的双色场产生的气体高次谐波谱,固定时间延迟,纵轴是波长在 800 ~ 1600nm 扫描的结果。图 2 – 25(b)为从图(a)选取光子能量在 153eV 以上气体高次谐波光谱变换到时域产生的 XUV 脉冲的时域形状,未进行任何色散补偿,当长波长激光脉冲波长处于 1100 ~ 1200nm 时,可以获得一个很好的单阿秒脉冲。

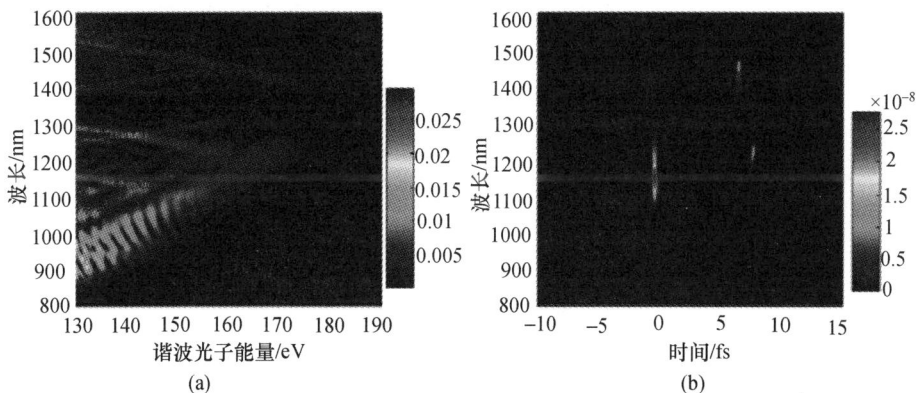

图 2 - 25　非倍频双色场方法产生的高次谐波(a)和
阿秒脉冲(b)随双色场其中一个脉冲的波长的变化

对于多周期激光脉冲,可以比较容易获得很高的单脉冲能量和功率,而激光脉冲波长的转换则可以通过差频和光学参量放大(OPA)技术来实现,因此非倍频双色场可以获得高能量的单阿秒脉冲。此外,非倍频双色场产生单阿秒脉冲还有另外一个优点,就是不需要载波包络相位稳定,这在 Takahashi 等人的实验中已经初步得到验证(图 2-26(a)为实验测量的 Ar 气谐波谱,累计 800 发,其中红色曲线为 800nm 单色场产生,蓝色曲线为 800nm + 1300nm 双色场产生,图 2-26(b)为模拟计算的高次谐波谱,二维插图为改变双色场延迟的结果)[58]。最近,他们进一步采用大能量的激光脉冲(800nm:9mJ,1300nm:2.5mJ)驱动产生了 500as 的单阿秒脉冲,脉冲能量达到 1.3 μJ(图 2-27 和图 2-28)[60]。图 2-27 是实验测量的 Xe 气中产生的单发高次谐波谱,图中蓝色曲线为 11mJ/800nm 单色激光场产生,红色曲线为 9mJ/800nm + 2.5mJ/1300nm 双色场产生,绿色点线为 Sc/Si 多层膜反射镜反射率,黑色点线为 SiC 反射镜反射率。插图分别为(a)测量的截止区高次谐波(19 次谐波附近)强度起伏以及(b)截止区谐波的空间分布。由于该实验中激光脉冲的相位和双色场延迟均不稳定,合成的激光脉冲电场会出现剧烈的变化,无法用常见的激光辅助光电离的互相关方法测量产生的阿秒脉冲宽度,因此他们的实验中采用自相关方法进行测量。图 2-28 是自相关方法测量单阿秒脉冲的自相关迹。其中上图和下图的时间分别为 148as 和 28as,最终测量获得的单阿秒脉冲宽度约为 500as。

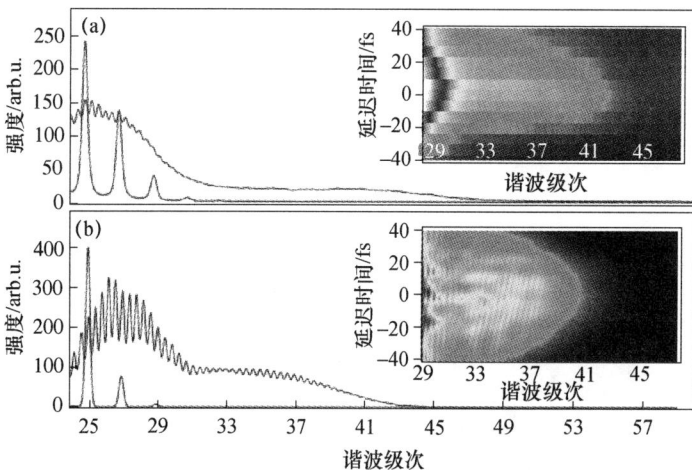

图 2-26 (a)实验测量的 Ar 气谐波谱和(b)模拟计算的
高次谐波谱(二维插图为改变双色场延迟的结果)[58]

针对目前可达到拍瓦(PW)量级的高功率激光,Tzallas 等人则将偏振时间门方案进一步拓展,将其拆分为两个迈克尔逊干涉仪以增加调节的自由度并适合高功率激光,以产生高能量的单个阿秒脉冲[61]。如图 2-29 所示,他们将一

个 50fs 的激光脉冲分成四个脉冲,通过两组迈克尔逊干涉仪后重新合成,可使
最终的有效脉冲宽度达到 5fs。他们用这个脉冲进行了高次谐波产生实验,得到
了类似连续谱的结构,但是实验结果为多发累积,而激光脉冲的载波包络相位并
不稳定。

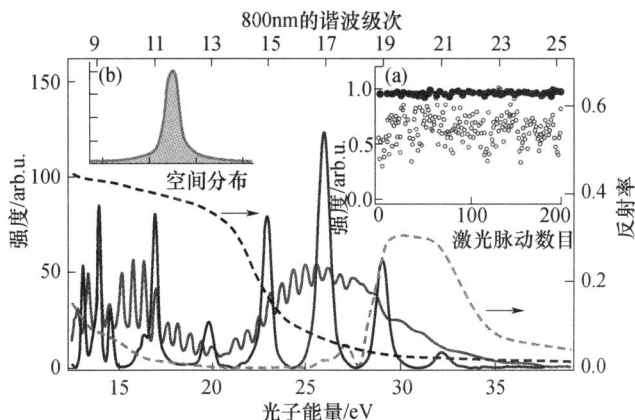

图 2 - 27　实验测量的 Xe 气中产生的单发高次谐波谱[60]

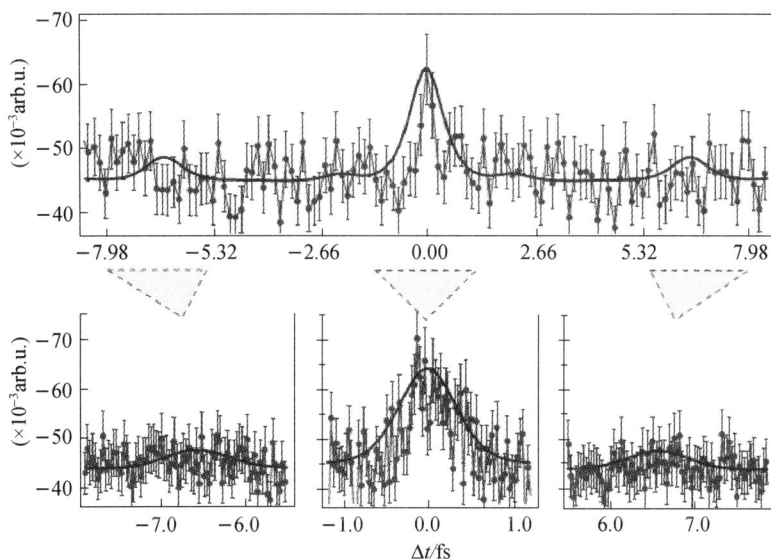

图 2 - 28　自相关方法测量的图 2 - 27 中的单阿秒脉冲的自相关迹[60]

此外,还有过电离机制[62],通过在极短时间内使原子的基态电子耗尽,也可
以采用较长的激光脉冲来产生单阿秒脉冲。电离门技术[63],通过双色场电场控
制,使电离只发生在某个半周期内,抑制其他半周期内的电离过程,从而产生单
个阿秒脉冲。电离门技术不仅可以产生单个阿秒脉冲,还可以产生极短的阿秒

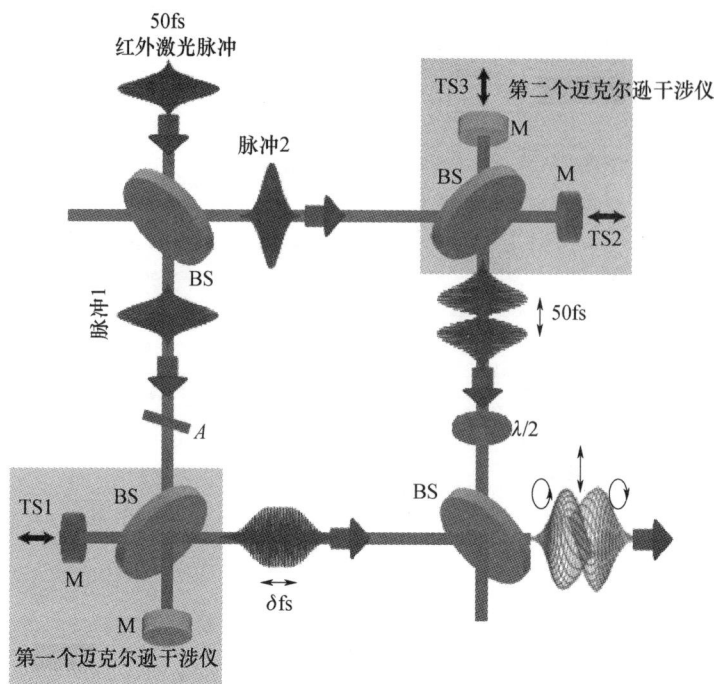

图 2 - 29 Tzallas 等人采用双迈克尔逊干涉仪实现
的偏振时间门方案,称为干涉偏振门[61]

电子脉冲。啁啾脉冲控制[64],通过利用啁啾控制电场形状,使得高次谐波高能端的发射被限制在某半个光周期内,从而产生单个阿秒脉冲。单个阿秒脉冲产生与测量是阿秒物理的基础,研究人员一直在尝试各种方法[65-68]以产生更高强度更短的阿秒脉冲,尤其是利用数十飞秒脉冲宽度的长激光脉冲来产生单个阿秒脉冲。

2.3 阿秒激光的测量原理

从前几节的内容可知,理论和实验研究都已证实了阿秒脉冲链甚至单个阿秒脉冲的产生。在将阿秒脉冲链或者单个阿秒脉冲用于测量超快电子动力学过程之前,首先要对阿秒脉冲链或者单个阿秒脉冲本身的性质做出描述,尤其是脉冲宽度的测量,但是传统用于飞秒脉冲测量的自相关和互相关测量方法不能直接推广到阿秒量级超短脉冲的测量。阿秒脉冲宽度难以测量主要在于两个方面:一是因为脉冲宽度太短,小于电子元件所能达到的最短的响应时间;二是因为阿秒脉冲的光谱通常位于极紫外和软 X 射线波段,通常使用的非线性介质在该波段都具有强烈的吸收,也很难产生非线性效应。因此,探索阿秒脉冲宽度测量方法也是阿秒科学研究中的重要课题,本节内容主要回顾阿秒脉冲测量技术的发展历史及原理。

2.3.1　阿秒脉冲的自相关测量

随着阿秒脉冲的产生,阿秒脉冲的测量技术成为必须解决的问题。1999年,首次出现了阿秒时间尺度测量的自相关方法。自相关测量的传统做法是首先将待测脉冲分束为两个,然后把它们一起照射到对脉冲时域叠加敏感的非线性介质上。但是,不幸的是,除了波长比较长的阿秒脉冲以外,气体高次谐波过程中产生的极紫外(XUV)或软 X 射线辐射强度太低,难以产生可以测量的非线性现象。这样一来,虽然自相关方法在概念上非常简单,很容易理解,但是无法直接应用于 XUV 波段的阿秒脉冲测量。希腊的 Papadogiannis 等人在自相关测量的传统概念上做了个有趣的改变,就是通过劈裂泵浦激光脉冲来代替气体高次谐波脉冲[69]。这个想法源自用于产生气体高次谐波的气体介质也可以作为非线性介质来测量脉冲宽度。在很长(大于 10fs)的自相关迹中,他们观测到了阿秒微结构。然而,这种测量方法虽然在实验上非常简单,但在概念上却是非常复杂的,因为在这个过程中阿秒脉冲的产生和测量是纠缠在一起的,因此其测量结果难以令人信服。

2003 年,P. Tzalas 等人真正通过测量阿秒脉冲序列的二阶自相关信号直接测量了阿秒脉冲链的时域特征[70]。二阶自相关测量的实验装置如图 2 - 30 所示(图中铟(In)膜用于阻挡驱动激光脉冲,使得只有 XUV 光通过。XUV 光通过两个 D 形镜分束并聚焦到氦(He)气喷嘴上产生氦离子(He+),实验中钛宝石激光系统输出的 130fs、790nm 的激光脉冲与氙(Xe)气相互作用产生气体高次谐波脉冲。切为两半的球面镜作为波前分割装置将入射的气体高次谐波脉冲分为两束,用压电陶瓷(PZT)微位移单元控制两束脉冲之间的时间延迟。然后将

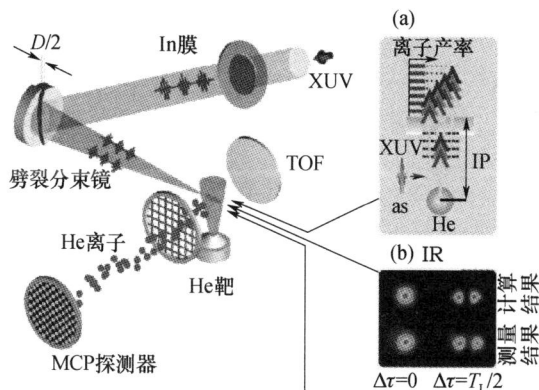

图 2 - 30　二阶 XUV 自相关实验装置示意图[70]

两束气体高次谐波脉冲聚焦到氦(He)气喷嘴上,氦(He)气原子在高次谐波脉冲的作用下发生双光子电离。用飞行时间(TOF)质谱仪探测 He$^+$ 离子产率随两束 XUV 脉冲之间时间延迟的变化,最后测得阿秒脉冲链的平均宽度为780as ± 80as。图 2 – 31 是实验测量的氦离子信号自相关迹,上图为 7 ~ 15 次谐波合成的强度自相关离子信号,时间步长 37as,总的测量延迟约 18fs,下图为部分区域放大,该自相关信号对应的阿秒脉冲宽度为 780as ±80as。

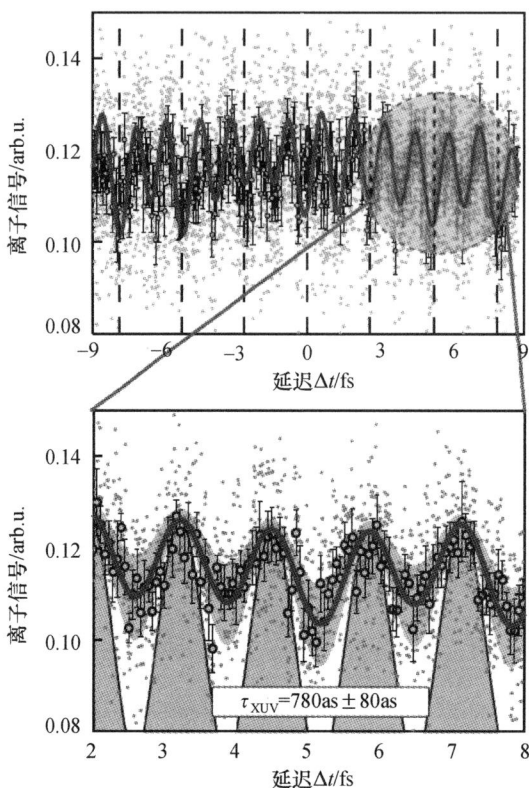

图 2 – 31　自相关方法测量的氦离子信号自相关迹[70]

　　虽然二阶自相关方法直接测量了阿秒脉冲链的平均宽度,但该方法需对待测脉冲的时域形状做一个先验假设。此外,这个方法对气体高次谐波光子能量也有一定的限制,因为必须产生双光子电离现象,因此一般要求气体高次谐波光子能量必须小于原子电离能。实验中得到的脉冲宽度为傅里叶变换极限的 2 倍,说明在氙(Xe)气靶中产生的气体高次谐波的锁相程度较差。阿秒脉冲自相关测量可参考文献[71 - 74]。

　　自相关测量的基本原理是:将一个待测脉冲写成

$$E(t) = \mathrm{Re}\{ \sqrt{I(t)} \exp(- \mathrm{i}\omega_0 t - \mathrm{i}\Phi(t))\} \qquad (2 - 20)$$

或者在频域表达为

$$\tilde{E}(\omega) = \sqrt{S(\omega)} \exp(-\mathrm{i}\Phi(\omega)) \qquad (2-21)$$

式中: $E(t)$ 和 $\tilde{E}(\omega)$ 分别为待测脉冲的时域和频域表达式, 满足傅里叶变换关系; $I(t)$ 和 $S(\omega)$ 分别为时域强度和频域光谱分布; ω_0、$\Phi(t)$ 和 $\Phi(\omega)$ 则分别为脉冲的中心频率、时域相位和频域相位。

通过将待测量脉冲分束后重新合成, 并改变其相对延迟 τ, 测量其在介质中诱导的瞬态非线性效应 $V(\tau)$, 如二阶非线性效应对应的倍频过程, 可以得到类似以下表达式, 即

$$V(\tau) \propto \int_{-\infty}^{+\infty} I(t)I(t-\tau)\mathrm{d}t \qquad (2-22)$$

由于脉冲的强度分布 $I(t)$ 未知, 一般情况下, 需要对待测量脉冲做一个假设, 如假设待测量脉冲为高斯分布脉冲, 即

$$E(t) = E_0 \mathrm{e}^{-2\ln 2 t^2/\tau_p^2} \cos[\omega_0 t + \Phi(t)] \qquad (2-23)$$

式中: τ_p 为待测脉冲的脉冲宽度。

将上述假设的脉冲形式代入 $V(\tau)$ 的表达式, 即

$$V(\tau) \propto I_0^2 \int_{-\infty}^{+\infty} \mathrm{e}^{-2\ln 2 t^2/\tau_p^2 - 2\ln 2(t-\tau)^2/\tau_p^2} \mathrm{d}t =$$

$$I_0^2 \int_{-\infty}^{+\infty} \mathrm{e}^{-\frac{2\ln 2}{\tau_p^2}[2t^2 - 2t\tau + \tau^2]} \mathrm{d}t = \sqrt{\frac{\pi}{4\ln 2}} I_0^2 \tau_p \mathrm{e}^{-\frac{\ln 2}{\tau_p^2}\tau^2} \qquad (2-24)$$

因此, $V(\tau)$ 的分布也是高斯型, 通过改变相对延迟测量 $V(\tau)$ 的分布, 就可以得到待测脉冲的宽度信息。

对于一个多波长的气体高次谐波谱, 其电场分布可以写作

$$E(t) = \mathrm{Re}\left\{ \sum_j A_j(t) \exp[-\mathrm{i}(2j+1)\omega_0 t - \mathrm{i}\Phi_{2j+1}(t)] \right\} \qquad (2-25)$$

式中: ω_0 为驱动激光的中心频率; $A_j(t)$ 为 $2j+1$ 次谐波的电场包络; $\Phi_{2j+1}(t)$ 为其相位分布。

将上述电场分束、延迟然后重新合束后电离介质, 其双光子电离信号(相当于电子吸收 q 个基频光子)可以写成

$$S_q(\tau) \propto \int_{-\infty}^{+\infty} \left| \mathrm{Re}\left\{ \sum_j A_j(t) \mathrm{e}^{-\mathrm{i}(2j+1)\omega_0 t - \mathrm{i}\Phi_{2j+1}(t)} \right\} \mathrm{Re}\left\{ \sum_k A_k(t-\right.\right.$$

$$\left.\left. \tau) \mathrm{e}^{-\mathrm{i}(2k+1)\omega_0(t-\tau) - \mathrm{i}\Phi_{2k+1}(t-\tau)} \right\} \mathrm{e}^{\mathrm{i}q\omega_0 t} \right|^2 \mathrm{d}t \qquad (2-26)$$

简化起见, 我们首先只考虑一个电离峰, 且假设这个电离峰只来自一组谐波级次 (j, k), 然后电离峰随延迟的变化可以写作

$$S_{j+k}(\tau) \propto \int_{-\infty}^{+\infty} \left| A_j(t)A_k(t-\tau) \right|^2 \mathrm{d}t \propto \int_{-\infty}^{+\infty} I_j(t)I_k(t-\tau)\mathrm{d}t \qquad (2-27)$$

可见, 这个表达式与上述倍频过程得到的表达式类似, 只是它可能分别来自两个不同谐波级次的强度分布。

对于多个谐波级次同时参与作用的情况下,可以同时考虑所有双光子电离过程,即

$$\sum_q S_q(\tau) \propto \int_{-\infty}^{+\infty} \left| \sum_{j=n_1}^{n_2} A_j(t) e^{-i\Phi_{2j+1}(t)} \sum_{k=n_1}^{n_2} A_k(t-\tau) e^{i(2k+1)\omega_0\tau - i\Phi_{2k+1}(t-\tau)} \right|^2 dt$$

$$(2-28)$$

为了简化分析,式(2-28)忽略了不同光子能量的高次谐波对介质电离的差别。假设每个谐波级次均为窄带光谱,式(2-28)最终可以简写成

$$\sum_q S_q(\tau) \propto \sum_{k_1,k_2=n_1}^{n_2} S_{k_1,k_2}(\tau) e^{i(2k_1-2k_2)\omega_0\tau} \qquad (2-29)$$

其中

$$S_{k_1,k_2}(\tau) = \int_{-\infty}^{+\infty} \left| \sum_{j=n_1}^{n_2} A_j(t) e^{-i\Phi_{2j+1}(t)} \right|^2 A_{k_1}(t-\tau) A_{k_2}^*(t-\tau) e^{-i\Phi_{2k_1+1}(t-\tau) + i\Phi_{2k_2+1}(t-\tau)} dt$$

$$(2-30)$$

通过将 $\sum_q S_q(\tau)$ 傅里叶变换到频域,可以提取出每一项 $S_{k_1,k_2}(\tau)$ 的信息,通过对这些信息的分析,在一定的近似假设下,可以得到不同谐波级次的相位差。结合测量得到的相位差,以及每个谐波级次的光谱强度,就可以通过逆傅里叶变换得到气体高次谐波的时域脉冲宽度。

2.3.2 阿秒脉冲的互相关测量

由于阿秒脉冲能量和功率一般都比较低,难以产生非线性效应,同时一般阿秒脉冲的光子能量都比介质的电离能高,导致自相关测量方法在实际应用中受到限制,目前大部分的阿秒脉冲测量一般都采用互相关测量的方法。

互相关测量的基本原理是:弱的待测阿秒脉冲和强的红外激光脉冲(一般就是用于产生阿秒脉冲的激光脉冲)共同与介质相互作用,通过改变两者之间的一些参数测量某个物理量的变化,然后通过数据分析获得阿秒脉冲的时间宽度信息。

首先,我们来看一下阿秒脉冲互相关测量的量子理论分析[75]。三维薛定谔方程可以写作(原子单位制)

$$i\frac{\partial}{\partial t}\Psi(\mathbf{r},t) = \left[-\frac{1}{2}\nabla^2 - \frac{1}{r} - \mathbf{r} \cdot \mathbf{E}(t) \right] \Psi(\mathbf{r},t) \qquad (2-31)$$

式中:$\mathbf{E}(t)$ 包括了阿秒脉冲和辅助红外激光脉冲,$\mathbf{E}(t) = \mathbf{E}_x(t) + \mathbf{E}_L(t)$,$\mathbf{E}_x(t)$ 为阿秒脉冲,$\mathbf{E}_L(t)$ 为激光脉冲。

在强场近似(SFA)下,可以将体系电子波函数展开写成如下表达式(只考虑单电子电离),即

$$\Psi = |0\rangle e^{iI_p t} + \int d^3 p\, b(\mathbf{p},t) |\mathbf{p}\rangle \qquad (2-32)$$

式中:|0⟩为基态波函数;|**p**⟩为电子动量是 **p** 的连续态波函数,在平面波近似下可以写作|**p**⟩＝e^{i**p·r**}。将式(2－32)代入薛定谔方程并经过一系列推导后就可以得到连续态电子波函数的表达式为

$$b(\boldsymbol{p}) = i \int_{-\infty}^{+\infty} \boldsymbol{E}(t') \cdot \boldsymbol{d}[\boldsymbol{p} - \boldsymbol{A}(t')] \exp\left[-i \int_{t'}^{\infty} \frac{1}{2}[\boldsymbol{p} - \boldsymbol{A}(t'')]^2 dt'' + iI_p t'\right] dt'$$

$$(2-33)$$

式中:偶极跃迁矩阵元写做 $\boldsymbol{d}(\boldsymbol{p}) = \langle \boldsymbol{p}|r|0\rangle$。这样就可以得到阿秒互相关测量中阿秒脉冲与激光脉冲共同电离原子得到的电子能谱表达式 $|b(\boldsymbol{p})|^2$。对于上述电子能谱表达式的进一步分析可以采用两种方法,一是采用傅里叶—贝塞尔函数展开,即

$$|b(\boldsymbol{p})|^2 = \left| \sum_{n=-\infty}^{+\infty} i^n J_n(a,b) F_n(p) \right|^2 \qquad (2-34)$$

其中

$$F_n(p) = \int_{-\infty}^{+\infty} \boldsymbol{d} \cdot \boldsymbol{E}_x(t - t_r) e^{i[p^2/2 + I_p + U_p(t_d) + n\omega_L]t} dt \qquad (2-35a)$$

$$a = \boldsymbol{p} \cdot \boldsymbol{E}_L(t_d) / \omega_L^2 \qquad (2-35b)$$

$$b = E_L^2(t_d) / (8\omega_L^3) \qquad (2-35c)$$

$$J_n(a,b) = [\operatorname{sgn}(-a)]^n \sum_{l=-\infty}^{+\infty} J_{n+2l}(|a|) J_{-l}(b) \qquad (2-35d)$$

这种展开方法的成立条件是阿秒脉冲宽度小于激光脉冲的光周期。另一种更为简单的处理方法是采用鞍点近似展开积分的方法,即

$$|b(\boldsymbol{p})|^2 \approx \left| \sum_{t_s} \sqrt{\frac{\pi}{2i\ddot{S}(t_s)}} E_x(t_s - t_d) \cdot \boldsymbol{d}(\boldsymbol{p} - \boldsymbol{A}(t_s)) e^{-iS(t_s)} \right|^2$$

$$(2-36)$$

$$S(t_s) = \frac{1}{2} \int_{t_s}^{\infty} [\boldsymbol{p} - \boldsymbol{A}(t'')]^2 dt'' + (\omega_x - I_p) t_s \qquad (2-37)$$

$$\ddot{S}(t_s) = -E(t_s)[p\cos\theta - A(t_s)] \qquad (2-38)$$

式中:t_d 为阿秒脉冲相对于激光脉冲的延迟;θ 为电子动量方向与激光脉冲偏振方向的夹角。

另外,阿秒互相关测量中有一个重要的概念,就是阿秒条纹谱或者动量条纹谱(Momentum Streaking),它把阿秒时间尺度的变化转化到电子的动量变化上,类似于条纹相机(Streaking Camera)。对于一个用 $\boldsymbol{E}(t)$ 描述的激光脉冲,其矢势 $\boldsymbol{A}(t)$ 可以写成

$$\boldsymbol{A}(t) = -\int_{-\infty}^{t} \boldsymbol{E}(t) dt \qquad (2-39)$$

对于一个在 t_0 时刻电离的电子,其在激光场中的动量变化可以写成

$$\frac{d\boldsymbol{p}}{dt} = e\boldsymbol{E}(t) \tag{2-40}$$

积分后可得到 t 时刻的电子动量为

$$\boldsymbol{p}(t) - \boldsymbol{p}(t_0) = \int_{t_0}^{t} e\boldsymbol{E}(t)\,dt = -\int_{t_0}^{t} \boldsymbol{E}(t)\,dt = \boldsymbol{A}(t) - \boldsymbol{A}(t_0) \tag{2-41}$$

$$\boldsymbol{p}(t) = \boldsymbol{A}(t) - \boldsymbol{A}(t_0) + \boldsymbol{p}(t_0) = \Delta\boldsymbol{p}(t,t_0) + \boldsymbol{p}(t_0) \tag{2-42}$$

当激光脉冲结束时，$\boldsymbol{A}(\infty)=0$，$\Delta\boldsymbol{p}(\infty,t_0) = -\boldsymbol{A}(t_0)$。

所以，一个中心频率为 ω_{XUV} 的 XUV 脉冲与原子相互作用，其在 t_0 时刻电离原子产生电子的动量分布在半径为 $p(t_0) = \sqrt{2m_e(\hbar\omega_{XUV} - I_p)}$ 的圆上（但是电子概率分布与参与相互作用的电子结构和光子能量有关）。在激光脉冲结束时，该动量分布将移动至 $-\boldsymbol{A}(t_0) + \boldsymbol{p}(t_0)$，且不同时刻电离的电子，其动量变化量 $\Delta\boldsymbol{p}(\infty,t_0)$ 是不同的，这类似于条纹相机的工作原理，称为阿秒条纹谱或者动量条纹谱（Momentum Streaking）。

1. ACC（Attosecond Cross Correlation Method）方法

2001 年，维也纳技术大学的 Scrinzi 等人提出了一种测量阿秒脉冲宽度的互相关技术[76]。他们采用的是泵浦激光和阿秒脉冲共同电离原子的方法。选择适当的参数，使得 He^+ 在 XUV 光与辅助激光电场对库仑势的共同抑制下发生 XUV 单光子电离。XUV 光脉冲与快速交变的强激光电场在气体靶子中发生互相关作用。通过改变辅助激光脉冲和阿秒脉冲之间的时间延迟，可以使 He^{2+} 的产率出现周期性的调制，其调制深度与阿秒脉冲的脉冲宽度有关，从而可以测得阿秒脉冲的脉冲宽度（图 2-32）。采用 800nm 波长的激光脉冲（光周期为 2.67fs）能分辨 450~900as 的脉冲宽度，即可以将时间分辨率扩展到亚激光周期的几百阿秒。

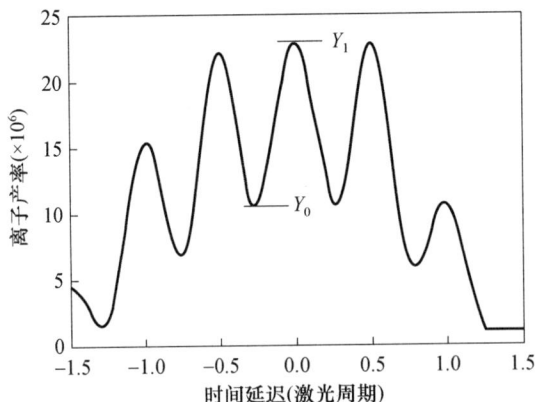

图 2-32 He^{2+} 产率随阿秒脉冲和红外激光脉冲之间相对时延的变化，比值 Y_0/Y_1（调制深度）与 XUV 脉冲的宽度有关[74]

由于调制深度不变的时间范围与阿秒脉冲序列中脉冲的个数有关,所以阿秒互相关测量方法还具有阿秒脉冲个数识别的功能。该方法中,由于 XUV 光子能量必须要小于电离介质的电离势,所以需要选用具有极高电离势的原子或离子,这使得该测量方法在实验上具有相当大的局限性。

2. 激光辅助横向 X 射线光电离方法(Laser – assisted Lateral X – ray Photoionization)

2001 年,M. Drescher 等人[7,22]基于激光辅助原子 XUV 光电离方法首次在实验上测量了一个脉冲宽度为 650as ± 150as 的阿秒脉冲,同时还用该阿秒脉冲测量了少周期激光电场的载波振荡。量子理论和准经典理论对激光辅助原子 XUV 光电离做出了很好的描述[7,22,77 – 80]。在强场近似下,准经典理论将激光辅助原子 XUV 光电离描述为"两步过程":首先,原子吸收一个 XUV 光子而发生电离,电离产生的电子具有特定的初始动量分布;然后,在辅助激光电场的作用下,电离电子像经典粒子一样在激光电场中运动。准经典理论模型预言:最终的电子能量和动量依赖于电离电子产生时刻的激光电场的相位、振幅及振荡频率。沿着辅助激光电场矢量方向的动量变化 ΔP 附加到电离电子的初始动量上,引起了最终电子在动量空间的移动。电子动量移动使得在与激光电场偏振方向垂直的一个小的空间立体角内探测到的光电子末动能的移动和展宽。改变辅助激光脉冲与 XUV 光脉冲之间的时间延迟,最终测量到的电子能谱宽度受到激光脉冲 1/2 光周期的调制,通过对能谱调制的分析和拟合,可以获得阿秒脉冲宽度信息。

图 2 – 33 是激光辅助电离的测量阿秒脉冲宽度的原理示意图[51]。在激光场作用下,不同时刻(t_1, t_2, t_3)的 XUV 光电离出来的电子的最终动量具有不同的角分布 $p_f(\theta)$。在垂直于激光偏振方向上(很小的立体角内)可以看到,平行于激光偏振方向上的动量变化引起了电子动能 W_f 的下移。电子动能 W_f 随 XUV 光脉冲和激光脉冲峰值之间的延迟时间(设 XUV 光脉冲宽度 $\tau_x \ll T_0/2$,观察方向在 $\theta = 90°$)的变化呈现为一个 2 倍于激光频率的调制,其包络则与激光强度

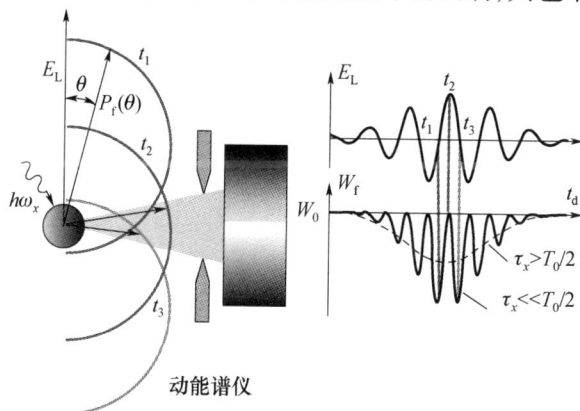

图 2 – 33　激光辅助电离的测量阿秒脉冲宽度的原理示意图[51]

的时域变化一致。当 $\tau_x > T_0/2$ 时，原有的振荡结构将会被逐渐抹平（图中虚线所示）。从图中可知，随着基频光与 XUV 脉冲之间时间延迟的变化，光电子能谱宽度和重心受到 1/2 基频光周期的调制。电子产生时刻辅助激光场处于零值时，动量的转移及其引起的能谱重心位置的移动和能谱的展宽最大；当电子产生时刻辅助激光场处于峰值时，最后探测到的光电子能谱基本不受电场的影响而只由阿秒 XUV 脉冲决定。单个阿秒脉冲的光谱是连续谱，光谱重心位置的移动受到阿秒脉冲与辅助激光场之间时间延迟的调制；阿秒脉冲序列的光谱由于干涉作用出现条纹，带有条纹的光谱的重心位置也受到时延的调制。对于这些条纹也可以这样来解释：由阿秒脉冲产生的光电子波包像光脉冲一样进行干涉，从而在探测到的 XUV 光电子能谱图中出现干涉条纹。

下面采用半经典的方法来分析激光辅助光电效应。电子首先被一个能量为 $\hbar\omega_x$ 的 X 射线光子在相对于辅助激光脉冲峰值的延迟时间为 t_d 的时刻电离到自由态，并具有初始动能

$$W_0 = \frac{1}{2}mv_i^2 = \hbar\omega_x - I_p \qquad (2-43)$$

式中：I_p 为原子电离能。在 $\hbar\omega_x \gg I_p$ 时，电子电离后的运动将主要受控于线偏振辅助强激光场

$$E_L(t) = E(t)\cos(\omega_L t + \varphi)$$

在满足绝热近似条件 $dE(t)/dt \ll E(t)\omega_L$ 的情况下，对电子运动方程进行积分，可以得到激光偏振方向上的速度分量表达式

$$v_{\parallel,f} = \sqrt{\frac{4U_p(t_d)}{m}}\sin(\omega_L t_d + \varphi) + v_{\parallel,i} \qquad (2-44)$$

这样就可以把初速度 $v_{\parallel,i}$ 和末速度 $v_{\parallel,f}$ 联系起来。上述表达式中，$U_p(t) = e^2E^2(t)/4m\omega_L^2$，在绝热近似下是平均电子颤动能（$m$ 为电子质量，$-e$ 为电子电荷），也就是通常的有质动力能。对于横向分量，则有 $v_{\perp,f} = v_{\perp,i}$。

通过以上关系式，在 $\omega_x \gg \omega_L$ 的情况下，可以得到初始动能和最终动能（激光脉冲通过以后）的关系为

$$W_f \approx W_0 - U_p(t_d) + U_p(t_d)\cos 2\omega_L t_d +$$
$$4U_p(t_d)\cos^2\theta\sin^2\omega_L t_d +$$
$$\sqrt{8W_0 U_p(t_d)}\cos\theta\sin\omega_L t_d \qquad (2-45)$$

式中：θ 是电子末动量 $\boldsymbol{P}_f$ 和激光偏振方向的夹角（图2-33）。在此，为了简化起见，设 $\varphi = 0$。因此，如果选择在 $\theta = 90°$ 附近观察，并将激光脉冲宽度限制在几个光周期内，就可以实现宽带（$\gg\hbar\omega_L$）X 射线光脉冲的阿秒时间分辨率测量。

在实验中（图2-34是单个阿秒脉冲产生和测量实验装置示意图，阿秒脉冲由 7fs 激光脉冲与氖（Ne）原子相互作用产生，锆（Zr）膜和 Mo/Si 多层膜反射镜用于分离 IR 光和 XUV 光，使其相对延迟可通过调节 PZT 实现控制，XUV 光

脉冲与剩余的红外激光脉冲共同电离氪(Kr)原子产生光电子,由时间飞行谱仪(TOF)测量光电子能谱),一个少周期激光脉冲与氖气(Ne)相互作用产生气体高次谐波,采用锆(Zr)金属膜滤片在 90eV 光子能量附近选取出气体高次谐波连续谱,直接产生了一个阿秒超短 XUV 脉冲。用此 XUV 脉冲和泵浦激光脉冲一起电离惰性气体氪气(Kr),在与激光电场矢量垂直的一个小的空间立体角内探测电离产生的光电子能谱分布。测量获得的电子能谱宽度随泵浦激光脉冲和阿秒 XUV 脉冲之间的延迟变化而变化,这一变化的调制深度与阿秒 XUV 脉冲的脉冲宽度对应(图 2 - 35 是实验测量结果,黑点表示光谱宽度变化中的振荡部分 $\Delta W - \Delta W_{ca}(t_d)$,其中 $\Delta W_{ca}(t_d)$ 是光电子能谱 $\Delta W(t_d)$ 经过周期平均的结果。实线是准经典理论模拟的结果,插图中给出了假设不同的 XUV 脉冲宽度的模拟结果,其中红色曲线与实验结果吻合得最好,因此得出 XUV 脉冲宽度为 650as ±150as)。

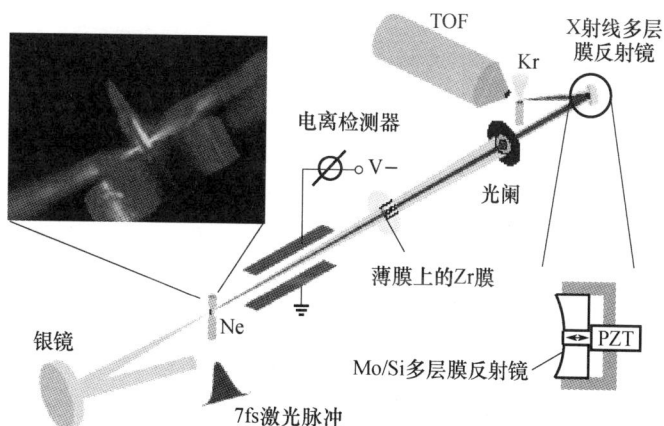

图 2 - 34　单个阿秒脉冲产生和测量实验装置示意图[22]

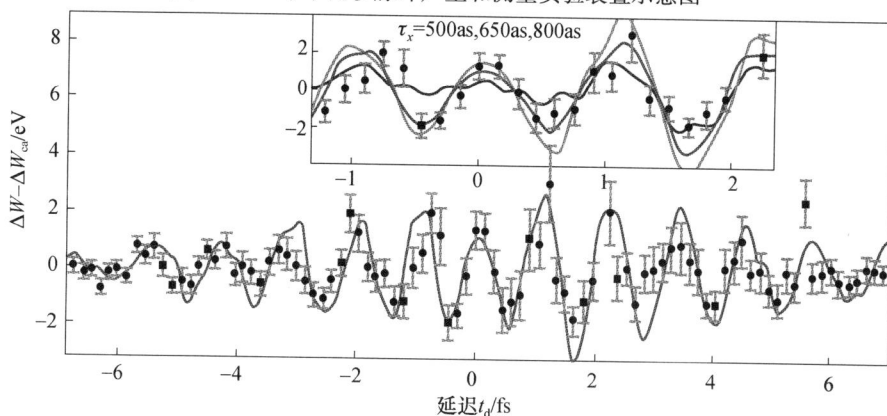

图 2 - 35　实验测量的氪(Kr)原子 4p 能级光电子
能谱宽度 ΔW 随双脉冲延迟时间 t_d 的变化[7]

M. Drescher 等不仅测量了阿秒脉冲的宽度,而且还反过来用之测量了激光脉冲电场的载波振荡(图 2-36 中,实线为计算值,黑点为实验测量值,从中可以直接看出该激光脉冲的啁啾分布)[7],分析激光脉冲电场的瞬时频率,表明该阿秒脉冲可用于测量超快变化过程。

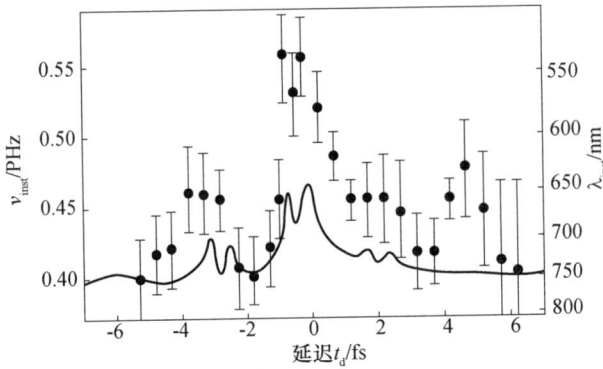

图 2-36　用阿秒脉冲测量的周期量级光脉冲电场瞬态频率[7]

上述激光辅助光电离中辅助激光场是高次谐波产生过程的泵浦激光,而光电子探测在垂直于激光偏振方向上进行。如果从与激光偏振方向平行的方向探测激光辅助电离过程产生的阿秒 XUV 光电子能谱,单个阿秒脉冲产生的是连续谱,含有两个的阿秒序列产生的是两段离散的连续谱。当含有更多个阿秒脉冲时,光电子谱中出现干涉条纹,这是因为相邻两个阿秒脉冲产生的光电子能谱受到基频光的作用方向相反(图 2-37)。没有辅助激光时,光电子能谱的峰值位于 $W_0 = 72eV$ 处,Ne 原子的电离势为 21.5eV。当辅助激光比较强时,其电离过程中产生的阈上电离(ATI)电子主要沿着电场偏振方向,阈上电离电子会对实验结果产生较大的影响。下面简单讨论平行于激光偏振方向的探测角度得到的光电子能谱。

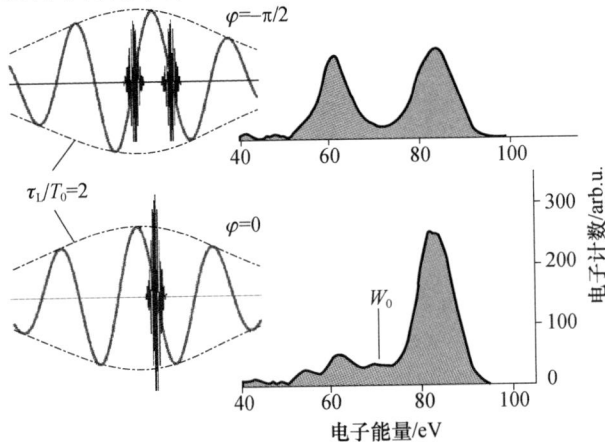

图 2-37　从平行于激光偏振方向测得的某一时延处、光子能量为 93.5eV 的
阿秒 XUV 脉冲激发的 Ne 原子的光电子能谱分布[66]

激光辅助光电离过程中,XUV 光电子能谱可以用量子力学方法来计算,在激光和阿秒 XUV 脉冲与原子相互作用过后测得的动量为 $\boldsymbol{v}$ 的态 $|\boldsymbol{v}\rangle$ 的概率幅为

$$a_v(T) = -\mathrm{i}\int_{-\infty}^{T}\mathrm{d}t\boldsymbol{d}_{p(t)}\boldsymbol{E}_X(t)\,\mathrm{e}^{-\mathrm{i}\int_t^T\mathrm{d}t'(1/2[p(t')]^2+I_p)} \qquad (2-46)$$

式中: $\boldsymbol{p}(t) = \boldsymbol{v} + \boldsymbol{A}(t)$ 是电子的瞬时动量,即

$$\boldsymbol{d}_{p(t)} = \mathrm{i}\left(\frac{2^{7/2}\alpha^{5/4}}{\pi}\right)\frac{\boldsymbol{p}}{(p^2+\alpha)^3} \qquad (2-47)$$

是从基态跃迁到连续态的动量为 $\boldsymbol{p}(t)$ 的偶极跃迁矩阵元; $\boldsymbol{E}_X(t)$ 包含了载波的快速振荡和脉冲包络。计算中采用原子单位,式(2-46)适用于所有的测量方向和所有的激光偏振性质。

上述激光辅助的阿秒 XUV 光电离中,辅助激光场为线偏振激光脉冲,其形式可以写为

$$\boldsymbol{E}_{\mathrm{L}}(t) = \boldsymbol{E}_0(t)\sin(\omega_{\mathrm{L}}t + \varphi) \qquad (2-48)$$

式中: ω_{L} 为激光的频率; φ 为初始相位; $\boldsymbol{E}_0(t) = \boldsymbol{E}_0\exp(-t^2/\tau^2)$ 为激光脉冲的包络,并且 $\boldsymbol{E}_0$ 是光场的峰值振幅,激光脉冲的宽度为 $(2\ln2)^{1/2}\tau$。

在高次谐波产生过程中,XUV 脉冲在激光脉冲的零值附近产生。下面简单计算含有不同个数脉冲的阿秒脉冲序列,并且假设阿秒脉冲具有相同的振幅。在任意延时处,由于相邻两个阿秒 XUV 脉冲产生的能谱感受到脉冲宽度很短引起的略微不同的激光电场矢势,最后探测到的两套能谱将有一定的位移。由下式可以得到辅助激光电场的矢势,即

$$A_{\mathrm{L}}(t_0) = -\int_{-\infty}^{t_0}E_{\mathrm{L}}(t)\,\mathrm{d}t$$

图 2-38 中,实线和虚线分别表示前、后两个脉冲产生的光电子能谱感受到的矢势的平方随时间延迟 t_d 的变化。在零时延处,XUV 光电子能谱感受到的矢势的平方是最大的,但前、后两个脉冲感受到的矢势平方的差值却是很小的。随着时延逐渐增大,光电子能谱感受到的矢势的平方逐渐减小,而矢势平方的差值逐渐增大。

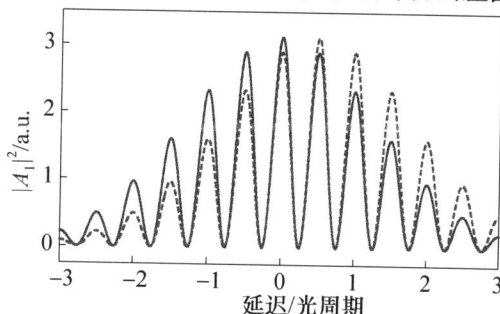

图 2-38 单色场激光辅助光电离中前、后两个阿秒脉冲产生的光电子
分别感受到的辅助激光场矢势的平方
实线—前一个阿秒脉冲;虚线—后一个与之间隔为 1/2 激光周期的脉冲。

图 2-39(a)给出了含有双阿秒脉冲的阿秒序列在零时延处产生的光电子能谱。计算中所用的辅助激光脉冲的宽度为 289.2561 原子单位(对应于 7fs),辅助激光的峰值强度为 0.0177 原子单位(对应于 $6.19 \times 10^{14} W/cm^2$)。用于电离的原子气体为 He,它的电离势为 0.8996 原子单位(对应于 24.2781eV)阿秒 XUV 脉冲的宽度为 5.4504 原子单位(对应于 132as),XUV 光电子能量为 4.41 原子单位(对应于 120eV)。

图 2-39(b)给出的是由三个阿秒脉冲在零延时处产生的光电子能谱。从图 2-39(a)和(b)中可以看出,在基频光作为辅助激光时,各个脉冲产生的光电子能谱均参与相干叠加,从光电子能谱的干涉效应出发,无法确定阿秒脉冲的个数。

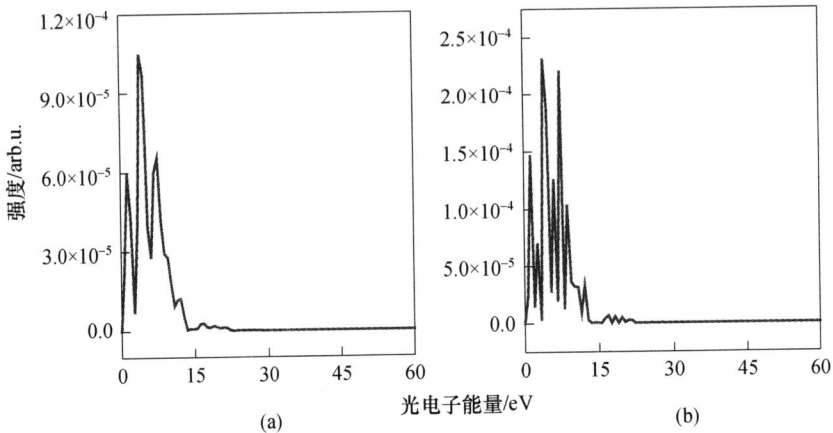

图 2-39 单色场激光辅助光电离产生的光电子能谱,
阿秒脉冲之间的时间间隔为半个激光周期
(a)双阿秒脉冲在零时延处产生的光电子能谱;
(b)含三个脉冲的阿秒序列在零延时处产生的光电子能谱。

3. RABBITT(Reconstruction of Attosecond Beating by Interference of Two - photon Transitions)方法

P. M. Paul 等采用双光子电离的 RABITT 方法[8],测量了相邻谐波级次之间的相位差,在实验中产生了 250as 的阿秒脉冲链。图 2-40(a)是 RABITT 实验装置示意图,一个环行光学元件将激光分为两同心光束,它们之间的延迟由两个步进电机控制的石英片(SiO₂)调节。外边的环形红外激光聚焦到氩(Ar)气喷嘴上用于产生气体高次谐波,用小孔来滤除离开气体高次谐波产生区域的基频光脉冲。中心的基频光和 11~19 次的气体高次谐波脉冲用一个表面镀钨的球面反射镜聚焦到第二个氩(Ar)气喷嘴上,产生光电离电子。用时间飞行谱仪(TOF)测量 XUV 光电子能谱随着激光脉冲与 XUV 阿秒脉冲之间时延的变化。

时间延迟对边带振幅的调制包含了描述 XUV 脉冲时域特征的相关信息。图 2-40(b)是 RABITT 方法测量的光电子能谱通过理论分析后获得的阿秒脉冲链,阿秒脉冲之间的间隔为半个激光周期(即 1.35fs),每个阿秒脉冲的半高全宽约为 250as,图中虚线代表零时间延迟处的辅助激光电场。

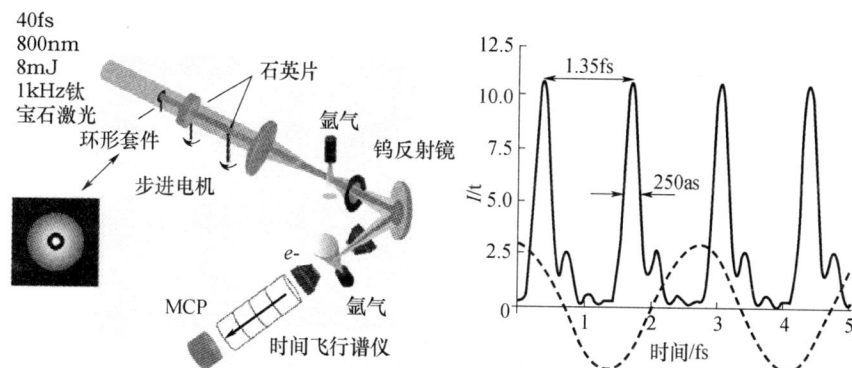

图 2-40 (a)RABITT 方法测量阿秒脉冲实验装置示意图[81]和
(b)包含了五个级次谐波合成的时域强度包络[8]

RABBITT 方法的测量原理是 V. Veniard 等提出的[83],如图 2-41 所示。信号与 sine 型曲线符合得很好。当 UV 或者 XUV 脉冲与红外光共同电离原子时,

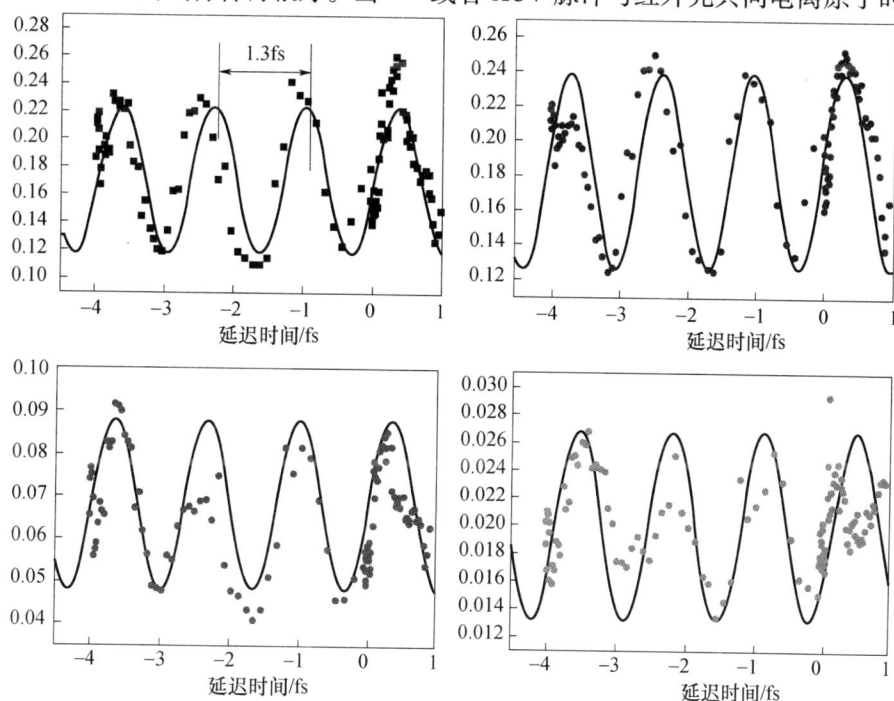

图 2-41 RABITT 方法测量的光电子信号为所观察到的四个边带的幅度调制[82]

如果红外光强度足够强,电子能谱将会出现多个边带峰(Sideband)。图 2 – 42 是 RABITT 方法的能级跃迁分布图,图中的四种跃迁方式分别对应于由一个谐波或者另外一个谐波吸收或者放出一个光子时从初始电子态 $|\Psi>$ 跃迁至终态 $\Psi_f>$(连续态)的过程。在 P. M. Paul 等的实验中,选择合适的红外激光强度,使其只有一个边带起主要作用,这样就可以用下式描述产生的边带光电子能谱强度,即

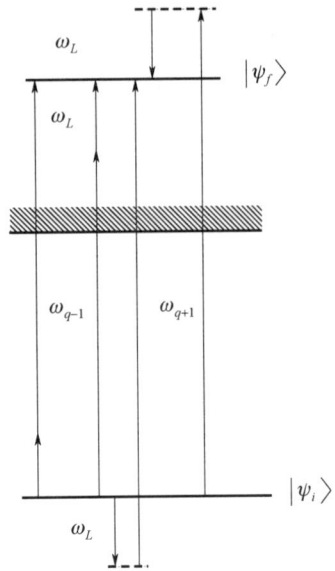

图 2 – 42 RABITT 方法的
能级跃迁分布图[83]

$$S = \sum_f \left| M_{f,q-1}^{(+)} + M_{f,q+1}^{(-)} \right|^2 \qquad (2-49)$$

式中: $M_{f,q}^{(\pm)} = \langle \psi_f | D_{\mathrm{IR}}^{\pm} (E_q - H)^{-1} D_q^+ + D_q^+ (E_\pm - H)^{-1} D_{\mathrm{IR}}^{\pm} | \psi_i \rangle$, q 为高次谐波级次, D 为电偶极算符,其下标表示谐波(q)或者红外激光(IR)参与相互作用, $\pm$ 表示吸收或者释放一个光子, E_q 是 q 次谐波光子能量, ψ_i 是初始态波函数, ψ_f 是最终态波函数。在激光脉冲长脉冲近似下(平面波近似,产生多个相同的阿秒脉冲),可以简化分析从中得到与气体高次谐波相邻级次之间相位差有关的因子,即

$$A_f \cos(2\omega_{\mathrm{IR}}\tau + \varphi_{q-1} - \varphi_{q+1} + \Delta\varphi_{\mathrm{atomic}}^f) \qquad (2-50)$$

式中: ω_{IR} 为红外辅助激光载波频率; φ_i 为各个谐波级次的相位。从该因子中可以看出,随着相对延迟 τ 的变化,边带能谱强度会出现两倍激光载波频率的周期性变化,不同边带周期性变化则与相邻谐波级次之间的相位差 $\varphi_{q-1} - \varphi_{q+1}$ 有关。式中剩下的未知参数 $\Delta\varphi_{\mathrm{atomic}}^f$ 则与产生光电子的原子本身的性质有关,可以通过原子物理的方法计算获得[84]。因此,RABBITT 方法可以测量不同高次谐波级次之间的相对相位(相位差),结合测量的高次谐波光谱就可以反演获得阿秒脉冲链的时域形状。

4. FROG CRAB 方法和阿秒 SPIDER

阿秒脉冲测量大多基于基频光辅助的阿秒 XUV 光电离过程,除前文所论述的方法外,还有 2002 年加拿大的 J. Itatani 等提出的阿秒条纹相机[77],2003 年, F. Quéré 等提出的阿秒 SPIDER(Spectral Phase Interferometry for Direct Electric – field Reconstruction)[78], Y. Mairesse 提出的阿秒 FROG CRAB (Frequency Resolved Optical Gating for Complete Reconstruction of Attosecond Bursts)[79], 以及 2003 年 A. D. Bandrauk 等提出的基于不对称性的阿秒脉冲测量[80]等方法。另外,希腊的 E. Gouleelmakis 等提出的将无色散的迈克尔逊干涉仪用于测量阿秒脉冲的方法[85]等,也是对阿秒脉冲测量的有益探索。

　　FROG 是飞秒激光脉冲测量中的常用方法,它利用一个延迟可控的门脉冲与待测激光脉冲互相关,从而得到一个二维的数据,称为 FROG 迹的光谱图,然后采用二维反演迭代的方法得到激光脉冲的时域电场形状。FROG 方法可以写成如下表达式,即

$$S(\omega,\tau) = \left| \int_{-\infty}^{+\infty} G(t)E(t-\tau)e^{-i\omega t}dt \right|^2 \qquad (2-51)$$

式中:$G(t)$ 为门脉冲;$E(t)$ 为待测激光脉冲,最终测量得到二维光谱分布图 $S(\omega,\tau)$。通过反演迭代的方法可以同时得到 $G(t)$ 和 $E(t)$,其中门脉冲既可以是一个实函数 $f(t)$,也可以是一个相位函数 $e^{i\varphi(t)}$。

　　Y. Mairesse 提出的 FROG CRAB 方法是目前常用的测量单个阿秒脉冲的有效方法。它的基本原理利用低频的红外辅助激光场与阿秒脉冲共同电离原子,测量不同延迟下的光电子能谱,从而获得高分辨率的 FROG 图,然后通过迭代反演算法恢复出阿秒脉冲的时域形状。

　　在强场近似下,低频红外激光场与阿秒脉冲双色场光电离原子的过程可写成如下形式[79],即

$$a(v,\tau) = -i\int_{-\infty}^{+\infty} e^{i\phi(t)}d_{P(t)}E_X(t-\tau)e^{i(W+I_p)t}dt \qquad (2-52)$$

$$\phi(t) = -\int_t^{+\infty}[v\cdot A(t') + A^2(t')/2]dt' \qquad (2-53)$$

　　其中式(2-52)与传统飞秒激光脉冲测量技术中 FROG 方法的表达式非常相似,因此可以通过类似 FROG 迹的反演算法精确恢复阿秒 XUV 脉冲的时域形状。

　　理论上该方法无论是测量阿秒脉冲链还是单阿秒脉冲均可以,甚至更复杂的结构也可以测量(图 2-43(a)是时间飞行谱仪(TOF)测量得到的光电子能谱的二维谱图,与 FROG 迹类似;图 2-43(b)阴影图是 XUV 光谱,红色实线是光谱相位;图 2-43(c)和(d)分别是针对(a)的二维光电子能谱图,用 FROG 反演恢复算法得到的阿秒脉冲形状和辅助激光电场波形)。但是精确的 FROG 反演恢复算法需要高延迟分辨率的测量数据,在用于阿秒脉冲链测量时将需要很长的实验数据采集时间,这会大大降低实验测量结果的可靠性。因此,目前一般将该方法用于单阿秒脉冲的测量,而阿秒脉冲链的测量则一般仍然用 RABBITT 方法。

　　从图 2-43 中可以发现,电子能谱会随着延迟变化出现振荡,而这个振荡则与辅助激光脉冲的强度有关。由于在红外激光辅助的 XUV 脉冲光电离测量过程中,单独红外激光不能引起介质电离,这限制了红外激光脉冲的光强,也就限制了电子能谱振荡的幅度。对于宽带的阿秒脉冲,这个振荡幅度将远远小于 XUV 脉冲的光谱宽度,而这也将影响实验测量的精度和相位恢复的精度。基于此,常增虎的课题组提出了一个更加简洁直观的相位恢复方法 PROOF(Phase

Retrieval by Omega Oscillation Filtering),具体分析如下。

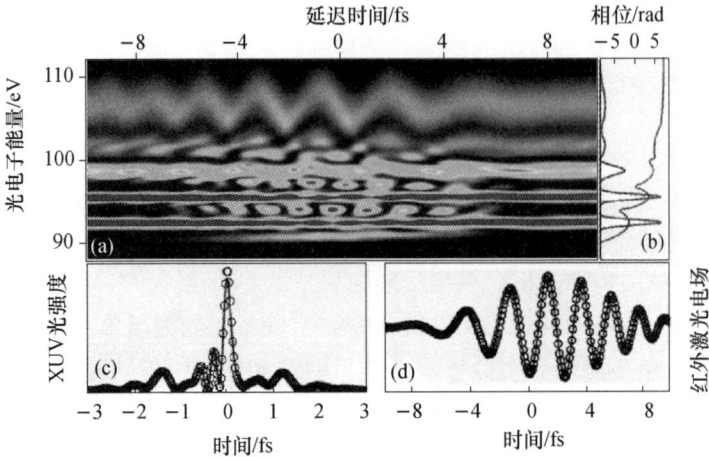

图 2 - 43　一个复杂的阿秒脉冲,其中既包含了连续谱(高能端),
也有分立的 XUV 光谱(低能端)[79]

对于式(2 - 53)的相位表达式,将红外激光脉冲写作 $E(t) = E_0(t)\cos(\omega_{IR}t)$,
其对应的矢势为 $A(t)$ 则上述相位可近似写作

$$\phi(t) \approx \frac{vE_0}{\omega_{IR}^2}\cos\omega_{IR}t - \frac{1}{4}\left(\frac{E_0}{\omega_{IR}}\right)^2\frac{\sin(2\omega_{IR}t)}{2\omega_{IR}} - \int_t^{+\infty}\left[\frac{1}{4}\left(\frac{E_0}{\omega_{IR}}\right)^2 dt'\right]$$

$$(2 - 54)$$

当辅助红外激光场比较弱时,可做如下近似,即

$$\phi(t) \approx \frac{vE_0}{\omega_{IR}^2}\cos\omega_{IR}t = \frac{vE_0}{2\omega_{IR}^2}(e^{i\omega_{IR}t} + e^{-i\omega_{IR}t}) \qquad (2 - 55a)$$

$$e^{i\phi(t)} \approx 1 + i\phi(t) \qquad (2 - 55b)$$

将上述表达式代入到光电离的计算式(2 - 52)中,展开后可得到三个干涉
项,通过对干涉项相位的分析以及从时间飞行谱仪上测量得到的光电子能谱干
涉条纹,可以近似得到阿秒脉冲光谱相位[82]。

阿秒 SPIDER 的工作原理则与飞秒 SPIDER 的工作原理(如图 2 - 44 所
示,通过光谱剪切移动后干涉,可以在频率域获得干涉条纹,图中实线就是
SPIDER 方法测量得到的典型光谱示意图,通过对上述干涉条纹的分析就可以
获得待测光谱相位分布)类似。飞秒 SPIDER 是飞秒脉冲宽度测量的常用仪
器,一般通过将待测激光脉冲分束为两个,使其中一个脉冲引入一个时间延迟
τ,同时也引入一个频率移动 $\delta\omega$,然后通过光谱仪测量得到如下表达式的光谱
强度分布,即

$$I(\omega) = |E(\omega)|^2 = |E_1(\omega) + E_1(\omega + \delta\omega)e^{-i\omega\tau}|^2 \qquad (2 - 56)$$

一般测量到的光谱强度分布如图 2 - 44 所示,这样就可以在光谱干涉条纹上读出相位差,即

$$\Delta\varphi(\omega) = \omega\tau + \varphi_1(\omega + \delta\omega) - \varphi_1(\omega) \approx \omega\tau + \frac{\partial\varphi_1(\omega)}{\partial\omega}\delta\omega$$

$$(2 - 57)$$

这样通过将 $\Delta\varphi(\omega)$ 积分,就可以得到飞秒脉冲光谱相位分布,然后通过逆傅里叶变换就可以得到飞秒脉冲的时域脉冲形状。

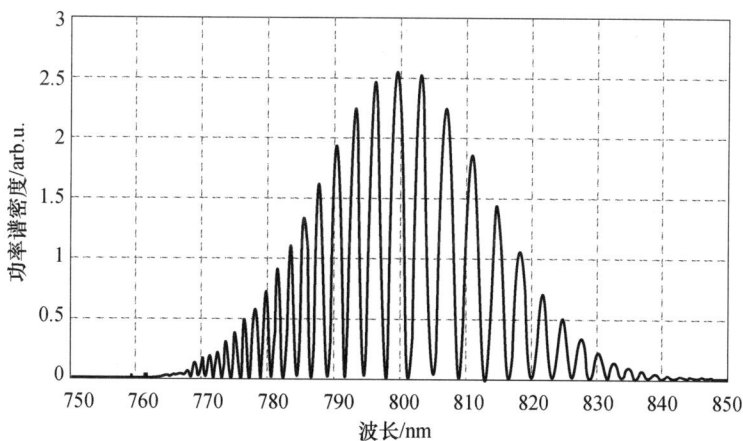

图 2 - 44　飞秒 SPIDER 测量方法的工作原理

(http://www. rp - photonics. com/spectral_interferometry. html)

原则上,该方法也可用于阿秒脉冲测量,但是比较困难的是如何使 XUV 波段的阿秒脉冲引入一个频率移动。F. Quéré 等的方法是用阿秒脉冲电离电子,然后用激光脉冲使光电子能量发生变化,就相当于引入了一个频率移动,然后测量产生光电子谱。通过分析光电子谱上的干涉条纹来得到阿秒脉冲的光谱相位。激光脉冲引入的电子能量移动可以写成如下表达式[76],即

$$\delta E \approx 2U_p(t_r)\cos2\theta\sin^2(\omega t_r + \varphi) + \sqrt{8E_0 U_p(t_r)}\cos\theta\sin(\omega t_r + \varphi)$$

$$(2 - 58)$$

式中:t_r 是阿秒脉冲电离电子的时刻;θ 是测量角度与激光脉冲偏振方向的夹角;$\omega t_r + \varphi$ 则是激光脉冲的相位。通过改变阿秒脉冲电离电子的时刻,就可以改变光电子能谱的能量移动。

图 2 - 45 是阿秒 SPIDER 的数值模拟计算结果,图 2 - 45(a)的插图中给出了该测量方法对应的阿秒脉冲示意图,1 和 2 表示两个相同的阿秒脉冲,虚线则是辅助激光脉冲电场。图 2 - 45(a)中则分别给出了两个阿秒脉冲电离电子产生的光电子能谱。图 2 - 45(b)则给出了三个脉冲(两个阿秒脉冲加辅助激光脉冲)共同电离原子产生的光电子能谱,可以看到明显的干涉条纹,类似图 2 - 44

所示。通过对干涉条纹的分析,结合式(2-57)的计算,就可以得到阿秒脉冲光谱相位分布。

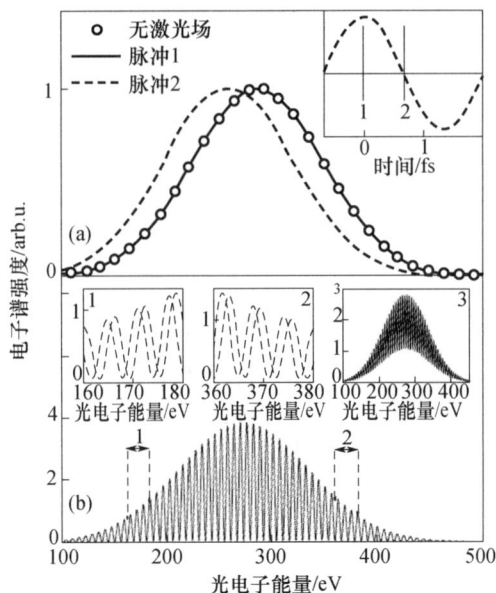

图 2-45　阿秒 SPIDER 的原理示意图[78]

2.4　国内外研究进展

阿秒脉冲的产生和测量是阿秒物理的重要课题,我们首先对超短脉冲宽度和其光谱宽度的关系做一个简单推导。在无啁啾和高斯型脉冲的情况下,对于中心频率为 ω_0 的激光脉冲,其光谱分布可以写成

$$\tilde{E}(\omega) \propto \exp[-(\omega - \omega_0)^2/\Delta\omega^2] \qquad (2-59)$$

经过傅里叶变换后,可得到时域脉冲包络为

$$E(t) \propto \exp[-t^2\Delta\omega^2/4] \qquad (2-60)$$

由上述表达式可以得到脉冲时域强度的半高全宽为

$$\tau = 2\sqrt{2\ln 2}/\Delta\omega$$

而光谱强度的半高全宽为

$$\omega_F = \sqrt{2\ln 2}\,\Delta\omega$$

最终可得到

$$\omega_F \cdot \tau = 4\ln 2$$

如果光谱强度半高全宽(FWHM)以 eV 为单位描述,而脉冲时域强度半高全宽(FWHM)以 fs 为单位,则

$$\omega_F[\text{eV}] \cdot \tau[\text{fs}] = 1.82392$$

由这个简单的关系式,可以得到即使在无啁啾情况下,要得到 100as 的脉冲宽度,至少需要 18.2eV 的光谱宽度,在有啁啾存在的情况下,将需要更宽的光谱宽度。

在阿秒脉冲宽度测量过程中,测量电子能量分布主要采用时间飞行谱仪(Time of Flight,TOF)。时间飞行谱仪通过测量电子在飞行管内的飞行时间来获得电子的速度,从而得到电子的能量分布,下面对其做一个简单的分析。电子的飞行时间为

$$t = \frac{L}{v_e} = \frac{L}{\sqrt{2E_k/m_e}} \tag{2-61}$$

式中:m_e 为电子质量;E_k 为待测电子动能;L 为电子飞行管长度(电子产生点到探测器的距离)。对式(2-61)的飞行时间取微分可得到

$$\Delta t = -\frac{L}{2\sqrt{2E_k{}^3/m_e}}\Delta E_k \tag{2-62}$$

从而可以得到以下比例公式,即

$$\frac{\Delta t}{t} = -\frac{\Delta E_k}{2E_k} \tag{2-63}$$

如果探测器的时间分辨率可以达到 Δt,则时间飞行谱仪的能量分辨率将可以达到

$$\Delta E_k = \sqrt{\frac{8E_k{}^3}{m_e}}\frac{\Delta t}{L} \tag{2-64}$$

气体高次谐波和红外辅助激光聚焦到气体上发生电离,使得在一个很小的空间区域内产生向各个方向发射的光电子(图2-46)。为了收集大立体角内的电子分布以增强电子信号,一般采用磁瓶结构或者电透镜结构,下面简单介绍磁瓶结构时间飞行谱仪。如图2-46所示,光电离电子在左端磁力线最密集处产生,初始光电子的速度分布角度范围非常大,产生的光电子被磁场从电离区引导到飞行管中,同时也是从强磁场区域漂移到弱磁场区域,电子在垂直于磁力线方向上的速度分量逐渐减小,最终电子速度方向逐渐偏向磁力线方向,图中显示电子在磁场中以螺旋状轨迹运动。电子在磁场中受洛伦兹力 $e v \times B$ 的作用,会以螺旋线的方式沿磁力线的方向运动,初始产生的光电子绕磁力线运动的角频率和半径分别为

$$\omega_i = \frac{e}{m_e}B_i \tag{2-65}$$

$$r_i = \frac{v\sin\theta_i}{\omega_i} \tag{2-66}$$

式中:B_i 为光电子产生位置处的磁感应强度;θ_i 为电子初始速度方向与磁力线

方向的夹角。由这两个表达式可知,电子绕磁力线做圆周运动所具有的角动量也可如下给出,即

$$l_i = \frac{m_e^{\ 2}v^2\sin^2\theta_i}{eB_i} \qquad (2-67)$$

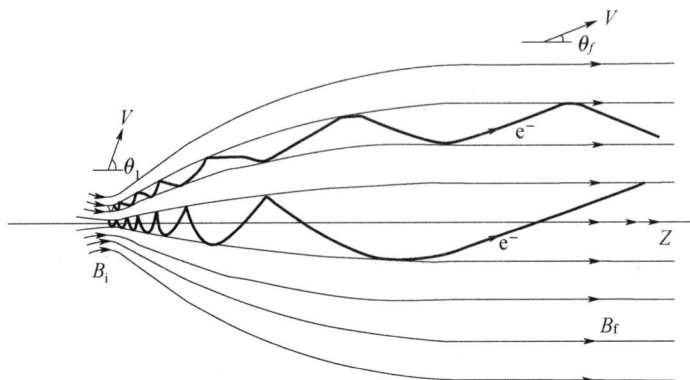

图 2 - 46　磁瓶式(Magnetical Bottle)时间飞行谱仪的测量原理

在电子做螺旋运动由强磁场区域向弱磁场区域行进的过程中,若磁场的变化满足绝热近似的条件,则电子的运动满足角动量守恒定律。根据式(2-67)可知,在强度为 B_f 的弱场区域有

$$\frac{m_e^{\ 2}v^2\sin^2\theta_i}{eB_i} = \frac{m_e^{\ 2}v^2\sin^2\theta_f}{eB_f} \qquad (2-68)$$

从而可得到

$$\frac{\sin^2\theta_i}{B_i} = \frac{\sin^2\theta_f}{B_f} \qquad (2-69)$$

这意味着磁场的减弱将直接导致电子运动速度方向与磁力线方向夹角的减小,此即非均匀磁场对其中运动电子的约束准直效应。例如,对于初始夹角为 $\pi/2$ 的电子,如果磁场的变化满足

$$B_f/B_i = 10^{-3}$$

则电子运动在弱磁场区域将几乎得到完全的准直(与磁力线方向平行),即

$$\theta_f = \arcsin\left(\sqrt{\frac{B_f}{B_i}}\right) \approx 1.8° \qquad (2-70)$$

但是由于电子动能不变,因此电子速度的大小(模)保持不变,所以电子速度的横向分量减小使得电子的飞行方向可以转到漂移管的轴线方向上来(此处磁力线方向与飞行管的轴线平行),使得轴向电子速度变为

$$v_{zf} = v\sqrt{1 - \frac{B_f}{B_i}\sin^2\theta_i} \approx v\left(1 - \frac{B_f}{2B_i}\sin^2\theta_i\right) \qquad (2-71)$$

因此,在磁瓶结构的时间飞行谱仪中,电子的飞行时间约为

$$t = L/v_{zf} \approx \frac{L}{v} \left(1 + \frac{B_f}{2B_i} \sin^2 \theta_i \right) \qquad (2-72)$$

不同角度发射电子的最大时间差为

$$\Delta t = \frac{L}{v} \frac{B_f}{2B_i} = \frac{B_f}{2B_i} \cdot t \qquad (2-73)$$

2008 年,E. Goulielmakis 等将阿秒脉冲宽度推进到了 80as[11],其 XUV 光谱宽度为 28eV,采用的是 FROG CRAB 测量方法,如图 2-47 所示,图 2-47(a)是重建的 80as 脉冲(实线)和相位分布(虚线),图 2-47(b)是实验测量的 XUV 光谱和 FROG CRAB 方法测量的光谱相位(点线)。但是在 FROG CRAB 测量中,辅助激光的光强不能太高,这使得这个方法在用于光谱宽度更宽的 XUV 光谱测量的时候存在一些局限性,如辅助激光引入的电子能量变化太小等。针对这些局限性,Michael Chini 等提出了一个新的测量方法,从光电子能谱干涉条纹中直接抽取相对相位信息,可以实现对宽带阿秒脉冲的测量。采用这个方法,Kun Zhao 等于 2012 年进一步将阿秒脉冲宽度推进到了 67as 的新记录[12]。图 2-48 中,Zenghu Chang 等提出的 PROOF 方法,图 2-48(a)是 67as 脉冲分别通过 FROG-CRAB 方法和 PROOF 方法测量恢复出来的电子能谱和相位分布,图 2-48(b)是两种方法重建的时域脉冲形状和相位分布。

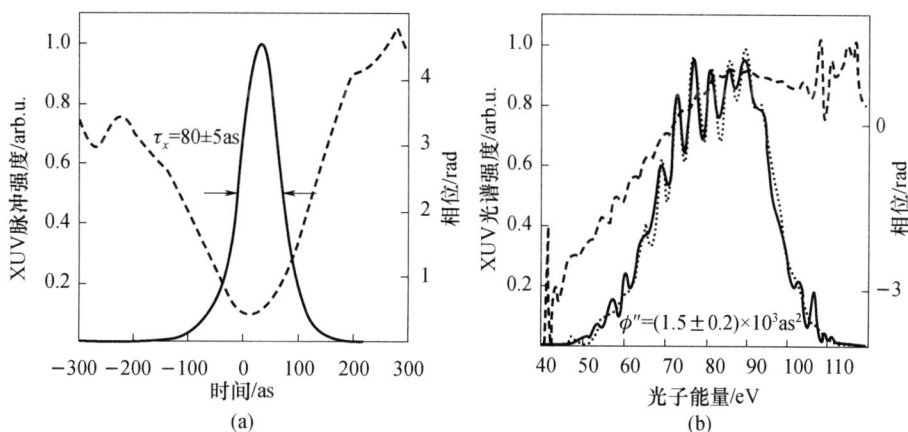

图 2-47   E. Goulielmakis 等用少周期激光脉冲产生的单个阿秒脉冲[11]

对于一个宽光谱的脉冲来说,啁啾始终是一个不可避免的问题。根据气体高次谐波的产生机理,其产生的 XUV 光谱是带有很大的啁啾的[86,87],如激光强度的不同,会给不同电子轨道产生的谐波引入完全不同的啁啾率和啁啾分布(图 2-49 中横轴单位为 U_p,所以其结论适合任意激光波长。在最高光子能量($3.17U_p$)处,长短轨道重合,此时两者的辐射时间非常接近,啁啾也小。随着光子能量降低,长短轨道的辐射时间差异越来越大。此外,对于长短轨道本身,不同光子能量的谐波其辐射时间也不同。对于长轨道,光子能量越高则辐射时间

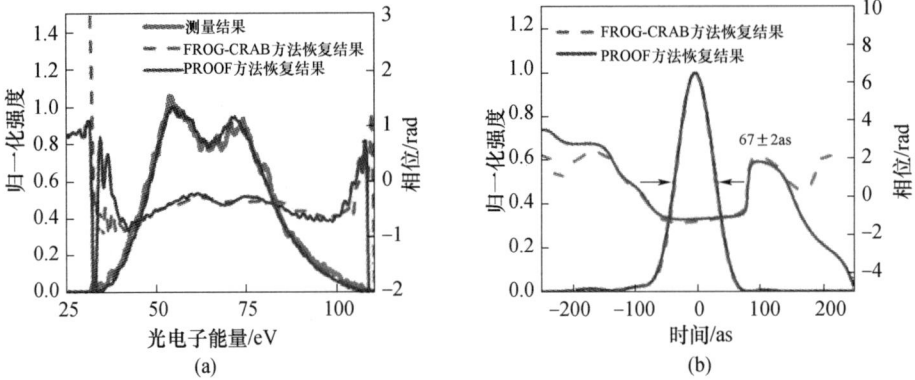

图 2 - 48   Zenghu Chang 等人提出的 PROOF 方法[12]

越早,而短轨道则相反,光子能量越高则辐射时间越晚,这意味着长轨道气体高次谐波带有负啁啾,而短轨道气体高次谐波则带有正啁啾)。由于不同谐波级次的电子返回时间不同,导致长短轨道的啁啾甚至是完全相反的[88,89]。长短轨道气体高次谐波的叠加干涉,会使得群延迟色散曲线出现剧烈振荡,加大阿秒脉冲啁啾补偿的难度,从图 2 - 50 中可以看出,由于长短轨道电子产生的高次谐波的干涉,导致 GDD(Group Delay Dispersion)曲线出现强烈振荡,这对宽带光谱的阿秒脉冲啁啾补偿是极其不利的)。因此,当气体高次谐波用于产生阿秒脉冲时,就需要对其啁啾进行补偿才能获得短的阿秒脉冲。

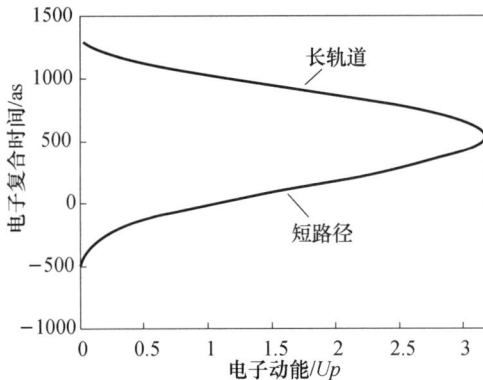

图 2 - 49   气体高次谐波辐射过程中的长短轨道分析,图中给出了
不同光子能量的气体高次谐波对应的长短轨道的辐射时间

2005 年,瑞典的 Rodrigo Lopez - Martens 等首次尝试用金属膜本身的色散曲线对 17 ~ 27 次的高次谐波进行了啁啾补偿研究,将初始脉冲宽度为 480as 的阿秒脉冲压缩到了 170as,接近其光谱傅里叶变换极限对应的 150as[90]。图 2 - 51 是 Rodrigo Lopez - Martens 等利用金属膜补偿高次谐波光谱啁啾,压缩产生的阿秒脉冲,图 2 - 51(a)为不同片数铝膜下测量得到的光谱啁啾,绿色棱形为无铝膜情况,

蓝色三角形为一片铝膜情况,红色圆形为三片铝膜情况;图 2 - 51(b)为重建的阿秒脉冲时域形状,绿色无补偿时阿秒脉冲宽度为 480as,红色为三片铝膜补偿时压缩到 170as,黑色虚线则是色散完全补偿的理想情况,为 150as。随后,韩国的 Kyung Taec Kim 等利用气体高次谐波产生介质(氩气)本身的色散曲线对高次谐波啁啾进行了补偿,通过控制相互作用区的气压,获得了近无啁啾的阿秒脉冲[91]。图 2 - 52 是 Kyung Taec Kim 等利用气体高次谐波产生介质(氩气)本身的色散曲线对高次谐波啁啾进行补偿,图 2 - 52(a)为不同气压情况下测量得到的高次谐波光谱啁啾,图 2 - 52(b)为重建的阿秒脉冲时域形状,在 40Torr 处可以获得最强最短的阿秒脉冲。

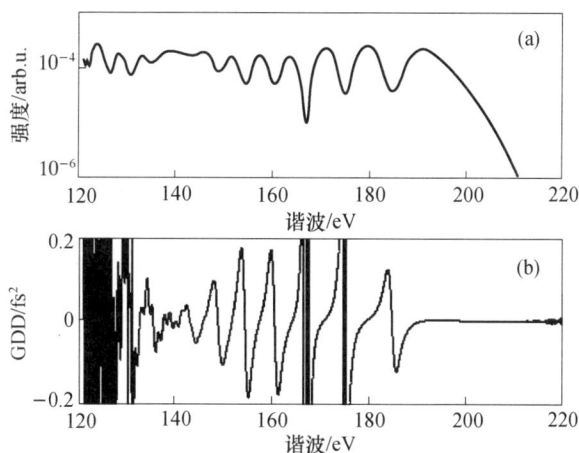

图 2 - 50　单原子产生的气体高次谐波(a)及其 GDD 曲线(b)

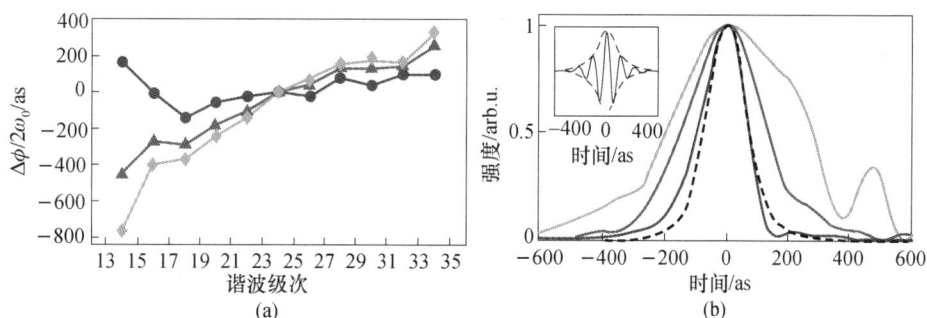

图 2 - 51　Rodrigo Lopez - Martens 等利用金属膜补偿
高次谐波光谱啁啾,压缩产生的阿秒脉冲[90]

　　由于上述两种方案都利用的介质本身的色散曲线,具有一定的局限性,而且一般介质在 XUV 波段都有剧烈的吸收,中国科学院上海光学精密机械研究所郑颖辉等提出了利用驱动激光场在气体高次谐波产生过程中控制其色散特性,动态补偿阿秒脉冲的固有啁啾的方案。在产生气体高次谐波的驱动基频激光场上叠加一个弱的倍频场,通过调节双色场之间的相对延迟,可使气体高次谐波的群延迟色散(Group Delay Dispersion,GDD)实现从负到正的连续变化。

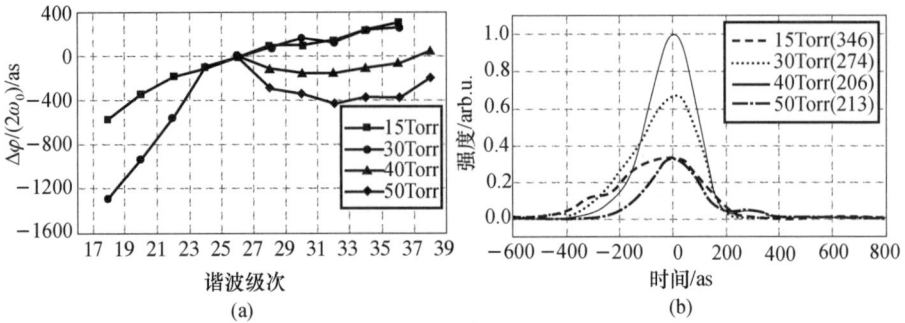

图 2-52　Kyung Taec Kim 等利用气体高次谐波产生介质(氩气)
本身的色散曲线对高次谐波啁啾进行补偿[91]

图 2-53(a)是实验测量得到的不同谐波级次的相位差,如 20 处的数值表示 21 次谐波与 19 次谐波之间的相位差,每条曲线的斜率即代表光谱相位的啁啾率,A、B、C、D 分别为四个不同的双色场延迟下测量获得的,其重构的时域脉冲形状为图 2-53(b)[90]。图 2-53(b)是 CCD 测量的 XUV 光谱与图 2-53(a)得到的不同谐波间相位差合成后进行逆傅里叶变换到时域的结果,不同曲线表示不同双色场延迟下产生的阿秒脉冲链,Single 表示单独 800nm 激光产生的阿秒脉冲链,可以看出,B 延迟下的啁啾率最小,此时,阿秒脉冲宽度为231as,接近其傅里叶变换极限对应的220as。该方法也可进一步推广到单个阿秒脉冲,根据模拟结果,可以将初始脉冲宽度为120as 的单阿秒脉冲压缩至75as,其傅里叶变换极限为60as。

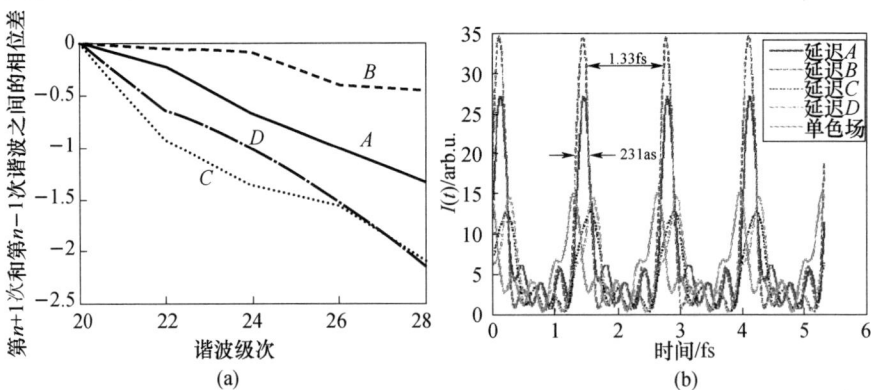

图 2-53　不同双色场延迟下实验测量得到的不同谐波级次的相位差
和反演变换到时域得到的阿秒脉冲链[92]

德国马普核物理研究所(Max-Planck-Institut für Kernphysik)的 Markus C.

Kohler 等则进一步对上述方案进行了深入研究[93]，提出了无啁啾高次谐波产生的方法，将其推广到了超宽带 XUV 光谱的啁啾补偿，甚至可产生亚阿秒的超短脉冲。

阿秒脉冲作为一个广泛应用的光源，目前也正在往多样性方面发展。受其产生机制的局限性，阿秒脉冲一般都是最简单的线偏振光源。为了拓展其应用范围，目前一个研究方向是产生圆偏振和其他特殊波形的阿秒脉冲。Meiyan Qin 等[94]和 Avner Fleischer 等[95]分别提出了偏振可控的气体高次谐波产生方法，而 Kai－Jun Yuan 等[96]则进一步提出了单个圆偏振阿秒脉冲的产生方法。通过采用红外光与太赫兹脉冲的双色组合场和 H_2^+ 相互作用，在合适的参数下可以产生脉冲宽度为 114as 的近圆偏振光。如图 2－54 所示，采用波长 400nm 椭圆偏振激光场叠加一个波长 4800nm 的太赫兹场与 H_2^+ 相互作用产生圆偏振阿秒脉冲，图 2－54（a）为脉冲宽度为 6fs 的激光电场，椭偏度 $E_x/E_y = 0.59$，载波包络相位为 0.1π，光强为 $5 \times 10^{14}\,W/cm^2$，太赫兹电场强度 E_{THz0} 为 $0.75E_0$。图 2－54（b）为产生的阿秒脉冲（曲线 1），脉冲宽度为 114as，ϕ 为 x 和 y 方向上电场的相位差（曲线 2），基本上在 0.5π，说明是很好的圆偏振阿秒脉冲。

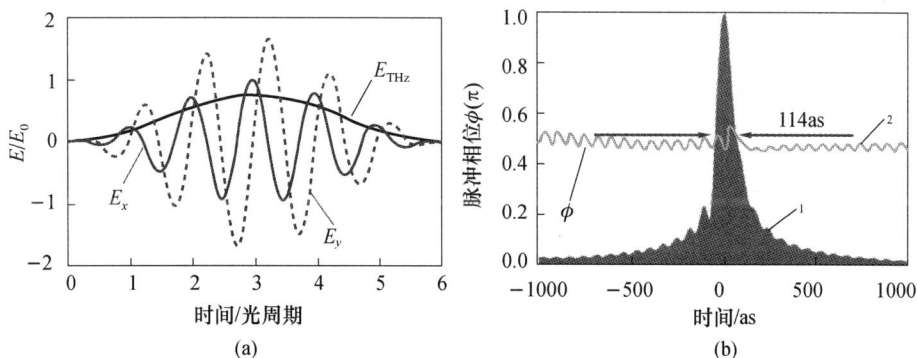

图 2－54　单个圆偏振阿秒脉冲产生[96]

M. Zürch 等[97]则通过空间光调制器（SLM）在飞秒激光脉冲中引入螺旋型的相位分布，产生旋涡（Vortices）型的气体高次谐波，在量子信息、成像方面具有特别的用途，尤其是它可用于观测原子中的电四极矩跃迁，这在可见光波长需要很高的功率密度才有可能观测到。如图 2－55 是涡旋高次谐波产生，图中给出产生的 XUV 光的远场分布。图 2－55（a）为高斯脉冲产生的 XUV 光，其在远场基本上仍然是高斯型，插图为激光焦点处光强分布；图 2－55（b）为 74nm 波长处的光学涡旋，中心无强度分布，虚线位置则有一个环形强度分布；图 2－55（c）是图 2－55（b）的对数图，可以看出，中心确实无光强。Genevieve Gariepy 等也开展了涡旋高次谐波的研究[98]。目前，另一种流行的方法是用拉盖尔—高斯光产生涡旋高次谐波和阿秒脉冲[99]。拉盖尔—高斯光束是一种具有轨道角动量（Orbital Angular Momentum）的光场，其电场的空间分布可以写成

$$E_{LG}^{l,p}(\rho,\phi,z) = E_0 \frac{w_0}{w(z)}\left(\frac{\rho}{w(z)}\right)^{|l|} L_p^{|l|}\left(\frac{2\rho^2}{w(z)}\right) e^{-\frac{\rho^2}{w^2(z)}} e^{ik\frac{\rho^2}{2R(z)}+i\zeta(z)+il\phi}$$

式中：ρ 和 ϕ 分别为极坐标的极径和极角；$w(z)$ 和 $R(z)$ 与高斯光束中的定义是一样的，分别为 z 位置处的光束半径和波面曲率半径；$L_p^{|l|}(x)$ 为缔合拉盖尔多项式；$\zeta(z) = -(|l|+2p+1)\arctan(z/z_0)$。图 2-56(a) 和 (b) 给出了 $LG_{1,0}$ 模驱动光在焦点处的强度和相位分布，图 2-56(c) 和 (d) 则给出了产生的 17 次谐波的强度和相位角分布。由于高次谐波产生过程能将基频光的相位在 N 次谐波处放大 N 倍，即将 $e^{il\phi}$ 变成 $e^{iNl\phi}$，因此可以产生很高轨道角动量的 XUV 光。

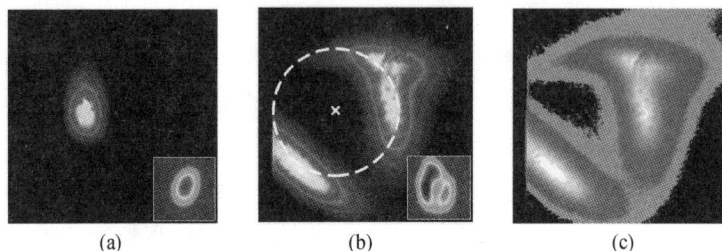

图 2-55　涡旋高次谐波产生[97]

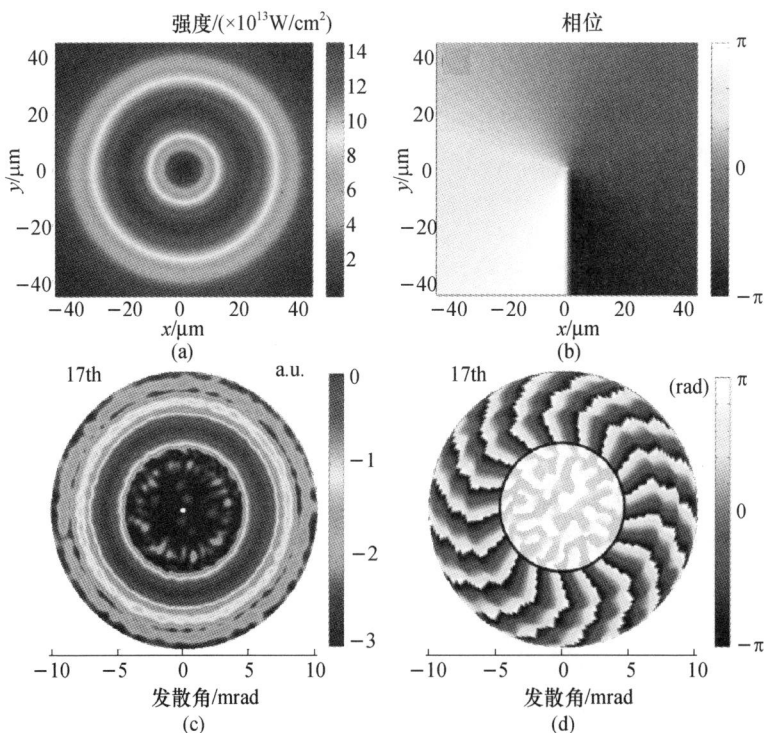

图 2-56　采用拉盖尔—高斯光束产生涡旋高次谐波[98]

(a)、(b)基频光在焦点处的强度和相位分布，光场为 $LG_{1,0}$ 模；

(c)、(d)产生的 17 次谐波的强度和角相位分布。

参考文献

[1] Harris S E, Macklin J J, Hänsch T W. Atomic scale temporal structure inherent to high – order harmonic generation [J]. Opt. Commun. , 1993, 100: 487 –490.

[2] Farkas Gy, Tóth Cs. Proposal for attosecond light pulse generation using laser induced multiple – harmonic conversion processes in rare gases [J]. Phys. Lett. A, 1992, 168(5): 447 –450.

[3] Ivanov M, Corkum P B, Zuo T, et al. Routes to control of intense – field atomic polarizability [J]. Phys. Rev. Lett. , 1995, 74(15): 2933 –2936.

[4] Platonenko V T, Strelkov V V. Single attosecond soft – X – ray pulse generated with a limited laser beam [J]. J. Opt. Soc. Am. B, 1999, 16(3): 435 –440.

[5] Antoine Ph, L'Huillier A, Lewenstein M. Attosecond pulse trains using high – order harmonics [J]. Phys. Rev. Lett. , 1996, 77(7): 1234 –1237.

[6] Christov I P, Zhou J, Peatross J, et al. Nonadiabatic effects in high – harmonic generation with ultrashort pulses [J]. Phys. Rev. Lett. , 1996, 77(9): 1743 –1746.

[7] Hentslchel M, Kienberger R, Spielmann Ch, et al. Attosecond metrology [J]. Nature, 2001, 414(29): 509 –513.

[8] Paul P M, Toma E S, Breger P, et al. Observation of a train of attosecond pulses from high harmonic generation [J]. Science, 2001, 292(1): 1689 –1692.

[9] Kienberger R, Goulielmakis E, Uiberacker M, et al. Atomic transient recorder [J]. Nature, 2004, 427 (26): 817 –821.

[10] Sansone G, Benedetti E, Calegari F, et al. Isolated single – cycle attoseocnd pulses [J]. Science, 2006, 314: 443 –446.

[11] Goulielmakis E, Schultze M, Hofstetter M, et al. Single – cycle nonlinear optics [J]. Science, 2008, 320: 1614 –1617.

[12] Zhao K, Zhang Q, Chini M, et al. Tailoring a 67 attosecond pulse through advantageous phase – mismatch [J]. Opt. Lett. , 2012, 37(18): 3891 –3893.

[13] Chang Z, Rundquist A, Wang H, et al. Generation of coherent Soft X rays at 2.7nm using high harmonics [J]. Phys. Rev. Lett. , 1997, 79(16): 2967 –2970.

[14] Schnürer M, Spielmann Ch, Wobrauschek P, et al. Coherent 0.5 – keV X – ray emission from helium driven by a sub – 10 – fs laser [J]. Phys. Rev. Lett. , 1998, 80(15): 3236 –3239.

[15] L'Huillier A, Schafer K J, Kulander K C. Theoretical aspects of intense field harmonic generation [J]. J. Phys. B. : At. Mol. Opt. Phys. , 1991, 24(15): 3315 –3341.

[16] Lora N G, Michael S, David A S, et al. Ultrafast time – resolved soft X – ray photoelectron spectroscopy of dissociating Br_2[J]. Phys. Rev. Lett. , 2001, 87(19): 193002.

[17] Gaarde M B and Schafer K J, Space – Time Consideratios in the Phas Locking of High Honmomis [J]. Phys. Rev. lett. , 2002, 89(21):213901.

[18] Bouhal A, Salières P, Breger P, et al. Temporal dependence of high – order harmonics in the presence of strong ionization [J]. Phys. Rev. A. , 1998, 58(1): 389 –399.

[19] Mairesse Y, Bohan A, Frasinski L J, et al. Attosecond synchronization of high – harmonic soft X – rays [J]. Science, 2003, 302(5650): 1540 –1543.

[20] Christov I P, Murnane M M, Kapteyn H C. High – harmonic generation of attosecond pulses in the "single –

cycle" regime [J]. Phys. Rev. Lett. , 1997, 78(7): 1251 – 1254.

[21] Brabec T, Krausz F. Intense few – cycle laser fields: frontiers of nonlinear optics [J]. Rev. Mod. Phys. , 2000, 72(2): 545 – 591.

[22] Drescher M, Hentschel M, Kienberger R, et al. X – ray pulses approaching the attosecond frontier [J]. Science, 2001, 291(9): 1923 – 1927.

[23] Baltuka A, Udem Th, Uiberacker M, et al. Attosecond control of electronic processes by intense light fields [J]. Nature, 2003, 421: 611 – 615.

[24] Altucci C, Delfin Ch, Roos L, et al. Frequency – resolved time – gated high – order harmonics [J]. Phys. Rev. A. , 1998, 58(5): 3934 – 3941.

[25] Tcherbakoff O, Mével E, Descamps D, et al. Time – gated high – order harmonic generation [J]. Phys. Rev. A. , 2003, 68(4): 043804.

[26] Kovacev M, Mairesse Y, Priori E, et al. Temporal confinement of the harmonic emission through polarization gating [J]. Eur. Phys. J. D, 2003, 26: 79 – 82.

[27] López – Martens R, Mauritsson J, Johnsson P, et al. Time – resolved ellipticity gating of high – order harmonic emission [J]. Phys. Rev. A. , 2004, 69(5): 053811.

[28] Oron D, Silberberg Y, Dudovich N, et al. Efficient polarization gating of high – order harmonic generation by polarization – shaped ultrashort pulses [J]. Phys, Rev. A. , 2005, 72(6): 063816.

[29] Strelkov V, Zaïr A, Tcherbakoff O, et al. Single attosecond pulse production with an ellipticity – modulated driving IR pulse [J]. J. Phys. B: At. Mol. Opt. Phys. , 2005, 38(10): L161 – L167.

[30] Strekov V, Zair A, Tcherbakoff O, et al. Generation of attosecond pulses with ellipticity – modulated fundamental [J]. Appl. Phys. B, 2004, 78: 879 – 884.

[31] Kim C M, Kim I J, Nam C H. Generation of a strong attosecond pulse train with an orthogonally polarized two – color laser field [J]. Phys. Rev. A. , 2005, 72(3): 033817.

[32] Kim I J, Kim H T, Kim C M, et al. Efficient high – order harmonic generation in a two – color laser field [J]. Appl. Phys. B, 2004, 78(7 – 8): 859 – 861.

[33] Chang Z. Chirp of the single attosecond pulse generated by a polarization gating [J]. Phys. Rev. A. , 2005, 71(2): 023813.

[34] Kim I J, Kim C M, Kim H T, et al. Highly efficient high – harmonic generation in an orthogonally polarized two – color laser field [J]. Phys. Rev. Lett. , 2005, 94(24): 243901.

[35] Sola I J, Mével E, Elouga L, et al. Controlling attosecond electron dynamics by phase – stabilized polarization gating [J]. Nature Physics, 2006, 2: 319 – 322.

[36] Miao J, Zeng Z, Liu P, et al. Generation of two attosecond pulses with tunable delay using orthogonally – polarized chirped laser pulses [J]. Opt. Express, 2012, 20(5): 5196 – 5203.

[37] Huo Y, Zeng Z, Li R, et al. Single attosecond pulse generation using two – color polarized time – gating technique [J]. Opt. Express, 2005, 13(24): 9897 – 9902.

[38] Chang Z. Single attosecond pulse and xuv supercontinuum in the high – order harmonic plateau [J]. Phys. Rev. A. , 2004, 70(4): 043802.

[39] Gilbertson S, Mashiko H, Li C, et al. A low – loss, robust setup for double optical gating of high harmonic generation [J]. Appl. Phys. Lett. , 2008, 92(7): 071109.

[40] Feng X, Gilbertson S, et al. Generation of Isolated Attosecond Pulses with 20 to 28 femfosecond Lasers [J]. Phys. Rev. Lett. , 2009,103(18):183901.

[41] Mashiko H, Gilbertson S, Chini M, et al. Extreme ultraviolet supercontinua supporting pulse durations of less than one atomic unit of time [J]. Opt. Lett. , 2009, 34(21): 3337 – 3339.

[42] Mashiko H, Gilbertson S, Li C, et al. Double optical gating of high – order harmonic generation with carri-
er – envelope phase stabilized lasers [J]. Phys. Rev. Lett. , 2008, 100(10) : 103906.

[43] Pfeifer T, Gallmann L, Abel M J, et al. Single attosecond pulse genearation in the multicycle – driver
regime by adding a weak second – harmonic field [J]. Opt. Lett. , 2006, 31(7) : 975 – 977.

[44] Oishi Y, Kaku M, Suda A, et al. Generation of extreme ultraviolet continuum radiation driven by a sub –
10 – fs two – color field [J]. Opt. Express, 2006, 14(16) : 7230 – 7237.

[45] Cao W, Lu P, Lan P, et al. Control of quantum paths in high – order harmonic generation via a ω + 3ω
bichromatic laser field [J]. J. Phys. B: At. Mol. Opt. Phys. , 2007, 40 : 869 – 875.

[46] Wang Z, Hong W, Zhang Q, et al. Efficient generation of isolated attosecond pulses with high beam quality
by two – color Bessel – Gauss beams [J]. Opt. Lett. , 2012, 37(2) : 238 – 240.

[47] Cao W, Lu P, Lan P, et al. Efficient isolated attosecond pulse generation from a multi – cycle two – color
laser field [J]. Opt. Express, 2007, 15(2) : 530 – 535.

[48] Lan P, Lu P, Li Q, et al. Macroscopic effects for quantum control of broadband isolated attosecond pulse
generation with a two – color field [J]. Phys. Rev. A. , 2009, 79(4) : 043413.

[49] Lan P, Lu P, Cao W, et al. Isolated sub – 100 – as pulse generation via controlling electron dynamics
[J]. Phys. Rev. A. , 2007, 76(1) : 011402(R).

[50] Hong W, Lu P, Lan P, et al. Method to generate directly a broadband isolated attosecond pulse with stable
pulse duration and high signal – to – noise ratio [J]. Phys. Rev. A. , 2008, 78(6) : 063407.

[51] Zhang G T, Liu X S. Generation of an extreme ultraviolet supercontinuum and isolated sub – 50 as pulse in
a two – colour laser field [J]. J. Phys. B: At. Mol. Opt. Phys. , 2009, 42(12) : 125603.

[52] Zeng B, Yu Y, Chu W, et al. Generation of an intense single isolated attosecond pulse by use of two –
colour waveform control [J]. J. Phys. B: At. Mol. Opt. Phys. , 2009, 42(14) : 145604.

[53] Wallentowitz S, Toschek P E. Spontaneous recoil effects of optical pumping on trapped atoms [J]. Phys.
Rev. A. , 2008, 78(4) : 041402(R).

[54] Zeng Z, Cheng Y, Song X, et al. Generation of an extreme ultraviolet supercontinuum in a two – color laser
field [J]. Phys. Rev. Lett. , 2007, 98(20) : 203901.

[55] Zheng Y, Zeng Z, Li X, et al. Enhancement and broadening of extreme – ultraviolet supercontinuum in a
relative phase controlled two – color laser field [J]. Opt. Lett. , 2008, 33(3) : 234 – 236.

[56] Zeng Z, Leng Y, Li R, et al. Electron quantum path tuning and isolated attosecond pulse emission driven
by a waveform – controlled multi – cycle laser field [J]. J. Phys. B, 2008, 41(21) : 215601.

[57] Hong W, Li Y, Lu P, et al. Control of quantum paths in the multicycle regime and efficient broadband
attosecond pulse generation [J]. J. Opt. Soc. Am. B, 2008, 25(10) : 1684 – 1689.

[58] Takahashi E J, Lan P, Mücke O D, et al. Infrared two – color multicycle laser field synthesis for generating
an intense attosecond pulse [J]. Phys. Rev. Lett. , 2010, 104(23) : 233901.

[59] Hong W, Lu P, Lan P, et al. Broadband xuv supercontinuum generation via controlling quantum paths by
a low – frequency field [J]. Phys. Rev. A. , 2008, 77(3) : 033410.

[60] Takahashi E J, Lan P F, Mücke O D, et al. Attosecond nonlinear optics using gigawatt – scale isolated
attosecond pulses [J]. Nature Communications, 2013, 4 : 2691.

[61] Tzallas P, Skantzakis E, Kalpouzos C, et al. Generation of intense continuum extreme – ultraviolet radiation
by many – cycle laser fields [J]. Nat. Physics, 2007, 3 : 846 – 850.

[62] Cao W, Lu P, Lan P, et al. Single – attosecond pulse generation with an intense multicycle driving pulse
[J]. Phys. Rev. A. , 2006, 74(6) : 063821.

[63] Lan P, Lu P, Cao W, et al. Attosecond ionization gating for isolated attosecond electron wave packet and

broadband attosecond xuv pulses [J]. Phys. Rev. A. , 2007, 76(5): 051801(R).

[64] Du H, Hu B. Broadband supercontinuum generation method combining mid – infrared chirped – pulse mod-ulation and generalized polarization gating [J]. Opt. Express, 2010, 18(25): 25958.

[65] Du H, Wang H, Hu B, et al. Isolated short attosecond pulse generated using a two – color laser and a high – order pulse [J]. Phys. Rev. A. , 2010, 81(6): 063813.

[66] Li Q, Hong W, Zhang Q, et al. Isolated – attosecond – pulse generation from asymmetric molecules with an ω + 2ω/3 multicycle two – color field [J]. Phys. Rev. A. , 2010, 81(5): 053846.

[67] Lan P, Lu P, Cao W, et al. Single attosecond pulse generation from asymmetric molecules with a multicy-cle laser pulse [J]. Opt. Lett. , 2007, 32(9): 1186 – 1188.

[68] Zhao S, Zhou X, Li P, et al. Isolated short attosecond pulse produced by using an intense few – cycle shaped laser and an ultraviolet attosecond pulse [J]. Phys. Rev. A. , 2008, 78(6): 063404.

[69] Papadogiannis N A, Witzel B, Kalpouzos C, et al. Observation of attosecond light localization in higher order harmonic generation [J]. Phys. Rev. Lett. , 1999, 83(21): 4289 – 4292.

[70] Tzallas P, Charalambidis D, Papadogiannis N A, et al. Direct observation of attosecond light bunching [J]. Nature, 2003, 426(20): 267 – 271.

[71] Tzallas P, Witte K, Tsakiris G D, et al. Extending optical fs metrology to XUV attosecond pulses [J]. Appl. Phys. A, 2004, 79: 1673 – 1677.

[72] Papadogiannis N A, Nikolopoulos L A A, Charalambidis D, et al. Two – photon ionization of he through a superposition of higher harmonics [J]. Phys. Rev. Lett. , 2003, 90(13): 133902.

[73] Papadogiannis N A, Nikolopoulos L A A, Charalambidis D, et al. On the feasibility of performing non – linear autocorrelation with attosecond pulse trains [J]. Appl. Phys. B, 2003, 76(7): 721 – 727.

[74] Nikolopoulos L A A, Benis E P, Tzallas P, et al. Second order autocorrelation of an XUV attosecond pulse train [J]. Phys. Rev. Lett. , 2005, 94(11): 113905.

[75] Kitzler M, Milosevic N, Scrinzi A, et al. Quantum theory of attosecond xuv pulse measurement by laser dressed photoionization [J]. Phys. Rev. Lett. , 2002, 88(17): 173904.

[76] Scrinzi A, Geissler M, Brabec Th. Attosecond cross correlation technique [J]. Phys. Rev. Lett. , 2001, 86(3): 412 – 415.

[77] Itatani J, Quéré F, Yudin G L, et al. Attosecond streak camera [J]. Phys. Rev. Lett. , 2002, 88(17): 173903.

[78] Quéré F, Itatani J, Yudin G L, et al. Attosecond spectral shearing interferometry [J]. Phys. Rev. Lett. , 2003, 90(7): 073902.

[79] Mairesse Y, Quéré F. Frequency – resolved optical gating for complete reconstruction of attosecond bursts [J]. Phys. Rev. A. , 2005, 71(1): 011401.

[80] Bandrauk A D, Chelkowski S, Shon N H. How to measure the duration of subfemtosecond xuv laser pulses using asymmetric photoionization [J]. Phys. Rev. A. , 2003, 68(4): 041802.

[81] Agostini P, DiMauro L F. The physics of attosecond light pulses [J]. Rep. Prog. Phys. , 2004, 67: 813 – 855.

[82] Chini M, Gilbertson S, Khan S D, et al. Characterizing ultrabroadband attosecond lasers [J]. Opt. express, 2010, 18(12): 13006 – 13016.

[83] Véniard V, Taïeb R, Maquet A. Phase dependence of (N + 1) – color (N > 1) ir – uv photoionization of atoms with higher harmonics [J]. Phys. Rev. A. , 1996, 54(1): 721 – 728.

[84] Toma E S, Muller H G. Calculation of matrix elements for mixed extreme – ultraviolet – infrared two – photon above – threshold ionization of argon [J]. J. Phys. B: At. Mol. Opt. Phys. , 2002, 35: 3435 –

3442.

［85］Goulielmakis E, Nersisyan G, Papadogiannis N A, et al. A dispersionless michelson interferometer for the characterization of attosecond Pulses ［J］. Appl. Phys. B, 2002, 74(3): 197 – 206.

［86］Salières P, L'Huillier A, Lewenstein M. Coherence control of high – order harmonics ［J］. Phys. Rev. Lett. , 1995, 74(19): 3776 – 3779.

［87］Gaarde M B, Salin F, Constant E, et al. Spatiotemporal separation of high harmonic radiation into two quantum path components ［J］. Phys. Rev. A. , 1999, 59(2): 1367 – 1373.

［88］Lee D G, Shin H J, Cha Y H, et al. Selection of high – order harmonics from a single quantum path for the generation of an attosecond pulse train ［J］. Phys. Rev. A. , 2001, 63(2): 021801.

［89］Salières P, Carré B, Déroff L, et al. Feynman's path – integral approach for intense – laser – atom interactions ［J］. Science, 2001, 292(5518): 902 – 905.

［90］López – Martens R, Varjú K, Johnsson P, et al. Amplitude and phase control of attosecond light pulses ［J］. Phys. Rev. Lett. , 2005, 94(3): 033001.

［91］Kim K T, Kang K S, Park M N, et al. Self – compression of attosecond high – order harmonic pulses ［J］. Phys. Rev. Lett. , 2007, 99(22): 223904.

［92］Zheng Y, Zeng Z, Zou P, et al. Dynamic chirp control and pulse compression for attosecond high – order harmonic emission ［J］. Phys. Rev. Lett. , 2009, 103(4): 043904.

［93］Kohler M C, Keitel Ch H, Hatsagortsyan K Z. Attochirp – free high – order harmonic generation ［J］. Opt. Express, 2011, 19(5): 4411 – 4420.

［94］Qin M, Zhu X S, Zhang Q B, et al. Broadband large – ellipticity harmonic generation with polar molecules ［J］. Opt. Express, 2011, 19(25): 25084.

［95］Fleischer A, Sidorenko P, Cohen O. Generation of high – order harmonics with controllable elliptical polarization ［J］. Opt. Lett. , 2013, 38(2): 223 – 225.

［96］Yuan K J, Bandrauk A D. Single Circularly polarized attosecond pulse polarized laser pulses and terahertz fields from molecular media ［J］. Phys. Rev. Lett. , 2013, 110(2): 023003.

［97］Zürch M, Kern C, Hansinger P, et al. Strong field physics with singular light beams ［J］. Nat. Physics, 2012, 8: 743 – 746.

［98］García C H, Picón A, Román J S, et al. Attosecond extreme ultraviolet vortices from high – order harmonic generation ［J］. Phys. Rev. Lett. , 2013, 111: 083602.

［99］Gariepy G, Leach J, Kim K T, et al. Creating high – harmonic beams with controlled orbital angular momentum ［J］. Phys. Rev. Lett. , 2014, 113: 153909.

第3章

阿秒激光的应用

3.1 阿秒激光应用概述

阿秒脉冲的产生及其应用是人类正在开拓的全新学科领域。阿秒相干光源不仅在原子和分子内电子运动的探测,原子核结构的探测以及相关的正负电子对及 γ 射线产生等基础物理学研究上有重大应用价值,在超快信息、材料科学技术和生命科学等方面也将创造前所未有的极端条件和提供全新的研究手段。电子在 20 世纪的科学和技术发展中起了极其重要的作用,大家都广泛地期望光子能够替代它成为 21 世纪科学技术发展的重要角色。但是随着激光技术的发展,基于电子的科学技术发展并没有结束,相反,在原子尺度内实时观测和控制电子动力学才刚刚开始。

目前,在原子分子方面的超快电子动力学研究主要包括原子内电子的激发和弛豫、结构重排、波包运动以及电子—电子相互作用过程,分子内的电子和核结构变化、成像等。例如,2002 年奥地利的 F. Krausz 研究组首次用他们产生的 0.9fs XUV 脉冲研究了氪(Kr)原子 M 壳层的俄歇衰变(Auger Decay)过程,测量了空穴的衰变曲线并发现其寿命大约为 7.9fs[1]。2007 年,该研究组进一步用他们产生的 0.25fs 的超短脉冲研究了氖原子和氙原子的激发和隧穿电离过程,实验中观测到 Ne^{2+} 的产率的上升时间大约为 400as,这表明,shakeup 发生的时间非常快[2]。2007 年,美国加州伯克利的研究人员用阿秒 XUV 脉冲做探针研究氙原子在 800nm 强激光电离后的一价离子在不同量子态上的布居数,证明了飞秒高次谐波瞬态吸收谱可用于完整的量子态表征。

在化学方面,化学反应的机理和化学反应过程的控制是目前重要的研究方向。阿秒脉冲针对电子的运动过程,可以更高的时间分辨率探测和控制电子运动过程,有可能提高化学反应控制的新方法。目前,这方面的研究,主要集中于探测和控制分子的解离过程,通过控制分子内的电子运动,控制分子的解离通道,以实现控制化学反应通道的目的。

在凝聚态物理和生物等方面,阿秒脉冲也提供了一种研究非平衡态电子运动过程的研究手段,为复杂体系的建模、理解和控制奠定基础。凝聚态中的电子现象是最丰富的,如大量的非局域态、guest – host 系统的电荷转移过程、表面电荷屏蔽效应、热电子、电子空穴动力学等。这些过程的实时检测和控制对于探索和接近目前基于电子的信息技术极限非常重要。目前,在凝聚态物质方面,阿秒技术主要用于表面电子瞬态结构的研究。此外,纳米系统的集体电子运动,表面等离子体激发和探测,界面电荷输运和表面化学反应控制,电子波包的整形电场操控等将是阿秒技术面临的重要挑战。2006 年,Colorado 的研究人员首次观测到固体表面的激光辅助光电效应。2007 年,Krausz 研究组首次将阿秒技术用于固体表面电子检测,发现局域 4f 态和非局域导带电子发射之间存在 100as 的时间差。此外,结合光电子发射显微技术和阿秒条纹谱技术,他们还研究了金属表面等离子体的激发情况,达到了纳米级空间分辨率和百阿秒级时间分辨率。

3.2　阿秒脉冲泵浦 – 探测技术

3.2.1　超快泵浦 – 探测研究电子动力学过程

早在 19 世纪,人们就知道闪光摄影(Spark Photography)技术可记录快速变化的现象。1864 年,Toepler 将之推广到微观动力学研究,通过这个方法他观测到了完整的声波演化过程,由此诞生了泵浦 – 探测(Pump – probe)技术。1899 年,Abraham 等人使泵浦(Pump)脉冲和探测(Probe)脉冲来自同一个源[3],使得该项技术的时间分辨率一下提高到了分辨率的极限——脉冲宽度。此后,提高动力学过程研究的时间分辨率的问题就变成如何获得更短的脉冲宽度。泵浦—探测技术出现以后很长的时间里,由于受光源的限制,时间分辨测量的分辨率一直停留在纳秒级,直到飞秒激光脉冲的出现,使得时间分辨率一下提高了六个数量级之多。A. H. Zewail 用飞秒超快激光观测到了分子化学键的断裂过程[4],并因此获得了 1999 年诺贝尔化学奖。到 20 世纪 80 年代中期,当飞秒激光脉冲宽度接近电场振荡周期时,时间分辨率的提升再次停滞,一直到阿秒脉冲的出现[1]。

2002 年,F. Krausz 研究组首次用他们产生的 0.9fs 脉冲宽度的 XUV 脉冲研究了氪(Kr)原子 M 壳层的俄歇衰变过程,测量了电子空穴的衰变曲线并发现其寿命大约为 7.9fs[1]。图 3 – 1(a)是整个测量过程的原理示意图,在 XUV 脉冲激发下,内壳层能级(W_h)的一个电子被电离出来,形成一个内壳层空穴。然后,处于外壳层电子能级 W_1 的一个电子会去填补该空穴跃迁到内壳层,其多余的能量为 $-(W_h - W_1)$,可能以光辐射的形式交出去,也可能交给另一个附近的电子使其电离产生俄歇电子。如果该能量转移给附近的电子,这个电子获得能量后也会有可能被电离出来,即俄歇(Auger)电子。在 IR 光的作用下,电子动量和能量均发生移动,随着改变 X 射线脉冲与 IR 脉冲之间的相对延迟,这种能量移动形成条纹谱,图 3-1(b)就是测量的 XUV 脉冲光激发的电子概率分布和俄歇(Auger)电子的概率分布,从条纹谱中可以得到俄歇电子时域演化。

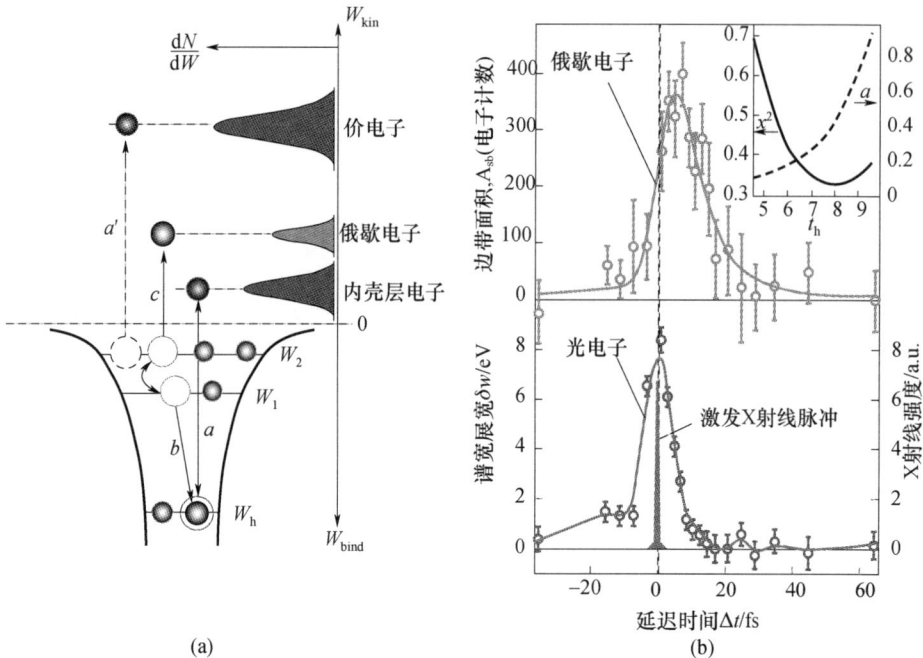

图 3-1 俄歇衰变过程的泵浦—探测(pump - probe)[1]

下面分析图 3-1 中俄歇衰变过程的测量原理。首先假设激光脉冲电场强度可以写成

$$E_L(t) = f(t)\cos(\omega t + \varphi) \qquad (3-1)$$

式中:$f(t)$ 为激光脉冲包络;ω 为激光载波频率;φ 为激光脉冲载波包络相位(CEP)。

当阿秒 XUV 脉冲把电子电离掉后,俄歇电子在 t_r 时刻发射出来,其最终在实验中被测量到的电子动量将会在激光脉冲电场作用下导致一个动量偏移量

$$\Delta p(t_r) = \int_{t_r}^{+\infty} eE_L(t)\mathrm{d}t = -A_L(t_r) \qquad (3-2)$$

显然,这个动量偏移量与激光脉冲的矢势和俄歇电子的发射时刻有关,这样就可以将其超快的时间变化过程(即动力学过程)变换为动量偏移量随时间的变化。这种方法类似于条纹相机的工作原理,因此被称为阿秒条纹谱[5]技术,原理如图 3-2 所示。图中红色曲线 $E_L(t)$ 是激光脉冲的电场,黑色曲线 $\Delta v(t)$ 是激光脉冲的矢势,绿色曲线是待测量的电子时域分布(Temporal Emission Profile of Photoelectrons),右下的紫色脉冲为阿秒脉冲。横轴为时间(表示电子发射

时刻),纵轴为速度变化(偏移)量(图中画出了一系列不同时刻的 $\Delta v(t_i)$)。通过激光脉冲电场的作用,可以将横轴的电子发射时间分布(绿色曲线)映射到纵轴的速度变化(偏移)(Electron Velocity Distribution)上,而速度变化(偏移)量在实验中可通过测量电子能谱获得。

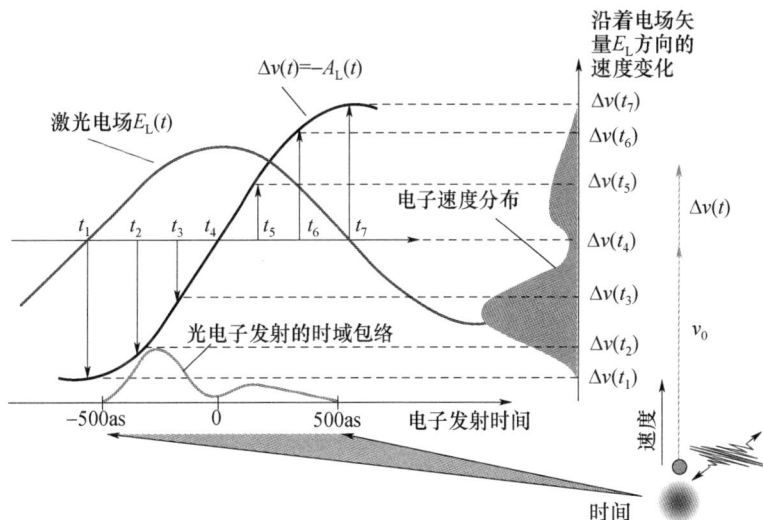

图 3 – 2　阿秒条纹谱技术的原理[5]

然后假设阿秒脉冲可以写成

$$E_X(t) = f_X(t)\cos(\omega_X t) \tag{3 – 3}$$

而待测量电子的电离能为 I_p ,且阿秒脉冲光子能量 ω_X 远大于电子电离能 I_p ,则阿秒脉冲光电离产生的电子动能为

$$E_k = \frac{1}{2}mv_0^2 = \hbar\omega_X - I_p \gg I_p \tag{3 – 4}$$

在阿秒脉冲光电离过程中,即使电离电子的能量可以由式(3 – 4)确定,电子的发射方向有一个角分布(即速度的方向分布),图 3 – 3 以激光脉冲偏振方向(X 轴)为基础,给出各个矢量之间的关系。图中 v_0 是初始电子速度矢量, $-A_L$ 是辅助激光脉冲引起的电子动量偏移(与 X 轴平行), v_f 是最终出射的电子速度矢量,其与 X 轴的夹角为 θ , α 是 v_0 与 v_f 的夹角, β 是 v_0 与 X 轴的夹角。下面分析在激光脉冲电场作用下,初始电离时刻电子的速度分布 v_0 与最终实验中测量到的电子速度分布 v_f 之间的关系。由图 3 – 3 中的矢量关系图可知

$$\frac{|A_L|}{\sin\alpha} = \frac{v_0}{\sin\theta} = \frac{v_f}{\sin\beta} \tag{3 – 5}$$

$$\theta = \alpha + \beta \tag{3 – 6}$$

由三角函数关系式可以得到以下表达式,即

149

$$\left[v_0^2 \frac{v_0^2}{\sin^2\theta} - \frac{v_0^2}{\sin^2\theta}(A_L^2 + v_f^2) + 2A_L^2 v_f^2 \right]^2 = 4A_L^2 v_f^2 \left(\frac{v_0^2}{\sin^2\theta} - v_f^2 \right) \left(\frac{v_0^2}{\sin^2\theta} - A_L^2 \right)$$

$$(3-7)$$

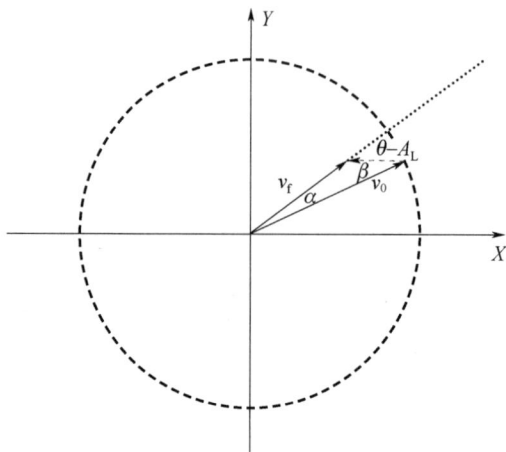

图 3 - 3　阿秒条纹谱技术中的电子速度变化(偏移)示意图

简化分析,当 $|v_0| > |A_L|$ 时,可以得到在与激光脉冲偏振方向成 θ 角的方向上测量到的最终电子能量为

$$v_f^2 = v_0^2 + A_L^2\cos2\theta \pm \sqrt{(v_0^2 + A_L^2 - 2A_L^2\sin^2\theta)^2 - (v_0^2 - A_L^2)^2} \quad (3-8)$$

$$E_f = \frac{v_f^2}{2} = \frac{v_0^2}{2} + \frac{A_L^2}{2}\cos2\theta \pm A_L\cos\theta \sqrt{v_0^2 - A_L^2\sin^2\theta} \approx$$

$$E_0 + 2U_p(t_r)\cos2\theta\sin^2(\omega t_r + \varphi) \pm$$

$$\sqrt{8E_0 U_p(t_r)}\cos\theta\sin(\omega t_r + \varphi) \cdot \sqrt{1 - \frac{2U_p(t_r)}{E_0}\sin^2\theta\sin^2(\omega t_r + \varphi)}$$

$$(3-9)$$

如果在平行于激光脉冲偏振方向上探测($\theta \approx 0$),则

$$E_f = E_0 + 2U_p(t_r)\sin^2(\omega t_r + \varphi) \pm \sqrt{8E_0 U_p(t_r)}\sin(\omega t_r + \varphi)$$

$$(3-10)$$

此时,式(3-9)等号右边第三项具有最大调制幅度,条纹谱具有最大的变化梯度。

在垂直于激光脉冲偏振方向上($\theta \approx \pi/2$),有

$$E_f = E_0 - 2U_p(t_r)\sin^2(\omega t_r + \varphi) \tag{3-11}$$

式(3-10)等号右侧第三项完全消失,这对于宽带光谱的阿秒脉冲电离产生的电子能谱数据分析更有优势。

基于此发展的 attoclock 技术[6,7],甚至可以测量多电子过程中各个不同电

子的发射时间。图 3 - 4(a)通过将辅助激光脉冲变成圆偏振光,将电离电子的出射时刻编码成角度分布,从而可以以很高的时间分辨区分不同时刻电离的电子,对于多电子电离过程的分析更加有利。图 3 - 4(b)attoclock 测量技术中观测到的隧穿过程(Interpreting Attoclock Measurements of Tunnelling Times, Lisa Torlina et al, arXiv:1402. 5620v2),图中以极坐标的形式,径向为电子能量分布,角向即代表电子的电离时间),将辅助激光脉冲变为圆偏振光,则不同时刻的矢势 $A(t_r)$ 的绝对值变化不大,但是其矢量方向将有很大变化。这样一来,不同时刻电离的电子的动量偏移量将具有不同的方向。相比较于线偏振激光脉冲,动量偏移量的变化主要在方向上,减少与初始电子的动量分布的耦合,便于数据分析处理并获得更高的时间分辨率。在多电子电离情况下,区分不同时刻的出射电子将更容易。

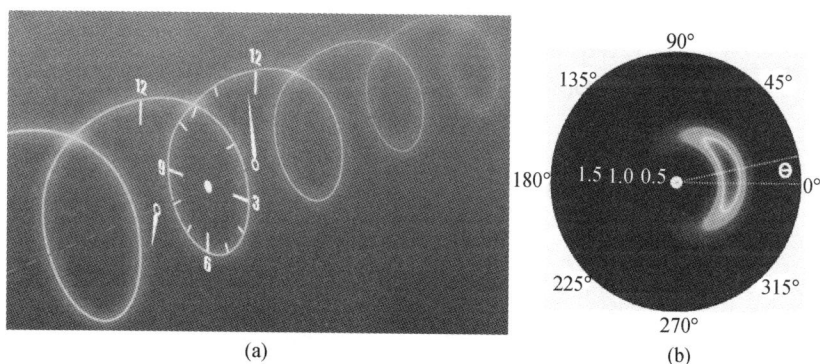

图 3 - 4   attoclock 技术,可以测量不同时刻电离出来的电子[7]

阿秒泵浦—探测技术的实现根据具体情况有各种不同的方法,如根据不同的物理过程可以分为瞬态吸收谱、时间分辨荧光谱、时间分辨光发射谱等。在阿秒物理领域,当一个原子被阿秒 XUV 脉冲或者 X 射线脉冲激发后,会出现各种物理过程,图 3 - 5 列举了其中一部分[5],内壳层电子被激发后,就有可能出现各种弛豫过程,如俄歇(Auger)衰变、Coster - Kronig 衰变以及级联衰变现象。根据不同的实验方法,阿秒泵浦—探测技术可分为阿秒条纹谱(Attosecond Streak Spectroscopy,ASS)、阿秒隧穿谱(Attosecond Tunneling Spectroscopy,ATS)、阿秒吸收谱(Attosecond Absorption Spectroscopy, AAS)、阿秒光电子谱(Attosecond Photoelectron Spectroscopy,APS)、阿秒相关谱(Attosecond Coincidence Spectroscopy,ACS)等。

阿秒条纹谱是阿秒 XUV 脉冲和红外激光脉冲共同与介质相互作用,阿秒 XUV 脉冲通过单光子电离使介质处于激发态,然后该激发态开始随时间演化,电离出后续的电子(如上述的俄歇(Auger)电子)。后续电离出来的电子在红外激光场中运动,从激光场中获得额外的动能使最终探测到的光电子能谱发生移动。

通过精确调节阿秒 XUV 脉冲与红外激光脉冲之间的相对延迟,相当于改变后续电离电子所感应的电场,从而使最终的电子能谱发生变化,得到随相对延迟变化的光电子能谱图。通过对该光电子能谱图的分析,就可以得到介质激发态的超快时间演化过程[1]。AST 并不是只能用于探测超快弛豫过程,它同样可以用于探测激发过程。当有两个以上激发过程发生时,通过仔细对比不同激发过程的阿秒条纹谱,也可以在阿秒时间尺度上分析这些激发过程的差别。在此过程中,阿秒 XUV 脉冲相当于确定一个时间起点,激发态时间演化过程的时间起点。

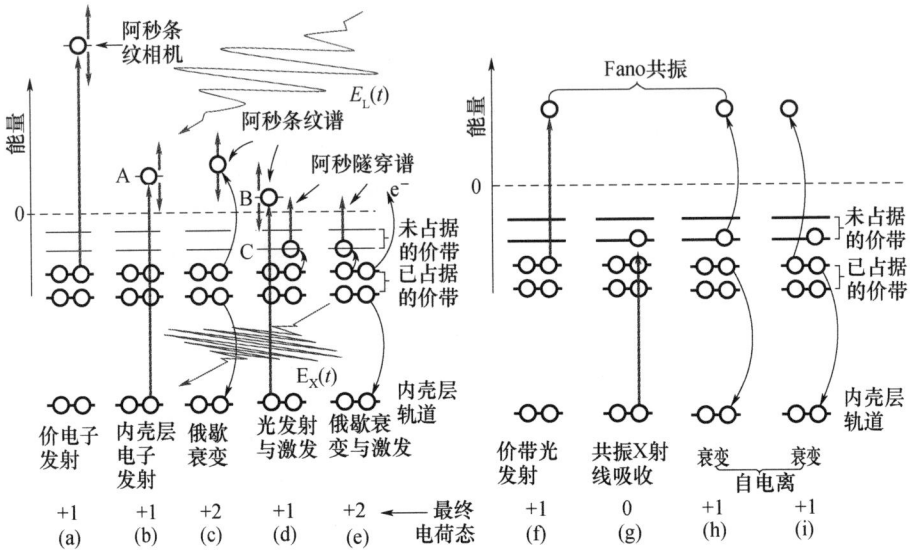

图 3-5　原子内的各种激发与弛豫过程[5]

紫色脉冲和箭头—阿秒(EUV 或者 XUV 波段)脉冲;红色脉冲和箭头—激光脉冲(红外或者可见光),
其中向上的箭头表示吸收一个光子,向下的箭头表示发射一个光子;黑色箭头—电子从一个
能级跃迁到另一个能级;黑色虚线—零能量,其上表示正能量,其下表示负能量。

相比较于阿秒条纹谱,阿秒隧穿谱(ATS)的不同之处在于它探测的是束缚态电子。在阿秒隧穿谱的探测中,首先用一个阿秒 XUV 脉冲把电子从基态激发到某个(或)多个激发态,然后一个延迟的红外激光脉冲去电离电子,统计不同离子态的产率随延迟时间的变化,就可以分析这些激发态在阿秒时间尺度上的时间演化过程[2]。

阿秒相关谱则是研究电子—电子之间的关联效应的,如在一个 XUV 光子作用下,其能量是如何在不同电子之间分配的?阿秒相关谱需要能够实现相关检测的装置,如 COLTRIMS(Cold - target Recoil - ion - momentum Spectroscopy [10,11]),因此其实验的复杂性和难度是非常高的。用一个阿秒 XUV 脉冲与介质相互作用,在同时发射两个电子的情况下,用相关检测装置检测两个电子的动量分布,期间用红外激光脉冲控制电子的运动,就可以测量得到阿秒相关谱。

　　阿秒吸收谱和阿秒光电子谱则与传统的时间分辨测量比较类似,通过用超快飞秒激光脉冲激发动态演化过程后,用阿秒 XUV 脉冲作为探测光(Probe),测量随时间变化的 XUV 光谱(吸收谱)或发射的光电子能谱[10,11],如图 3 - 6 所示,给出了泵浦光与探测光偏振平行和垂直的两种情况[8]。

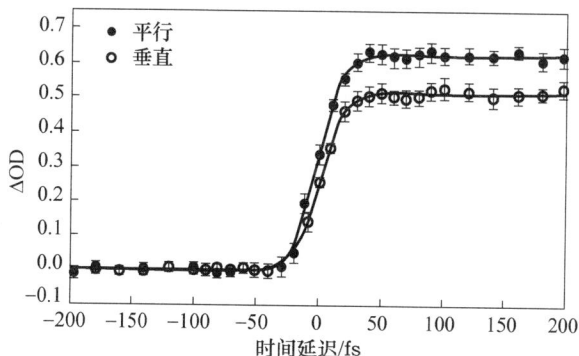

图 3 - 6　氙离子$^2P_{3/2} \to {}^2D_{5/2}$跃迁的瞬态吸收谱

　　超快瞬态吸收谱一直是研究物理、化学、生物体系中的光动力学过程的有效手段,但是一般都处于可见和红外波段,阿秒脉冲的出现可将该方法推进到更高的光子能量和更高的时间分辨。Shaohao Chen 等人测量了氦原子在强场泵浦下的瞬态吸收谱,观测到激光缀饰(Dressing)过程对原子能级的影响[12]。阿秒瞬态吸收谱不同于此前的皮秒或者飞秒瞬态吸收谱的特点是,由于阿秒脉冲的相干性非常好,光谱带宽很宽,因此存在与介质的相干相互作用和多能级同时相互作用的情况,这将带来新的现象(图 3 - 7)。

　　M. Holler 等采用阿秒脉冲链研究缀饰氦原子的阿秒瞬态吸收谱,发现瞬态束缚电子波包之间的干涉导致氦(He)原子对阿秒脉冲吸收的影响(图 3 - 8)[13]。图 3 - 8(a)为阿秒脉冲链和红外(IR)激光脉冲共同与氦原子相互作用激发 1s 能级的电子(左下是阿秒脉冲链,ω_L表示振荡的红外激光脉冲电场引起的势能曲线变化),前一个阿秒脉冲激发一个电子波包,该波包在红外光作用下运动,并与后一个阿秒脉冲产生的电子波包干涉,从而影响了电子对阿秒脉冲的吸收,这个过程与红外光引入的累积相位有关。图 3 - 8(b)为 15 次谐波在不同强度红外光参与相互作用下,透射率的振荡曲线。

　　阿秒瞬态吸收谱也可用于研究固体中的强场极化过程[14]。以前的研究一般都是针对半导体介质中的电子动力学,Martin Schultze 等将其推进到了固体介电材料,他们以阿秒脉冲的超高时间分辨率,探测到了强激光场对 SiO_2 薄膜材料的强电场控制效果。图 3 - 9(a)中的点划线是激光脉冲电场,图 3 - 9(b)中的点划线是实验测量的 109eV 光子能量附近的吸收随 Pump - probe 延迟的变化曲线,与强场极化效应对应,虚线则是理论模拟结果。图 3 - 9(c)则是吸收峰的移动,来自强场诱导的动态 Stark 效应。

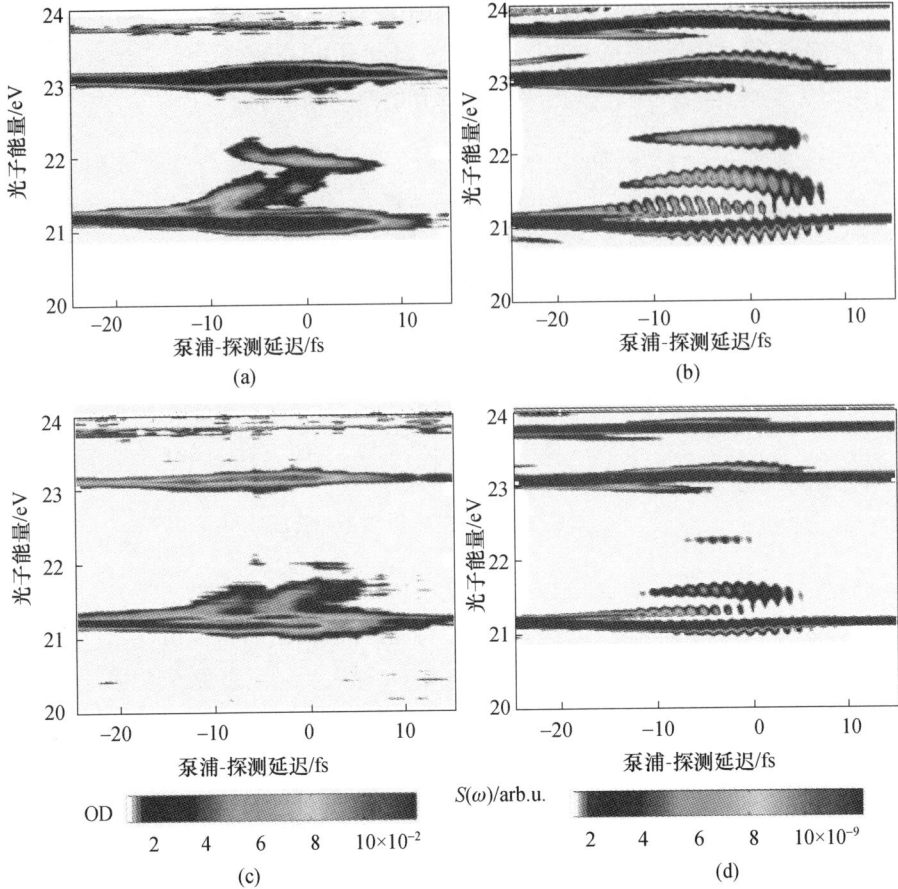

图 3-7　Shaohao Chen 等测量的氦原子在强场泵浦下的瞬态吸收谱[12]

阿秒脉冲宽度约 400as,泵浦光波长 780nm,(a) 和 (b) 的泵浦光强为 $1.6 \times 10^{12}\,\mathrm{W/cm^2}$,(c) 和 (d) 的泵浦光强为 $4.8 \times 10^{11}\,\mathrm{W/cm^2}$,(a) 和 (c) 为实验结果,(b) 和 (d) 为理论模拟结果。

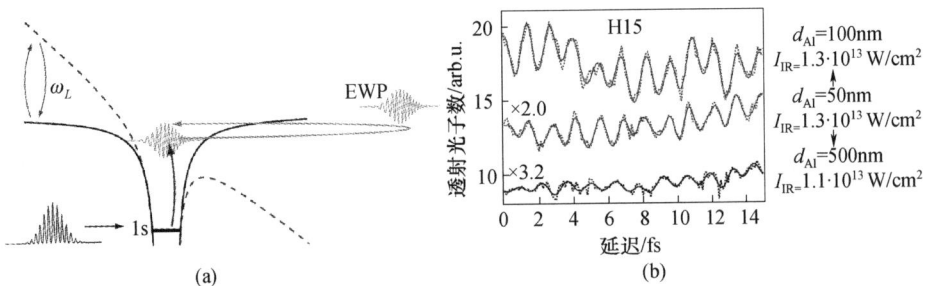

图 3-8　缀饰氦原子的阿秒瞬态吸收谱[13]

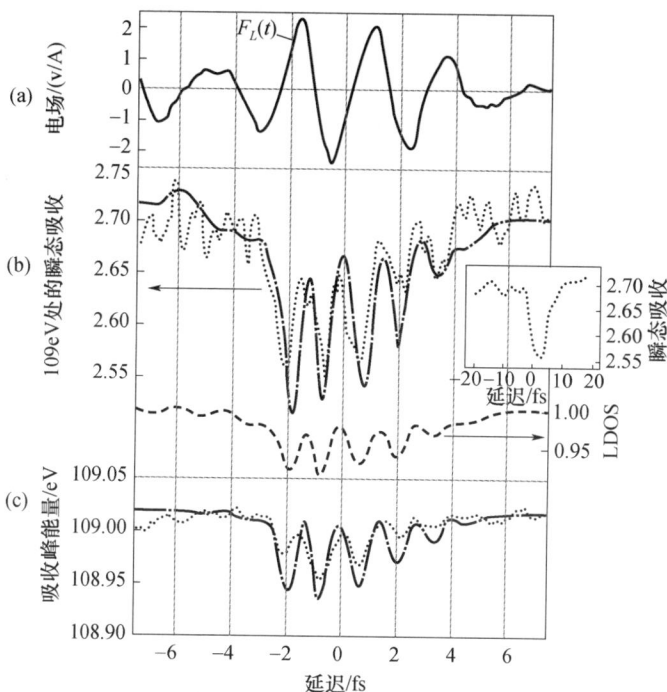

图 3 - 9　SiO₂ 薄膜材料中强场诱导的超快效应[14]

目前,对阿秒电子动力学研究最期望的是采用 XUV - 泵浦 - XUV - 探测,但是 XUV 波段的非线性光学实验是极其困难的,因为双光子过程的有效截面非常小。到现在为止,只有极少数成功的阿秒脉冲自相关测量实验,通过使用特定范围内相对波长比较长的高次谐波双光子电离了氦原子。纯的 XUV 泵浦/XUV 探测实验可以被认为是一种特殊的非线性光学测量,它尚无法在现在的 XUV 功率密度下实现,这是获得强的短脉冲源的动机之一。一旦这样的脉冲成为可能,阿秒物理就达到了一个新的台阶,且泵浦—探测技术的全部领域都可以实现。特别是,可以进行特定的内层电子激发,而探测脉冲对系统的影响大大减小。近些年,有一些用 X 射线自由电子激光(XFEL)产生的高能量 EUV/软 X 射线光源开展的 X 射线波段的非线性过程研究,探索了相关的物理过程和参数范围,但是其脉冲宽度仍然比较宽,对于电子动力学过程的研究仍然需要进一步的发展。

3.2.2　超快四维成像技术

在关于气体高次谐波的应用方面,我们前面介绍了气体高次谐波的复合过程可用类似层析成像的技术研究分子的微观三维结构,在这一节将介绍在考虑阿秒尺度的时间分辨后,该技术还可以获得四维(三维空间,一维时间)的微观结构变化信息。

首先,关于微观结构的三维空间分布及其变化一直是物理、化学、生物等各个领域非常感兴趣的。在这方面的研究中,空间分辨率最高的技术是电子衍射。因为电子的德布罗意波长 $\lambda_e = 2\pi/(2E)^{1/2}$(原子单位),即 100eV 能量的电子波长就可以轻松达到 1.2Å,而光子波长 $\lambda = 2\pi c/E$ 要达到这么短,其光子能量需要达到 10keV 的硬 X 射线波段,而硬 X 射线是很难操纵的。在气体高次谐波的复合过程中,电子能量一般都能到几十电子伏,甚至达到几百电子伏也不难,因此利用气体高次谐波的复合过程可以很容易地实现很高的空间分辨率。

其次,关于时间分辨的信息,则主要是采用泵浦—探测技术,也可以根据气体高次谐波的特性,采用一种称为啁啾编码的方法[15,16]。泵浦—探测技术比较好理解,通过泵浦脉冲激发分子后,通过探测脉冲产生气体高次谐波获取分子的微观结构信息。改变泵浦—探测的时间延迟,可以获得分子激发后不同时刻的微观结构,组合起来即可获得分子微观结构变化信息。啁啾编码的方法则略有不同,它是根据气体高次谐波的特性提出的(图 3 - 10)。根据气体高次谐波产生的三步模型,电子电离到电子复合需要一定的时间,而电子电离相当于激发过程,电子复合则相当于探测过程,中间的时间则反映在不同的谐波级次上,谐波级次不同则电子电离到电子复合的时间不同,因此从不同谐波级次上可以获得时间分辨的信息。啁啾编码的方法可以获得很高的时间分辨率,而且通过改变少周期脉冲的载波包络相位或者对激光脉冲进行整形还可以对其进行精确控制。图 3 - 10(a)中,高次谐波产生过程中电子轨迹与电子电离时间有关,三种可能的电子轨迹的电子返回时间分别用 Δt_1、Δt_2、Δt_3 标记,其对应的返回电子动能分别为 E_1、E_2、E_3。不同的返回电子动能对应于产生不同的谐波级次,从而将不同的核运动过程编码到不同的谐波级次。由于高次谐波产生过程中,总的电子电离时间约为 1/10 光周期(对于 800nm 波长的激光脉冲,这个时间在 200 ~ 300as),通过将这个时间过程编码于不同的高次谐波级次,这种技术的时间分辨率可达到 10as 的量级。

超快四维成像技术无论在实验上还是在理论上都进行了大量研究,尤其是分子微观结构信息的提取方法,更是在理论上进行了深入的讨论。在该技术中,将电子波包作为探测脉冲以获得很高的空间分辨率,因此就需要合适的模型描述从分子中电离出来的电子波包。在最初的实验中,电子波包被描述为平面波的组合[17]。但是根据理论分析[18],由于获得的高次谐波光谱范围有限,因此不能获得精确的分子 HOMO 轨道波函数。Chii - Dong Lin 等认为[19],目前无法从气体高次谐波谱中获得精确的分子 HOMO 轨道信息,因为气体高次谐波产生是高度非线性过程,除了简单的体系外,其理论模型仍然不够准确。基于经典的散射模型,他们提出了 QRS(Quantitative Rescattering Theory)理论[20]及其在分子自成像方面的应用[19]。

气体高次谐波产生的精确理论不仅对于理解分子高次谐波非常重要,而且对于气体高次谐波的应用也非常重要。目前,气体高次谐波的理论基本上是基于单电子近似的,但是 Olga Smirnova 等认为,在分子高次谐波中,不仅分子最高占据轨道(HOMO)的电子会产生气体高次谐波,一些能量稍低的分子轨道,如HOMO−1,或能量稍高的激发态也同样会对气体高次谐波的产生起重要作用[21,22]。这使得重建产生气体高次谐波的电子轨道波函数的工作变得极其复杂,目前已经有一些实验证实了气体高次谐波产生过程中的多电子效应和混合态效应,但是在理论方面还需要进一步的发展。

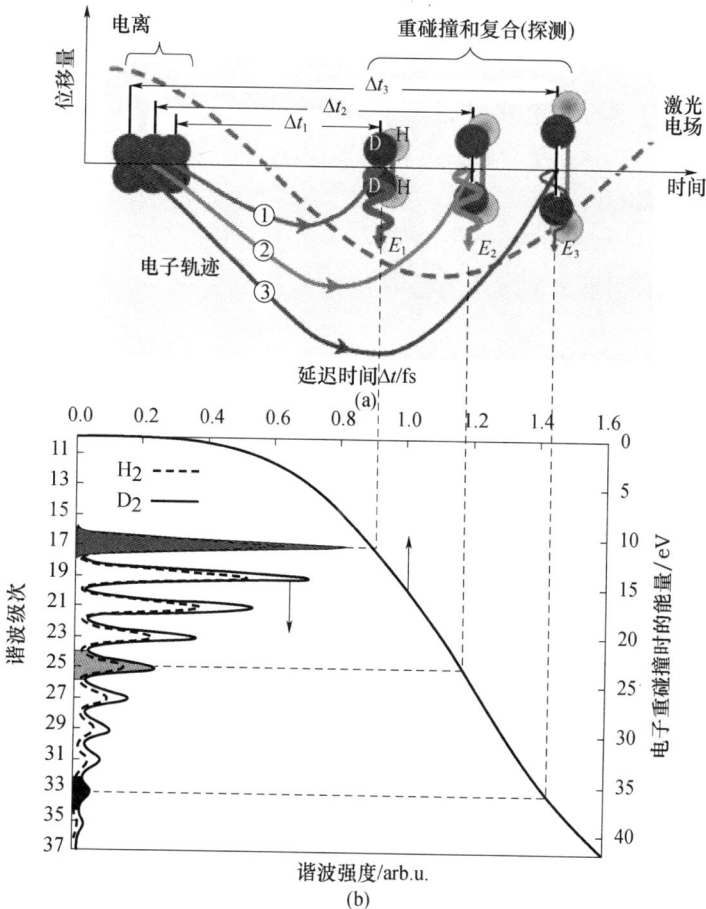

图 3 − 10 高次谐波谱编码技术研究核动力学[15]

3.3 阿秒脉冲在不同领域的应用前景

在原子分子物理中,多电子动力学研究是目前阿秒脉冲应用的重要方向,阿秒 XUV 脉冲结合阿秒条纹谱技术可以获得极高的时间分辨,这对于复杂的多电子动力学研究非常重要。近些年,多电子过程中的光电子发射延迟(或电离延迟)是一个重要的研究内容,下面对此做一个简单的介绍。

原子中的电子吸收一个高能光子,发生光电离,是量子力学中最基本的物理过程。1905年,爱因斯坦提出光子假设,成功解释了光电效应,因此获得了1921年诺贝尔物理奖。在他的解释中,光电效应的瞬时性是与光的波动理论的重要差别,只要光的频率高于金属的极限频率(与金属的逸出功有关),入射光的亮度无论强弱,光电子的产生都几乎是"瞬时"的,而按光的波动性理论,如果入射光较弱,只要照射的时间长一些,金属中的电子仍然有可能积累足够的能量飞出金属表面。这个"瞬时",以前给出的时间精度一般是 10^{-9} s,即"纳秒"。

对于时间过程的研究,需要确定一个时间零点,光电离过程中显然是以光子到达的时刻为"时间零点"。阿秒脉冲的出现,使得我们可以在更高的时间精度上研究这个重要的基本物理过程,可以以更高的时间精度确定这个"时间零点"的位置,然后测量光电子的电离时刻相对于这个时间零点的"延迟"。但是这个"延迟"的绝对值目前仍然是不可测量的,因为我们无法确定阿秒脉冲的准确到达时间,但是目前的阿秒条纹谱技术可以测量出多个不同电子电离的"延迟差"。严格来说,原子中哪怕单电子电离,它事实上也是一个多电子相互作用过程,对于这个过程的研究有助于研究原子内的电子相关效应。M. Schultze 等利用阿秒条纹谱技术测量了氖(Ne)原子 2s 和 2p 轨道电子发射(电离)的延迟[23],发现它们存在一个 21as ±5as 的时间差。图 3-11 是该实验的测量原理,图(a)中给出了两个时间轴,一个是真实的时间轴,其时间零点 $t=0$ 由阿秒脉冲触发,但是它上面的每个时间点目前仍然是无法测量的。另一个是表观时间轴,它与真实时间轴相比有一个 Δt 的"延迟",它对应的时间零点 $t'=0$ 被看作是实验数据中所能获得的时间零点。图(b)是含时薛定谔方程模拟(TDSE)计算的 2s 和 2p 电子轨道在与阿秒 XUV 脉冲作用后 $t_1=300as$ 和 $t_2=1500as$ 时刻的光电子概率密度空间分布。在被阿秒 XUV 脉冲电离后,因为速度的不同,2s 和 2p 电子波包在空间上逐渐分离。由于此时已经远离原子核,可以用经典的粒子运动来描述其到达探测器的时间,并以此反推出其电离的时间。右下图中的红色实线和蓝色虚线即用经典方法计算的 2s 和 2p 轨道电离电子的运动轨迹,在将该轨迹反推回到 $r_0=0.3\text{Å}$ 处时,可得到电子电离的时间差为 $\Delta t_{rel}=5as$。实验中,他们用短于 4fs 的近红外激光脉冲产生了 100~140eV 的高次谐波连续谱,在经过 XUV 多层膜反射镜和金属滤膜后获得以 106eV 光子能量为中心、带宽 14eV 的阿秒 XUV 脉冲,可支持的阿秒脉冲宽度小于 200as。该阿秒脉冲与近红外脉冲同时作用于电离氖原子产生光电子,并调节两者之间的相对延迟获得阿秒条纹谱。

从量子力学角度来说,光电子的电离是一个随时间变化的概率变化过程,产生的是一个电子波包,因此并不能直接从阿秒条纹谱上获得电离的时间差。因此,理论上的处理需要从量子力学的角度出发,通过阿秒条纹谱计算产生的电子波包的群速度色散和波包中心的群速度,最终得到产生的电子波包的群延迟差,图 3 - 12 是实验测量和理论分析的平均延迟差。高精度的阿秒时间测量也带来一些新的讨论[24],就是时间在量子力学理论中到底只是一个参数还是具备量子力学算符和本征值的争议。就目前的实验结果来说,该实验只是进一步证实了时间只是一个参数,而并不具备量子力学本征值的概念。

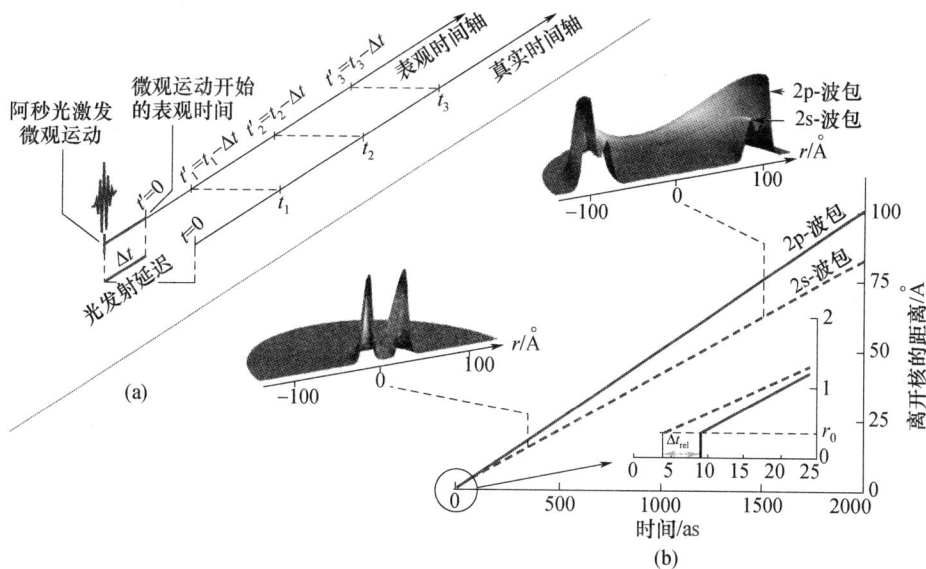

图 3 - 11　电子光电离过程的阿秒延迟测量原理[23]

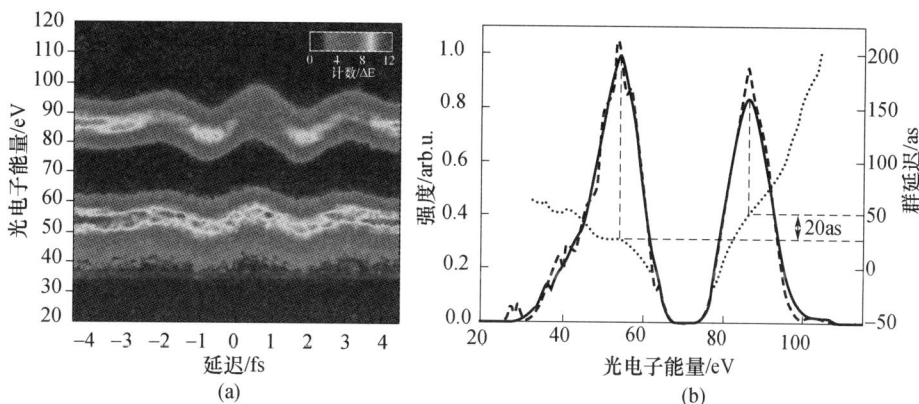

图 3 - 12　实验:测量和理论分析平均延迟差

(a)是实验测量的光电子能谱随 pump - probe 延迟的变化,即阿秒条纹谱[23],图中上下两条能带分别对应于 2p 和 2s 电子;(b)是经过处理后恢复出来的 2s 和 2p 电子能谱(黑色实线)和光电子波包的群延迟(红色虚线),可以看到其电离的平均时间差约为 20as。

在化学方面,飞秒化学无疑是成功的典范,在1999年被授予 Nobel 化学奖。在飞秒激光与分子相互作用中,光场首先与电子发生相互作用,然后这些电子运动继续推动原子核的运动,最终导致分子结构变化和可能的化学反应。飞秒化学通过泵浦—探测的方法,探测化学反应过程中的中间态、过渡态,可以看到化学反应过程是按照什么途径进行的。但是在化学上目前仍然存在很多问题,在机理方面,化学键究竟是如何断裂和重组的?分子是怎样吸收能量的?怎样在分子内激发化学键达到特定的反应状态的?而在化学反应控制方面,目前人们感兴趣的问题是:能否发展一种普适的方法利用激光特定地控制原子和分子的量子行为?能否控制化学反应的属性与产物性质,如在多原子分子中断裂某一选定的键?能否发展一些新的合成方法以产生新分子、分子的态,乃至分子器件(如可编程光学器件或纳米机器)?可否把这些概念从气相推广应用至固体、团簇、液体或在表面上?

在光场与分子相互作用的过程中,首先参与相互作用的是电子,通过对体系电子运动的理解和控制,也许可以深入了解化学反应的本质。化学反应的控制,同样需要实现对电子运动的控制才能实现,如许多小组采用 800nm/400nm 的双色场或者用少周期激光脉冲[25]控制分子的解离过程,实际上就是在阿秒时间尺度内控制激光电场的变化,实现超快的电子运动控制。以少周期激光脉冲为例,图 3 – 13(a)中测量的是 D^+ 离子信号,所用激光脉冲为 5fs,1×10^{14} 载波包络相位稳定。图 3 – 13(b)中给出非对称参数(Asymmetry Parameter)随 D^+ 离子动能和激光脉冲载波包络相位的变化。图 3 – 13(c)则是某些能量位置处的积分效果,可以看出,3~8eV 处的控制效果是最好的。这是因为实验中的 $D_2{}^+$ 是由激光脉冲电离 D_2 分子产生,这使得电子波包在上能级的布居是受激光脉冲电场控制的,通过改变激光脉冲电场,可以控制电子波包在上能级的布居和分子的解离过程。何峰等人的研究则发现,用阿秒 XUV 脉冲控制 $H_2{}^+$ 解离(图 3 – 14(a)是非对称参数随 XUV – IR 延迟的变化,可以看到类似激光电场的振荡变化,特定延迟下的最大值可以到达 0.68,图 3 – 14(b)非对称参数随激光脉冲载波包给相位的变化),其非对称参数达到 0.68,这意味着超过 84% 的电子在解离过程中位于某一个核上,这个效果是非常显著的。这也意味着阿秒电子运动确实可以影响化学反应过程[26],控制阿秒时间尺度的电子运动有可能可以控制化学反应。

分子在吸收光的过程中,电子态是如何变化的,是决定后续化学反应通道的根本。图 3 – 15 的测量结果(图 3 – 15(a)是阿秒脉冲 81.20~81.45 eV 能量范围内吸收谱的积分随时间变化,从中可以得到 4p 叠加态的量子相位演化,最下面则是从量子相位重建的空穴态密度分布随时间演化过程,图 3 – 15(b)是其局部放大)展示了氪(Kr)原子在被红外(IR)光电离后的空穴态分布及其动力学过程。该测量结果表明阿秒吸收谱可用于研究复杂体系的光激发动力学过程,可实时研究原子、分子、凝聚态物质等各种不同的势能体系。

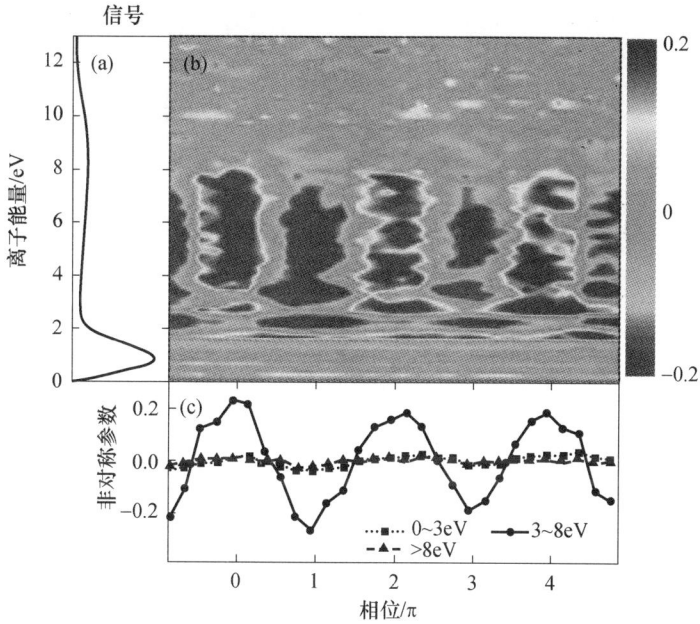

图 3-13　少周期激光脉冲控制电子局域化和分子解离过程[25]

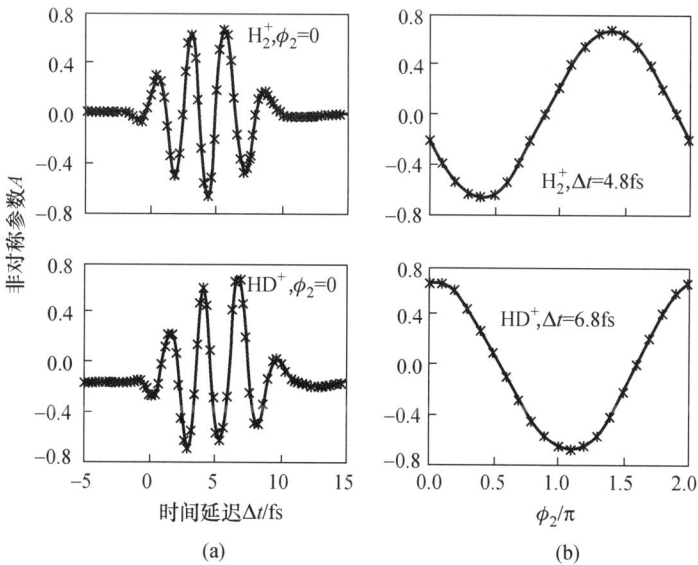

图 3-14　H_2^+ 和 HD^+ 解离过程中的非对称参数随阿秒脉冲与激光脉冲
延迟、激光脉冲载波包络相位的变化

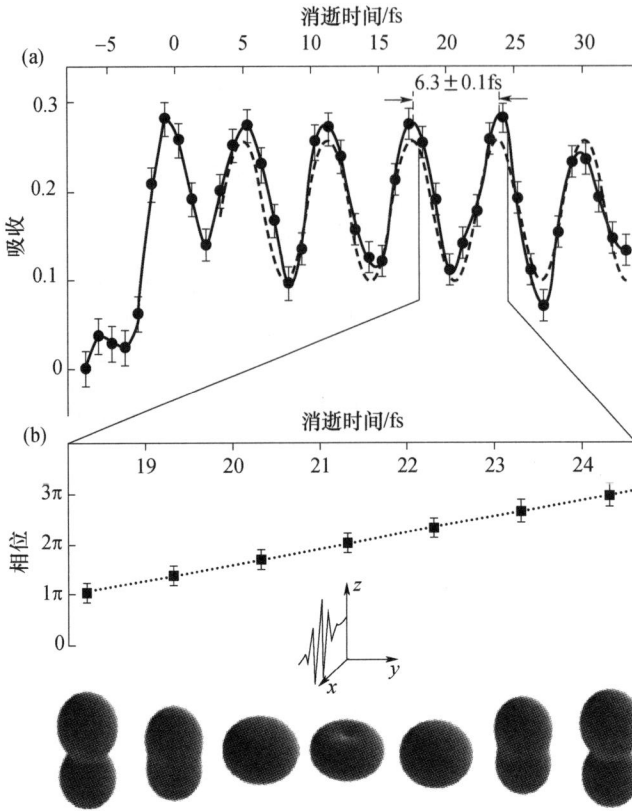

图 3 - 15   Kr 原子在 4fsIR 光强场电离后产生的空穴密度分布的时间演化过程[27]

在固体表面物理/化学研究中,超快电子动力学过程对于将来的发展也非常重要。价带电子输运过程构成了光化学、电化学和电子边界转移(Electron Transport Across Boundaries)过程的基础。电子输运过程的时间尺度决定于供体(Donor)和受体(Acceptor)之间的相互作用强度。对于弱相互作用体系,其电子输运动力学已经用飞秒激光脉冲研究过了。但是对于强耦合体系,电子输运出现在阿秒时间尺度,相关研究尚有待开展。频域的高分辨共振 X 射线谱研究表明,其输运时间在阿秒时间尺度,如金属基底上的 sulphur。但是这种光谱测量方法无法提供实时分辨,也无法得到时域变化动力学过程,只是基于弛豫过程的假设,通过弛豫过程对光谱的展宽来反推其发生的时间尺度。阿秒脉冲则有可能直接测量这些弛豫过程的时间演化,图 3 - 16 是实验测量的钨单晶(110)表面在光子能量为 91eV,脉冲宽度为 300as 的阿秒脉冲作用下的 4f 态和导带电子发射,可以看到两者是有时间差的,发射的时间差大约为 110as[28]。图 3 - 17 是实验装置示意图。图中 5fs/750nm/400uJ 的激光脉冲与氖气(Neon)相互作用产生气体高次谐波,锆(Zr)膜用于通过 XUV 光,阻挡红外光。XUV 反射镜的中心频率带 91eV,带宽约为 6eV,XUV 光和红外光共同聚焦到钨单晶表明上,产生的电子能量分布由时间飞行谱仪(TOF)测量。通过改变 XUV 光和红外光之间的延迟,测量电子能谱就可以得到固体表面发射的电子条纹谱),XUV 脉冲激发钨单晶表面的电子,选择未发生非弹性碰撞的电子。这些电子穿过导带,离开金属表面,在延迟控制下的红外光作用下获得额外的动量发生能量移动,形成条纹谱。实验中主要观测到两个能量位置的电子,一个是 83eV 附近的电子峰,来自导带电子的发射,另一个是 56eV 附近的电子峰,来自晶体的 4f 局域态。通过比较 47 ~ 66eV 和 66 ~ 110eV 两个电子能谱段的质心移动,可以得到两个电子峰发射时间差约为 110as ± 70as。

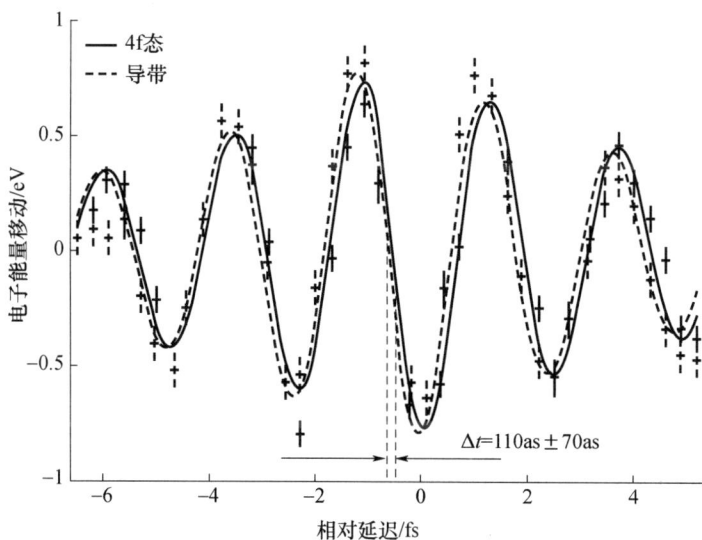

图 3 - 16　阿秒实时观测固体中的电子输运(电离)过程

对于该实验结果,C. H. Zhang 等人给出了一个理论分析结果,证实了该时间延迟来自固体表面不同深度晶面发射电子的干涉结果[29]。这是一个量子力学模型,采用如下表达式描述基态电子波函数,即

$$\Psi_{k_i}(r,t) = \Psi_{k_i}(r)e^{-i\varepsilon_i t} \qquad (3-12)$$

式中:ε_i 为束缚能;k_i 为 Bloch 波的波矢,其中包含了指向金属表面以及反向的 Bloch 波,以及透射出金属表面($z>0$,z 垂直于表面)指数衰减的波函数。在忽略带内以及带间等各种相互作用过程后,可以将电子波函数终态写成一个衰减的 Volkov 态,即

$$\Psi_{k_f,\kappa}^{V}(r,t) = \Psi_{k_f}^{V}(r,t)\chi(\kappa,z) \qquad (3-13)$$

式中:$\chi(\kappa,z)$ 为衰减因子,在 $z>0$ 的时候等于 1,在 $z<0$ 的时候写成 $e^{\kappa z}$。k_f 表示光电子的末动量,$\kappa = 1/\lambda$,$\Psi_{k_f}^{V}(r,t)$ 是通常的 Volkov 波函数。在 XUV 光 E_x(t)作用下光电子的跃迁幅度可以写成(原子单位制)

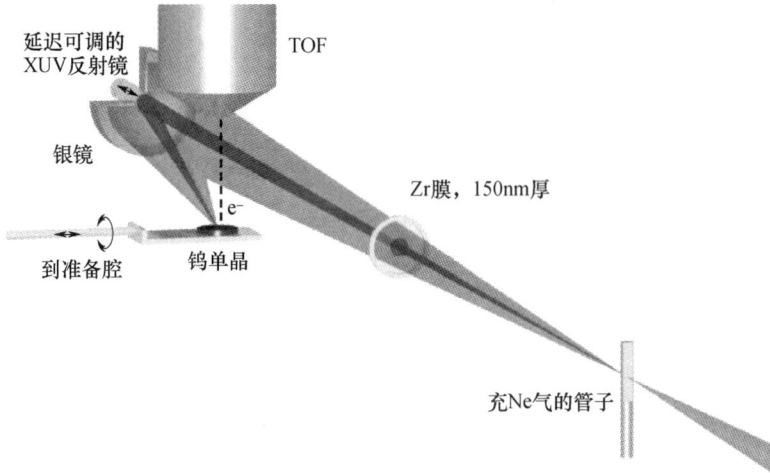

图 3-17　固体表面电子发射测量装置示意图[28]

$$T_{k_f,k_i}(\tau) = \frac{1}{i}\int_{-\infty}^{+\infty}\langle \Psi_{k_f,\kappa}^V(\boldsymbol{r},t)\mid zE_x(t+\tau)\mid \Psi_{k_i}(\boldsymbol{r},t)\rangle \mathrm{d}t \quad (3-14)$$

尖括号 $<\cdots>$ 中的表达式可以写作 $E_x(t)d_{k_i,p}(t-\tau)\mathrm{e}^{-i\varepsilon_i t-i\phi_{v,k_f}(t-\tau)}$，其中 $d_{k_i,p}(t)$ 是跃迁矩阵元，相位 $\phi_{v,k_f}(t)$ 可以分别写作

$$d_{k_i,p}(t) = \frac{i}{\sqrt{V}}\frac{\mathrm{d}}{\mathrm{d}p_z}\int \mathrm{d}^3 r\,\mathrm{e}^{-i\boldsymbol{p}\cdot\boldsymbol{r}}\mathrm{e}^{\kappa z}\Psi_{k_i}(\boldsymbol{r}) \quad (3-15)$$

$$\phi_{v,k_f}(t) = \frac{1}{2}\int_t^{+\infty}[\boldsymbol{k}+\boldsymbol{A}_L(t')]^2\mathrm{d}t' \quad (3-16)$$

式中：$\boldsymbol{A}_L(t)$ 为激光脉冲的矢势；$\boldsymbol{p}(t)=\boldsymbol{k}+\boldsymbol{A}_L(t)$ 为正则动量。对于第一布里渊的所有电子动量进行积分后就可以得到发射的光电子信号

$$P(E,\tau) = \sum_i \mid T_{k_f,k_i}(\tau)\mid^2 \quad (3-17)$$

将 z 方向上的积分分解，可以写成

$$d_{k_i,p}(t-\tau) = i\frac{\mathrm{d}}{\mathrm{d}p_z}\sum_{l=-,+}f_{k_i,p(t-\tau)}^l \Delta_{p_z(t-\tau),k_z}^l(\kappa) \quad (3-18)$$

$$f_{k_i,p(t)}^{\pm} = \frac{1}{Sa}\int_S \mathrm{d}\boldsymbol{r}_{/\!/}\int_{-a}^0 \mathrm{d}z\,\mathrm{e}^{-i\boldsymbol{p}(t)\cdot\boldsymbol{r}}\Psi_{k_i}^{\pm}(\boldsymbol{r}) \quad (3-19)$$

$$\Delta_{p_z(t),k_z}^{\pm}(\kappa) = \sum_{n=0}^{\infty}\mathrm{e}^{i[p_z(t)\pm k_z+i\kappa]na} = \frac{1}{1-\mathrm{e}^{i[p_z(t)\pm k_z+i\kappa]a}} \quad (3-20)$$

式中：$\Delta_{p_z(t),k_z}^{\pm}(\kappa)$ 为来自晶体晶格不同层之间的干涉效应；S 为晶体表面积分。下面就可以将具体的初始波函数代入进行计算，对于导带波函数，采用如下近似表达式，即

$$\Psi_k(\boldsymbol{r}) = \frac{1}{\sqrt{V}}\mathrm{e}^{i\boldsymbol{k}_{/\!/}\cdot\boldsymbol{r}_{/\!/}}(\mathrm{e}^{ik_z z}+R\mathrm{e}^{-ik_z z})\Theta(-z) \quad (3-21)$$

式中：$R = (k_z - i\gamma)/(k_z + i\gamma)$，$\gamma = \sqrt{2(\varepsilon_F + W) - k_z^2}$；$\Theta(z)$ 则是当 $z > 0$ 时取值为 1。这样就可以得到

$$f^{\pm}_{k_i, p(t)} = -\frac{\delta_{p_{//} - k_{//}} R^{(1/2) \pm (1/2)}}{i[p_z(t) \pm k_z + i\kappa]\Delta^{\pm}_{p_z(t), k_z}(\kappa)} \qquad (3-22a)$$

$$d^{CB}_{k_i, p(t)} = \frac{1}{a}\left[\frac{\delta_{p_{//} - k_{//}}}{[p_z(t) - k_z + i\kappa]^2} + \frac{\delta_{p_{//} - k_{//}} R}{[p_z(t) + k_z + i\kappa]^2}\right] \qquad (3-22b)$$

对于 4f 局域态，可以近似用每个晶格格点上的原子波函数 $\Psi_c(r)$ 叠加，将波函数写成

$$\Psi^{\pm}_k(r, t) = \sum_n e^{ik^{\pm}_n \cdot R_n}\Psi_c(r - R_n)e^{-i\varepsilon_n t} \qquad (3-23)$$

式中：$\varepsilon_n = -32.55\text{eV}$ 是 4f 原子能级相对于费密能级 ε_F 的差值。这样就可以计算得到

$$d^{4f}_{k_i, p(t)} = i\delta_{p_{//} - k_{//}}\frac{d}{dp_z}\{\widetilde{\Psi}_c[p(t)]\Delta_{p_z(t), k_z}(\kappa)\} \qquad (3-24)$$

式中：$\Delta = \Delta^{-} - \Delta^{+}$；$\widetilde{\Psi}_c(p)$ 为 $\Psi_c(r)$ 的傅里叶变换。在 $\lambda = 5\text{Å}$ 的情况下，上述表达式的数值计算可以重复实验测量结果（图 3-18）。

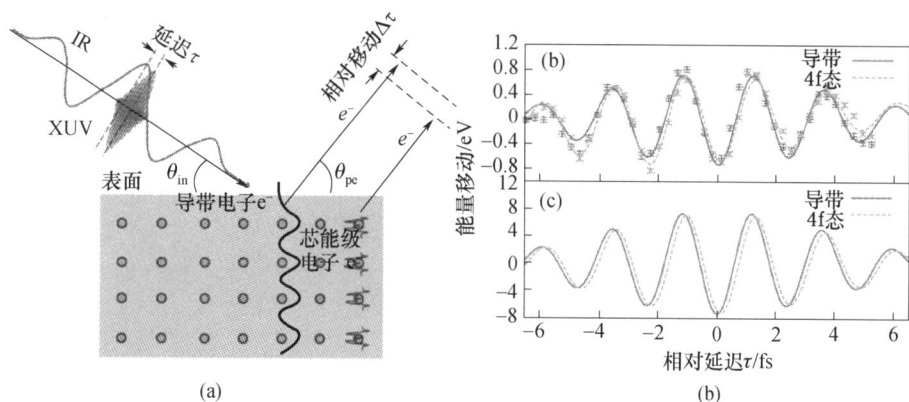

图 3-18　固体表面光电子发射理论模型

（a）C. H. Zhang 等的计算模型，阿秒 XUV 脉冲激发电子，少周期 IR 脉冲调制发射的电子动量，
改变 XUV-IR 之间的相对延迟产生电子条纹谱；（b）A. L. Cavalieri 等的实验测量
结果[28]；（c）模型的计算结果[29]，与实验结果还是相当吻合的。

关于表面等离子体的研究目前也是一个非常热门的领域。表面等离子体（Surface Plasmons, SP）是指在金属表面自由振荡的电子与光相互作用产生的沿着金属表面传播的电子密度疏密波，是目前纳米光电子学科的一个重要的研究方向，受到了包括物理学家、化学家、材料学家、生物学家等多个领域人士的极大关注。例如，表面等离子体在某些纳米粒子及其环境周围形成了很高的电磁场，但是这些电磁场是如何形成的以及如何衰减的，目前仍不清楚。M. I. Stockman

等人提出了一个阿秒脉冲测量表面等离子体内的电磁场分布和演化的方法[30]，可达到百阿秒级的时间分辨率。通过结合光发射电子显微（PEEM）和阿秒条纹谱技术，可以在表面等离子体测量中同时获得超高的空间分辨和时间分辨（如图 3 - 19 所示，首先一个红外激光脉冲激发表面等离子体，然后一个特定延迟的阿秒 XUV 脉冲激发电离电子，激发电子会受到局域等离子体电场的作用发生动量和能量变化，类似于阿秒条纹谱。通过改变红外激光脉冲与阿秒 XUV 脉冲的相对延迟，测量电子能谱的变化即可知道表面等离子体电场的时间演化过程。图中采用光发射电子显微镜（PEEM）进行测量，除了时间演化过程，还可以得到其空间的分布信息）。

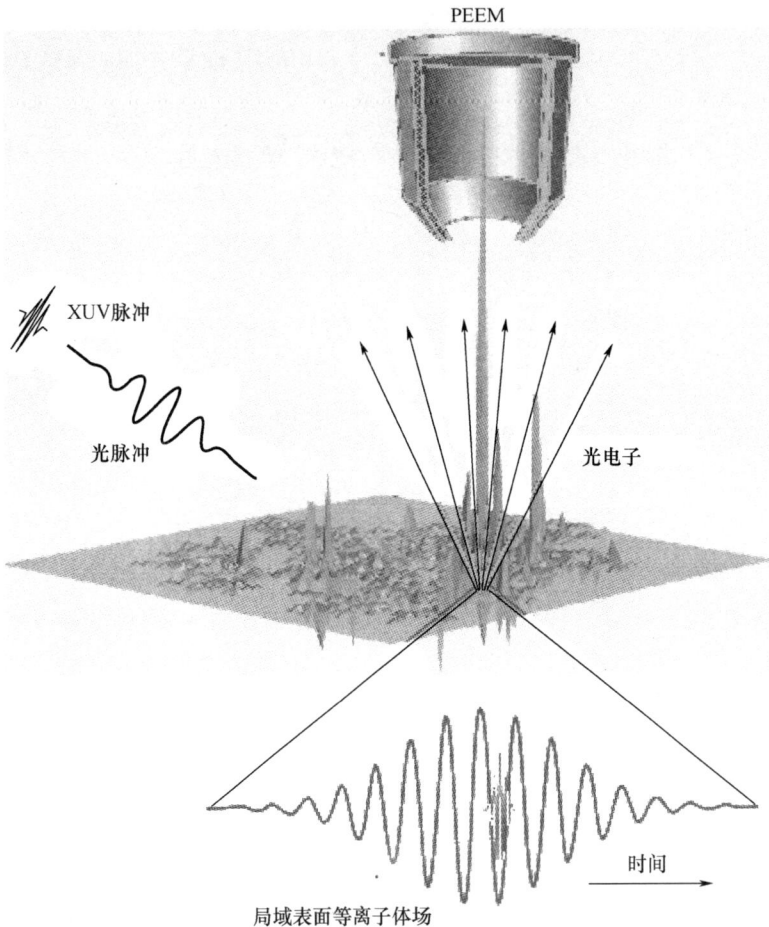

图 3 - 19   表面等离子体电场演化测量原理图[30]

除了固体表面的电子结构和表面等离子体中的电子动力学外，阿秒脉冲也可以用于测量固体内部的电子态变化，主要采用瞬态吸收谱的方法，M. Schultze 等采用这个方法测量了硅半导体材料带间的超快电子动力学过程[31]（图 3 – 20（a）中,一个少周期红外 pump 激光脉冲（红色实线）将电子从价带激发到导带,然后一个阿秒 XUV 脉冲用于探测（图中延迟 Δt）。导带电子布居数的变化会影响硅的 L 边的吸收（L 边到导带的跃迁）,这个可以从阿秒脉冲被吸收的情况分析获得,从而反推出导带电子的变化。通过改变红外光和阿秒脉冲的相对延迟,可以测量导带电子布居数的变化）。从价带到导带的光激发过程是半导体物理中最重要的基本过程之一,对它的研究已经持续了很多年,但是关于光激发过程中载流子在导带的累积和相互作用研究则由于其超快的动力学过程而一直无法直接研究。阿秒瞬态吸收谱测量技术的出现,为这种动力学过程的研究提供了可能。M. Schultze 等用红外少周期激光脉冲作 Pump 激发,用阿秒脉冲做 probe 测量超快吸收谱,测量了硅半导体中这种超快动力学过程,研究了载流子相互作用和电子 – 晶格相互作用的不同时间尺度下的物理过程（图 3 – 21 中,（a）微分吸收 $\partial A/\partial E$ 随 Pump – probe 延迟的变化,可以看到结构的展宽,它来自导带电子—电子的相互作用;（b）100.35eV 光子能量的透过率,可以看到跟红外光场半周期同步的陡峭台阶,其上升沿的时间约为 450as,对应于载流子之间的散射时间上限;（c）微分吸收谱峰值位置的移动,表明在红外光场作用下带隙的减小（蓝线）和光场作用下 L 边的瞬时蓝移（红线）;（d）两条指数衰减曲线,其特征时间分别是 5fs 和 60fs,分别对应纯粹的电子跃迁和电子与晶格相互作用动力学过程）。实验测量发现,载流子散射的时间上限是 450as,而晶格对带隙的影响则在 60fs 以后,这对于回答半导体中的带隙减小到底来自晶格影响还是导带内的载流子相互作用提供了依据。

　　从表面科学和纳米科技出发,还可以延伸到更加复杂的体系,如大的有机分子和生物分子薄膜,自组织单分子层和表面及纳米粒子中的超分子结构。对于所有相关应用,从纳米粒子的功能表面到太阳能电池表面,生物传感器和分子电子学,电子动力学的研究对于表面体系的建模和优化是非常重要的。在半导体纳米结构领域中,全量子化体系的实现已经允许开发真正量子功能的光电器件,对于这些体系的阿秒时间分辨研究有可能可以直接探测引起量子消相干的物理过程起源。

　　在生物方面,电子运动同样起着决定性作用。目前,一个非常令人感兴趣的话题是生物分子中的电荷转移,其起源一般认为是局域激发引起的电子重排。模拟计算表明,一个局域的空穴态,可以在几个飞秒的时间内穿越整个分子,最终导致一个离它的产地极远处的化学键的断裂。图 3 – 22 是 amino acid glycine 分子中空穴转移模拟结果,amino acid glycine 是一个经常用于替代复杂的蛋白质分子做一些简单的模型研究的分子。计算结果表明,在经过 4.2fs 的时间后,空穴电荷从初始分布转移到了分子的另一端,而在 8.4fs 的时候,空穴电荷又回到了初始位置[32]。

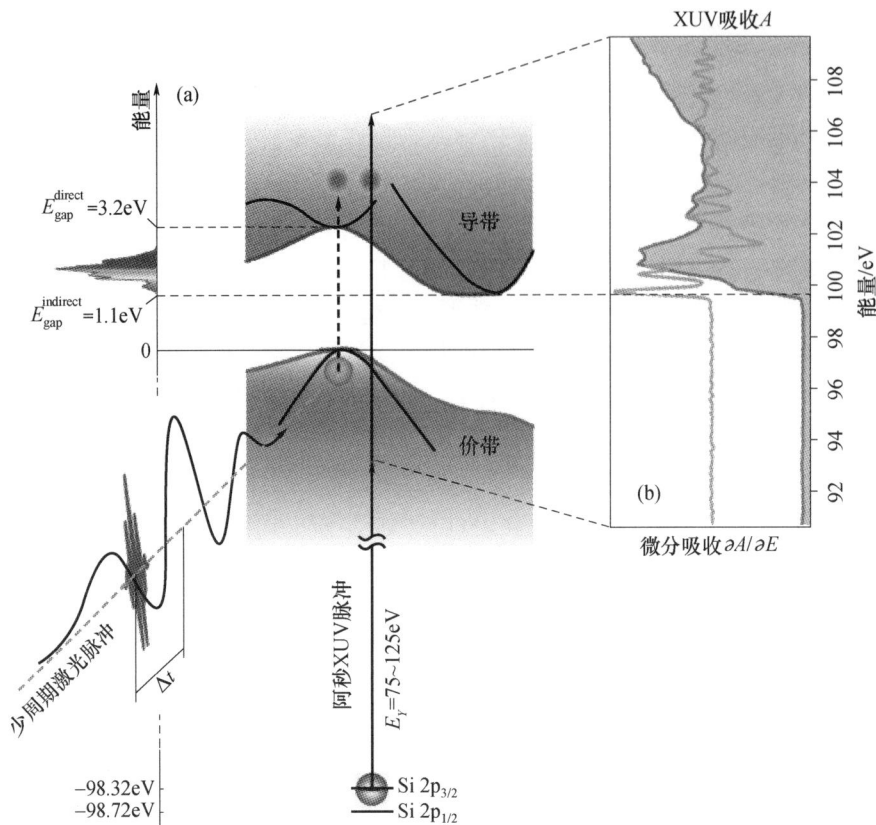

图 3-20　硅带间超快电子动力学过程测量原理示意图[31]

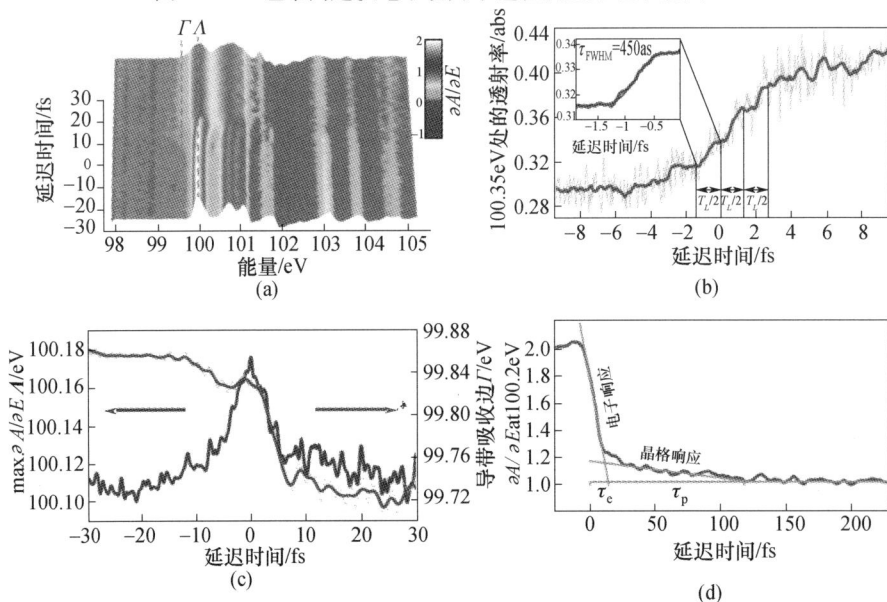

图 3-21　硅带间超快电子动力学过程测量结果[31]

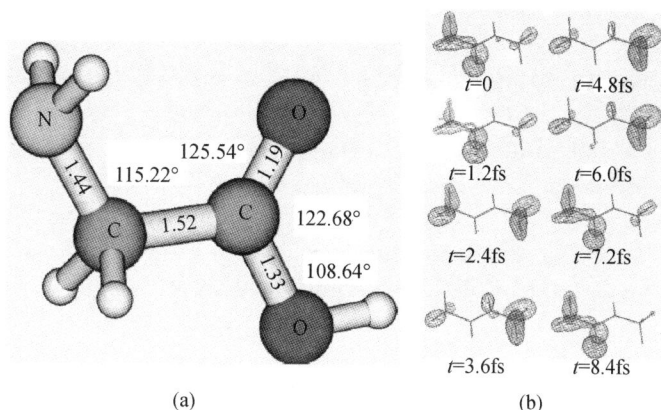

图 3 - 22　空穴转移的模拟计算[32]

（a）amino acid glycine 分子结构；（b）不同时刻的电荷和空穴分布。

H. I. Sekiguchi 和 T. Sekiguchi[33]研究 DNA 骨架上存在延展态，以及局域电子进入这个延展态达到非局域化所需要的时间大约为 740as。

阿秒脉冲除了在化学、固体表面物理化学和生物的基本机制探讨上具有重要意义，在物理学基本问题的研究中同样有可能具有应用前景。例如，原子物理中的一个重要的基本问题是，当原子中的电子被突然光电离后，剩余电子的时间响应是如何的？以氦原子为例，如果被一个 45eV 的单光子电离，剩下的束缚态电子是不是立即投影到 He^+ 的基态呢？电子—电子关联相互作用是所有多电子体系的基本特征，而超导体更是长程电子关联的宏观量子效应。最近 D. Fausti 等人在铜氧化物超导体的研究中，在红外光激发下发现了一个超快的超导态转变，时间在 1ps 左右[34]，这有可能为目前尚未取得定论的高温氧化物超导体的理论解释带来新的机会。更广泛地说，这些研究都是瞄准了原子分子，凝聚态物质和生物大分子中的非稳态电子波函数，阿秒科学则是针对这些现象开展超快时间分辨的泵浦—探测研究的重要手段。

参考文献

[1] Drescher M, Hentschel M, Kienberger R, et al. Time - resolved atomic inner - shell spectroscopy [J]. Nature, 2002, 419: 803 - 807.

[2] Uiberacker M, Uphues Th, Schultze M, et al. Attosecond real - time observation of electron tunnelling in atoms [J]. Nature, 2007, 446: 627 - 632.

[3] Abraham H. Lemoine [J]. Compt. Rend. , 1899, 129: 206.

[4] Zewail A. Femtochemistry: atomic - scale dynamics of the chemical bond [J]. J. Phys. Chem. A, 2000, 104(24): 5660 - 5694.

[5] Krausz F, Ivanov M. Attosecond physics [J]. Rev. Mod. Phys. , 2009, 81: 163 - 234.

[6] Pfeiffer A N, Cirelli C, Smolarski M, et al. Timing the release in sequential double ionization [J]. Nature Phys. , 2011, 7: 428 - 433.

[7] Ueda K, Ishikawa K L. Attosecond science: Attoclocks play devil's advocate [J]. Nature Phys. , 2011, 7: 371 - 372.

[8] Cocke C L, Olson R E. Recoil ions [J]. Phys. Rep. , 1991, 205(4): 153 - 219.

[9] Ullrich J, Moshammer R, Dörner R, et al. Recoil - ion momentum spectroscopy [J]. J. Phys. B, 1997, 30(13): 2917.

[10] Loh Z H, Khalil M, Corre R E, et al. Quantum state - resolved probing of strong - field - ionized xenon atoms using femtosecond high - order harmonic transient absorption spectroscopy [J]. Phys. Rev. Lett. , 2007, 98(14): 143601.

[11] Smirnova O, Spanner Michae, Ivanov M Y. Coulomb and polarization effects in laser - assisted XUV ionization [J]. J. Phys. B, 2006, 39(13): S323.

[12] Chen S H, Bell M J, Beck A R, et al. Light - induced states in attosecond transient absorption spectra of laser - dressed helium [J]. Phys. Rev. A, 2012, 86: 063408.

[13] Holler M, Schapper F, Gallmann L, et al. Attosecond electronwave - packet interference observed by transient absorption [J]. Phys. Rev. Lett. , 2011, 106: 123601.

[14] Schultze M, Bothschafter E M, et al. Controlling dielectrics with the electric field of light [J]. Nature, 2013, 493: 75 - 78.

[15] Baker S, Robinson J S, Haworth C A, et al. Probing proton dynamics in molecules on an attosecond time scale [J]. Science, 2006, 312(5772): 424 - 427.

[16] Lein M. Attosecond probing of vibrational dynamics with high - harmonic generation [J]. Phys. Rev. Lett. , 2005, 94(5): 053004.

[17] Itatani J, Levesque J, Zeidler D, et al. Tomographic imaging of molecular orbitals [J]. Nature, 2004, 432(7019): 867 - 871.

[18] Le V H, Le A T, Xie R H, et al. Theoretical analysis of dynamic chemical imaging with lasers using high - order harmonic generation [J]. Phys. Rev. A. , 2007, 76(1): 013414.

[19] Lin C D, Le A T, Chen Z, et al. Strong - field rescattering physics self - imaging of a molecule by its own electrons [J]. J. Phys. B: At. Mol. Opt. Phys. , 2010, 43(12): 122001.

[20] Le A T, Lucchese R R, Tonzani S, et al. Quantitative rescattering theory for high - order harmonic generation from molecules [J]. Phys. Rev. A, 2009, 80(1): 013401.

[21] Smirnova O, Patchkovskii S, Mairesse Y, et al. Attosecond circular dichroism spectroscopy of polyatomic molecules [J]. Phys. Rev. Lett. , 2009, 102(6): 063601.

[22] Smirnova O, Mairesse Y, Patchkovskii S, et al. High harmonic interferometry of multi - electron dynamics in molecules [J]. Nature, 2009, 460: 972 - 977.

[23] Schultze M, Fieß M, Karpowicz N, et al. Delay in photoemission [J]. Science, 2010, 328: 1658.

[24] Maquet A, Caillat J, Taïeb R. Attosecond delays in photoionization: time and quantum mechanics [J]. J. Phys. B: At. Mol. Opt. Phys. , 2014, 47: 204004.

[25] Kling M F, Siedschlag Ch, Verhoef A J, et al. Control of electron localization in molecular dissociation [J]. Science, 2006, 312(5771): 246 - 248.

[26] He F, Ruiz C, Becker A. Control of electron excitation and localization in the dissociation of H_2^+ and its isotopes using two sequential ultrashort laser pulses [J]. Phys. Rev. Lett. , 2007, 99(8): 083002.

[27] Goulielmakis E, Loh Z H, Wirth A, et al. Real - time observation of valence electron motion [J]. Nature, 2010, 466(7307): 739 - 743.

[28] Cavalieri A L, Müller N, Uphues Th, et al. Attosecond spectroscopy in condensed matter [J]. Nature, 2007, 449: 1029 – 1032.

[29] Zhang C H, Thumm U. Attosecond photoelectron spectroscopy of metal surfaces [J]. Phys. Rew. Lett. , 2009, 102(12): 123601.

[30] Stockman M I, Kling M F, Kleineberg U, et al. Attosecond nanoplasmonic field microscope [J]. Nature Photonics, 2007, 1: 539 – 544.

[31] Schultze M, Ramasesha K, Pemmaraju C D, et al. Attosecond band – gap dynamics in silicon [J]. Science, 2014, 346: 1348.

[32] Kuleff A I, Breidbach J, Cederbaum L S. Multielectron wave – packet propagation: General theory and application [J]. J. Chem. Phys. , 2005, 123: 044111.

[33] Ikeura Sekiguchi H, Sekiguchi T. Attosecond electron delocalization in the conduction band through the phosphate backbone of genomic DNA [J]. Phys. Rev. Lett. , 2007, 99(22): 228102.

[34] Fausti D, Tobey R I, Dean N, et al. Light – induced superconductivity in a stripe – ordered cuprate [J]. Science, 2011, 331(6014): 189 – 191.

第4章

相关的驱动激光技术

4.1　啁啾脉冲放大技术简介

自从 1960 年第一台红宝石激光器诞生,研究人员一直在为获得更短的脉冲光源而努力,从最早的纳秒脉冲、皮秒脉冲到飞秒(fs)脉冲,直到现在的阿秒脉冲,不断缩短的脉冲光源为物理、生物和化学等方面的研究提供了极为重要的工具。1962 年,在激光器诞生后不久,人们就利用调 Q 技术获得了兆瓦(10^6W)纳秒(10^{-9}s)量级的激光输出;1964 年,人们又利用锁模技术获得了吉瓦(10^9W)皮秒(10^{-12}s)量级的激光输出;但随着激光输出功率的增大,激光增益介质会因自聚焦等非线性光学效应而对介质本身造成损坏,使得激光放大功率受到激光介质破坏阈值的限制。因此,在此后较长的一段时间内,激光器的输出功率密度一直在 10^{12}W/cm^2 量级徘徊,无法产生大的突破。

1985 年,美国 Rochester 大学的 Mourou 等首次提出了激光的啁啾脉冲放大(Chirped – Pulse – Aplification,CPA)技术[1],它大大降低了高功率激光脉冲放大过程中的非线性效应对材料破坏的可能性,在充分利用增益带宽的同时可以有效地从放大器抽取储能。啁啾脉冲放大(CPA)技术的基本原理是在维持激光脉冲光谱宽度不变的情形下通过色散元件(如棱镜、光栅、固体介质等)将激光脉冲的脉冲宽度展宽好几个数量级,形成所谓的"啁啾脉冲",然后将这个很长的脉冲注入到激光放大器中进行放大。这样,虽然在放大过程中激光脉冲的能量增加很快,但由于此时的激光脉冲很长,使得其峰值功率可以维持在较低的水平(低于激光增益介质的破坏阈值),从而避免可能出现的非线性效应及增益饱和效应。当激光脉冲能量达到饱和放大后,再利用与原先用于激光脉冲展宽具有相反色散(共轭色散)的元件将激光脉冲压缩到原来的宽度,就可以使激光脉冲峰值功率大大提高。啁啾脉冲放大技术的成功实现,不仅促进了激光技术自身的发展,而且为强场物理学、超快光谱学等新型学科的形成和发展提供了前所未有的机遇和条件,成为人们认识自然的一种重要手段。图 4 – 1 为啁啾脉冲放大技术示意图,低能量的"输入脉冲"在"展宽器"中展宽,然后在"放大器"中进行能量放大,然后重新在"压缩器"中压缩获得高功率的短脉冲,目前一些实验室中已经实现拍瓦(10^{15} W,PW)甚至数拍瓦的高功率的飞秒激光脉冲输出。

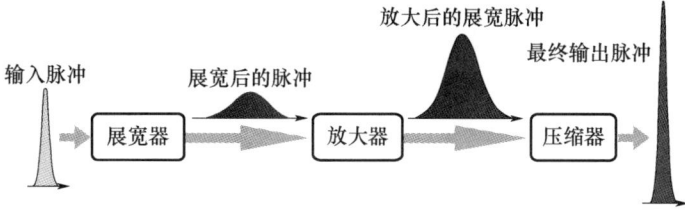

图 4 - 1　啁啾脉冲放大技术示意图

进入 20 世纪 90 年代以后,研究人员又陆续研制成功一系列性能优良的宽带可调谐激光材料,如 $Ti:Al_2O_3$、$Cr:BeAl_2O_4$、$Cr:LiSAF$、$Yb:glass$ 等,为飞秒宽带可调谐高功率固体激光器的研究注入了新的活力。另外,克尔透镜锁模(Kerr Lens Model Locking)技术的发明,使超强超短激光技术得到迅猛发展。目前,小型化的飞秒太瓦(TW = 10^{12} W)级激光系统已在各国实验室内建成并发挥了重要作用。近年来,更短脉冲和更高功率量级的激光输出,如直接由激光振荡器产生的短于 5fs 的激光脉冲,小型化飞秒百太瓦(TW)级和拍瓦(PW,10^{15} W)级超强超短激光系统输出已屡见不鲜,在此类结构的小型台式化超短超强激光系统上获得的可聚焦功率密度已达到了 10^{22} W/cm² 量级,10PW 级的激光系统也正在建设中。图 4 - 2 中的曲线形象地表明了激光脉冲聚焦后激光光强的逐年提

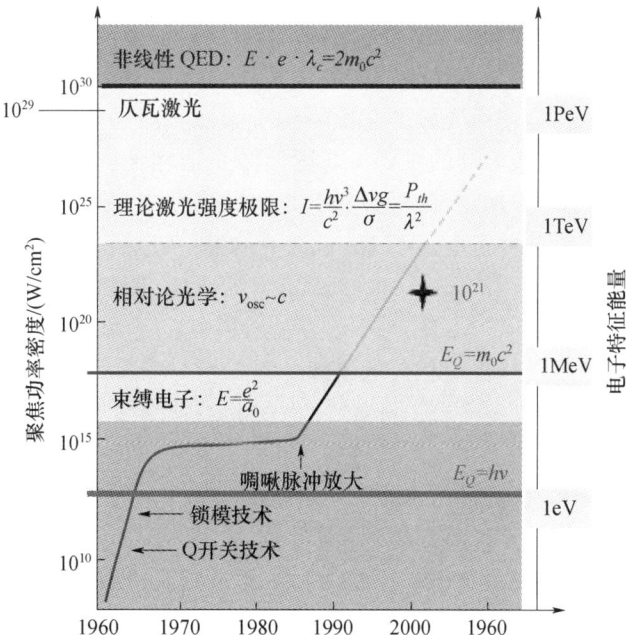

图 4 - 2　激光脉冲聚焦光强(功率密度)的历史演进

173

高,特别是近十年来可聚焦光强(功率密度)的快速提高。激光脉冲聚焦光强在激光器发明后的几年内迅速提高,攀升到将近 $10^{15}\,\text{W/cm}^2$,然后在将近 20 年的时间内基本上没什么进步,直到 CPA 技术的出现,再次得到迅猛发展。图 4 - 2 中不同颜色的区域对应于不同的激光功率密度可开展的研究领域,同时也给出了相应功率密度下电子的特征能量。其中的理论激光强度极限(Laser Intensity Limit)是指在此功率密度下激光能够与真空发生相互作用,产生粒子以及级联效应,从而限制激光功率密度继续提高的理论值。

4.2 高强度少周期激光脉冲

4.2.1 锁模超短脉冲

超短脉冲激光的出现,首先应该归功于激光锁模技术的发明。大量高度相干、相位锁定的激光纵模同时振荡,合成为一个时间宽度极短的高功率脉冲,同时激光的能量输出也被约束在一个极短的时间范围内,从而形成一个超短激光脉冲。激光脉冲在激光腔内来回运动,每当激光脉冲与腔一侧的部分反射镜相遇时,就有一定的激光脉冲能量耦合输出,形成一个脉冲输出。脉冲间隔则由激光腔长决定,等于激光脉冲在腔内往返一次所需要的时间 T_r[2]。

第一代锁模激光器采用的是固体激光增益介质,如红宝石、钕玻璃、Nd:YAG 等,可以产生脉冲宽度小于 100ps 的激光脉冲。锁模方式则包括采用电子元件控制等的主动锁模和采用可饱和吸收体的被动锁模。相比较而言,后者能够获得比较好的脉冲形状和比较短的脉冲宽度。但是,可饱和吸收体的恢复时间一般为皮秒量级,这使激光脉冲宽度受到了限制。而锁模染料激光器的出现则推进了第二代锁模激光器的发展。与固体激光器相比,由于在脉冲形成过程中增益饱和起了主动作用,因此可饱和吸收体的恢复时间不再限制输出激光脉冲宽度,首次出现了脉冲宽度短于 1ps 的激光脉冲。随后,一种新的称为碰撞脉冲锁模方式(Colliding - pulse Mode Locking)的出现,使脉冲宽度达到 100fs 的时间尺度。采用布儒斯特(Brewster)角棱镜对进行的腔内色散控制,更是一个关键性的进步,它不仅使人对相关的物理过程有了一个深入的了解,同时使产生的激光脉冲宽度进入了亚 100fs 的领域,达到了 27fs 的量级。20 世纪 80 年代,在固体激光介质方面的一系列工作导致了一些新的激光介质的出现,如掺钛、铬离子的 YAG、LiSAF、镁橄榄石、蓝宝石等带宽达到 100THz 的介质(图 4 - 3)。同时,适用于宽带固体系统被动锁模过程的一系列新技术和新设备的出现,促使了第三代超快激光光源的出现。

钛宝石(Ti:Sapphire)激光系统中的自锁模现象的发现,带来了超短激光技术的革命。一系列的实验和理论研究表明,非线性介质中的克尔效应在自锁模技术中起着关键作用,当激光束在克尔非线性介质中传播时,由于介质本身的克尔效应,导致在通过它时激光束的横场光分布发生变化,将这种变化与一光阑相结合,将成为一种全光学的调制器。当强光通过时,由于克尔自聚焦作用,激光束出射光斑变小,所以强光通过光阑时衍射损耗较小,而当弱光通过时,由于光阑的存在,衍射损耗变大。即强光损耗小,弱光损耗大,其结果可以等效于可饱和吸收体的功能,而且是一个超快响应的可饱和吸收体。由于该技术与克尔效应相关,因此又称为克尔透镜锁模(KLM)。图 4 - 4 中,激光脉冲从左到右传输,当激光脉冲光强较高时,通过 Kerr 介质后会有较强的自聚焦效果,脉冲的光斑会比较小(虚线),通过后续光阑的脉冲能量比例比较高。当光强比较低时,脉冲通过介质后基本上无自聚焦效应,脉冲光斑比较大(实线),就会有较大比例的能量无法通过光阑)。通过在激光腔内引入适当的色散补偿和这种超快锁模机制,可以获得脉冲宽度达到几个飞秒的脉冲输出[3]。

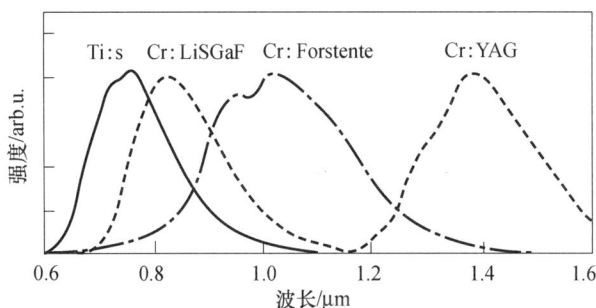

图 4 - 3　20 世纪 80 年代各种宽带激光晶体的荧光谱,
其中的钛宝石晶体是目前飞秒激光器中最为常见的

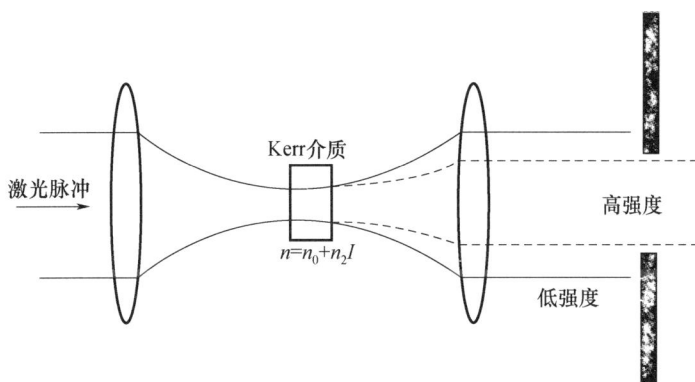

图 4 - 4　克尔透镜锁模机制,克尔介质与光阑的
组合形成一个类似超快响应的可饱和吸收体

由前文得到的理想高斯脉冲的脉冲宽度和光谱带宽的关系得

$$\omega_F[\mathrm{eV}] \cdot \tau[\mathrm{fs}] = 1.82392 \qquad (4-1)$$

我们可以变换一下该公式来看可见光波段的关系式。不同于极紫外或软 X 射线波段用电子伏来描述光谱带宽,在可见光波段一般用纳米(nm)来描述脉冲的光谱带宽。由关系式 $\omega = 2\pi c/\lambda$ 可以得到

$$\Delta\omega = \frac{2\pi c}{\lambda^2}\Delta\lambda \qquad (4-2)$$

$$\Delta\lambda[\mathrm{nm}] \cdot \tau[\mathrm{fs}] = 0.001472\lambda^2[\mathrm{nm}] \qquad (4-3)$$

因此,在 800nm 中心波长(钛宝石激光系统)附近,有

$$\Delta\lambda[\mathrm{nm}] \cdot \tau[\mathrm{fs}] = 942.2 \qquad (4-4)$$

因此,对于一个脉冲宽度为 5fs 的高斯脉冲,其光谱宽度至少需要 190nm 的带宽,而这已经是钛宝石晶体增益带宽的极限了。也就是说,对于一个钛宝石激光系统,其能够获得的最短脉冲宽度也就在 5fs 附近。

1. 非线性折射率

对于高强度的激光脉冲来说,其与物质的相互作用已经超过线性范围,电极化强度矢量 $P(r,t)$ 和电场强度矢量 $E(r,t)$ 也不再满足线性关系,这时 $P(r,t)$ 可表示为

$$P(r,t) = P^{(1)} + P_{nl} = P^{(1)} + P^{(2)} + P^{(3)} + P^{(4)} + \cdots \qquad (4-5)$$

式中:$P^{(1)} = \varepsilon_0\chi^{(1)}E(r,t)$ 表示线性极化强度矢量;$\chi^{(1)}$ 是线性极化率;P_{nl} 表示所有可能存在的非线性极化矢量。在一般的研究中,介质主要是具有空间中心对称性的石英玻璃、氩气、K9 玻璃等各向同性样品,偶数阶的电极化张量都为零,且 $P^{(1)}$ 与 $E(r,t)$ 同向。当激光光强在 $10^{12} \sim 10^{13}\mathrm{W/cm^2}$ 时,可以只考虑一阶和三阶极化强度矢量,则

$$P = \left(\varepsilon_0\chi^{(1)} + \frac{3}{4}\chi^{(3)}\mid E\mid^2\right)E \qquad (4-6)$$

相应地,介质的折射率表示为

$$n = \left(1 + \varepsilon_0\chi^{(1)} + \frac{3}{4}\varepsilon_0\chi^{(3)}\mid E\mid^2\right)^{1/2} \qquad (4-7)$$

因为 $\frac{3}{4}\varepsilon_0\chi^{(3)}\mid E\mid^2$ 项一般远远小于 $1 + \varepsilon_0\chi^{(1)}$ 项,式(4-7)可以简写为 $n = n_0 + n_2 I$,其中 $I = \frac{1}{2}\varepsilon_0 cn_0\mid E\mid^2$ 为激光光强,$n_2 = \frac{3\chi^{(3)}}{4\varepsilon_0 cn_0^2}$ 为非线性折射率系数,$\chi^{(3)}$ 是三阶非线性极化率。这个由激光光强诱导的非线性折射率在飞秒激光脉冲介质中的传输中起了重要的作用,特别是直接导致了自聚焦、自相位调制等重要的物理现象。

2. 克尔效应(Kerr Effect)

与非线性折射率系数 n_2 有关的非线性效应,又称为克尔效应。克尔效应对应的非线性折射率的定义为

$$\Delta n(\boldsymbol{r},t) = n_2 I(\boldsymbol{r},t) \tag{4-8}$$

式中：$I(\boldsymbol{r},t)$ 是周期平均的激光光强。由于非线性介质折射率随激光光强的变化而变化，这种效应会使介质在横向上出现类似透镜的效果，同时 $\Delta n(\boldsymbol{r},t)$ 还会直接影响激光脉冲的相位，使激光脉冲本身出现一个附加的相位变化，即自相位调制现象。克尔效应引起的相位变化可以写成如下表达式，即

$$\Delta\varphi_{\mathrm{nl}}(\tau) = -(2\pi/\lambda_0)n_2 I(\tau)L \tag{4-9}$$

式中：λ_0 为激光波长；L 为激光脉冲在介质中的传播距离。从式（4-9）中可以看出，由于激光光强本身随时间变化导致附加相移随时间变化，这种相移的含时变化可以使激光脉冲带上啁啾，出现新的频谱分量，使脉冲频谱展宽。在高功率激光系统中，其中横向光强变化引起的折射率变化往往会使传播的激光脉冲出现严重的相位畸变，导致光束质量的破坏。但是在某些特殊的实验条件下，含时相移 $\Delta\varphi_{\mathrm{nl}}$ 可以用来进一步压缩激光脉冲，产生更短的脉冲。

4.2.2　高能量少周期激光脉冲的产生

产生亚 10fs 激光脉冲的 KLM/MDC 钛宝石振荡器，其典型参数一般输出脉冲能量在几个纳焦耳（10^{-9}J），重复频率在兆赫兹量级[3]，可以产生激光脉冲宽度短至 5fs，峰值功率达到几个兆瓦的超短激光脉冲。图 4-5 给出了由 SPIDER（Spectral Phase Interferometry for Direct Electric-field Reconstruction）测得的脉冲强度包络和相位分布[4]，其中图（b）中的实线是光谱强度，虚线是相位分布。

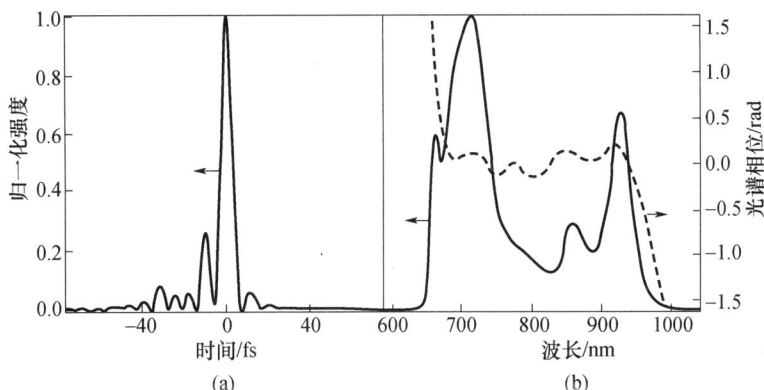

图 4-5　半导体饱和吸收体/克尔透镜锁模钛宝石激光器中产生的亚 6fs
激光脉冲的时域包络分布（a）以及光谱强度、相位分布（b）[4]

在亚 10fs 区，钛宝石飞秒振荡器可以产生的激光脉冲的最大峰值光强已经接近 10^{14}W/cm^2[5,6]。虽然这个光强水平已经可以在某些体系中产生强场效应，但是更大范围内的强场相互作用的研究则需要更高的脉冲能量，而这在只有振荡器的情况下是不够的，需要对脉冲进行进一步的放大。但是，即使对于具有最

大增益带宽的激光介质,要想使放大以后的激光脉冲宽度仍然保持在几个光周期宽度,仍然是不可能的。而且在高增益的情况下,增益带宽窄化是必然的,而对于脉冲宽度只有少数几个光周期的波包,其对应的光谱宽度一般都会达到 $\Delta\omega/\omega_0 > 0.1$。对于单周期光脉冲,甚至可能要达到一个倍频程,这就使得激光脉冲在能量放大以后还必须进一步进行频谱展宽和压缩才能获得高能量、几个光周期宽度的激光脉冲。

目前,获得高能量的超短激光脉冲,比较常见的方法是采用腔外脉冲压缩技术。如图4-6所示,输入脉冲耦合到充气毛细管中,通过在气体中的克尔效应引起的自相位调制将脉冲光谱展宽。最后,通过采用宽带啁啾镜相位补偿作用,将时域脉冲压缩[2]。输入脉冲宽度大约是20fs,经过在空心光纤中光谱展宽/脉冲压缩后可以达到5fs,对应于两个光周期左右。相比于飞秒振荡器,腔外压缩的脉冲虽然只在非线性介质中传播一次,但是其在克尔介质中获得的频谱展宽效果则要大得多。由于没有周期性的脉冲演化和增益影响,脉冲压缩过程中的非稳定性和噪声将无法增长。如此一来,自相位调制可以对激光脉冲引入更强的调制。

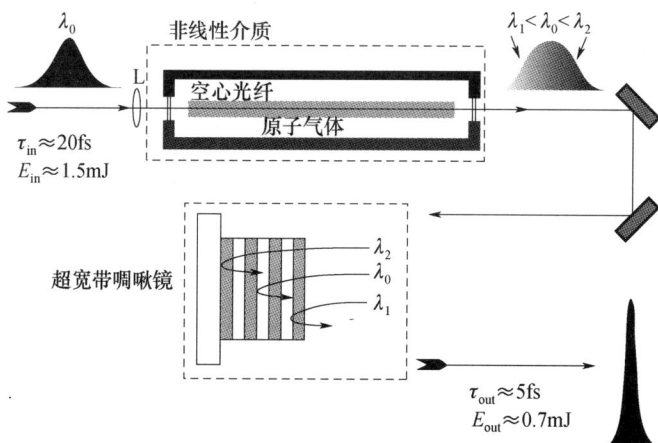

图4-6 毛细管、啁啾镜高能脉冲压缩器示意图[2]

下面简单分析自相位调制引入的光谱展宽。由克尔效应的表达式可知

$$\Delta\varphi_{nl}(\tau) = -(2\pi/\lambda_0)n_2 I(\tau)L \qquad (4-10)$$

其引起的频率变化可以写成

$$\Delta\omega_{nl} = \frac{d\Delta\varphi_{nl}(\tau)}{d\tau} = -\frac{2\pi n_2 L}{\lambda_0} \cdot \frac{dI(\tau)}{d\tau} \qquad (4-11)$$

简化起见,假设激光脉冲具有高斯脉冲包络,则其光强分布可写作

$$I(\tau) = I_0 e^{-4\ln 2 t^2/\tau_p^2} \qquad (4-12)$$

则自相位调制引入的频率变化可写作

$$\Delta\omega_{nl} = -\frac{2\pi n_2 L}{\lambda_0} \cdot \frac{\mathrm{d}}{\mathrm{d}\tau}\left[I_0 \mathrm{e}^{-4\ln2\tau^2/\tau_p^2}\right] = \frac{16\ln2\pi n_2 L I_0}{\lambda_0 \tau_p^2} \cdot \tau \mathrm{e}^{-4\ln2\tau^2/\tau_p^2} \quad (4-13)$$

从式(4-13)中可以看出,自相位调制增加的频率分量与非线性折射率系数 n_2、传播长度 L、激光强度 I_0 成正比,与激光脉冲宽度的平方 τ_p^2 成反比。此外,当非线性折射率系数 $n_2 > 0$,自相位调制导致脉冲前沿出现红移($\tau < 0$),而脉冲后沿则出现蓝移($\tau > 0$)。频率移动最大位置在

$$\frac{\partial}{\partial\tau}\left[\tau\mathrm{e}^{-4\ln2\tau^2/\tau_p^2}\right] = 0$$

展开表达式后可以得到

$$\tau = \pm\frac{\tau_p}{2\sqrt{2\ln2}} \approx \pm 0.425\tau_p \quad (4-14)$$

啁啾镜(Chirped Multilayer Mirror):大多数光学介质对激光脉冲的传播都表现出正的群延迟(Group Delay Dispersion,GDD),即群延迟的程度随着光波频率的增大而增大,导致脉冲时域展宽。而镀有多层反射膜的啁啾镜可以通过对激光脉冲施加负啁啾的方式来消除脉冲展宽的影响。如图 4-7 所示,在被啁啾镜反射的不同波长的单色光中,波长长的单色光在被反射前要经过更长

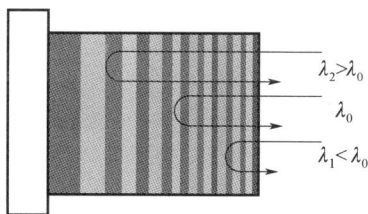

图 4-7　啁啾镜工作原理示意图[2]
波长越短,频率越高,其在反射之前所走的路径就越短,最终获得负的群延迟

的距离,这意味着入射光波的群延迟将随着光波频率的增大而减小,这样就对光脉冲的色散进行了补偿,使更短周期脉冲的完全压缩得以实现。利用啁啾镜对激光脉冲色散的精确控制,可以获得脉冲宽度(半高全宽,FWHW)短于 5fs 的近红外激光脉冲。

与飞秒振荡器中脉冲宽度逐步压缩过程相比,空心毛细管脉冲压缩技术中的频谱展宽则可以只在非线性介质中传播一次就达到目的,如图 4-8 所示[7]。虚线为输入的脉冲频谱,实线为经过传播自相位调制以后输出的脉冲频谱,传播后的光谱宽度可以达到将近 200nm,可以支持 5fs 左右的脉冲宽度。一个脉冲宽度为 20~25fs,脉冲能量为 1.5~1.7mJ 的激光脉冲在通过图 4-6 所示的系统后,可以压缩到脉宽为 5fs,能量为 0.7~0.8mJ,这意味着脉冲峰值功率可以达到 0.15TW,脉冲光束质量接近衍射极限,可聚焦功率密度接近 10^{18} W/cm^2[8]。根据 FROG(Frequency - resolved Optical Gating)测量的结果(图 4-9),毛细管光谱展宽和啁啾镜压缩产生的毫焦耳量级的激光脉冲的上升沿非常干净,这对于强场物理实验是非常重要的。光强从 10% 上升到 90% 所经历的时间小于 5fs,不超过两个光振荡周期。

如何获得高功率的周期量级激光脉冲一直是飞秒激光技术的重要研究课

题。1996 年,意大利的 M. Nisoli 等人[9,10]首次采用充有惰性气体的空心毛细管展宽光谱的方法,将 140fs、660mJ 的激光脉冲压缩到 10fs。2003 年,日本的 K. Yamane 等[11]和瑞士的 B. Schenkel 等[12]利用空心毛细管展宽光谱并利用反馈控制液晶光阀补偿高阶色散的方法分别获得了 3.4fs 和 3.8fs 的超短激光脉冲。北京物理所滕浩等人通过将 25fs 的激光脉冲在空心毛细管中进行光谱展宽和脉冲压缩,最终获得激光脉冲宽度小于 5fs,单脉冲能量达到 0.5mJ,载波包络相位稳定的激光脉冲[13]。

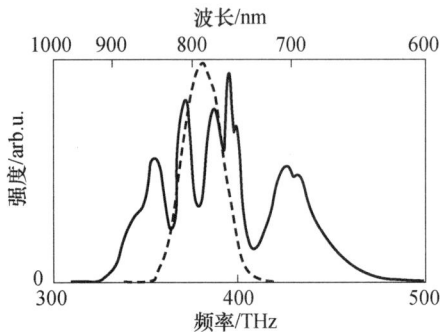

图 4-8　空心毛细管压缩技术中传播前(虚线)
和传播后(实线)的典型光谱形状

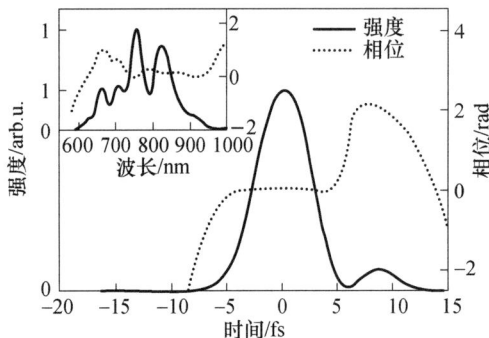

图 4-9　毛细管光谱展宽和啁啾镜压缩产生的毫焦耳量级的激光脉冲
实线—强度包络;虚线—相位;数据来自 FROG 的测量结果(插图:光谱分布)。

2005 年,MBI 实验室的 G. Steinmeyer 等[14]利用级联空心毛细管展宽光谱,仅仅利用啁啾镜补偿色散就获得了 3.8fs 的超短激光脉冲,如图 4-10 所示,首先将激光脉冲送入一段口径逐步缩小的毛细管,然后将出射的脉冲用啁啾镜进行压缩后再次送入第二段毛细管。中国科学院上海光学精密机械研究所陈晓伟等人也于 2007 年利用级联空心毛细管的方法,获得了脉冲宽度为 5fs,脉冲能量达到 0.7mJ 的高功率少周期激光脉冲[15]。

虽然利用空心毛细管来展宽光谱压缩脉冲的技术取得了极大进步，但是需要将激光聚焦后精确对入口径只有几百微米的空心毛细管里面，这样使得系统调节难度大，并且要求入射激光脉冲具有稳定的指向性，而且能量的进一步提高也有很大的限制。2000 年，日本的 I. G. Koprinkov 等[16]将飞秒激光脉冲聚焦在不同的气体盒中，激光脉冲在气体中传输形成光丝。通过直接测量输出激光脉冲宽度，发现激光脉冲被自动压缩。在 150fs 入射情况下，激光脉冲自压缩到约50fs。2004 年，瑞士的 C. P. Hauri 等[17]利用飞秒激光脉冲在气体中成丝的方法来展宽激光光谱，经过啁啾镜补偿色散后，获得了 5.7fs、0.38mJ 的超短激光脉冲，图 4 - 11(a)是测量的脉冲宽度，插图为测量的输出脉冲光斑，其光束质量是很好的。图 4 - 11(b)是测量的光谱强度分布和相位分布，展宽后的光谱宽度超过 250nm，其光谱相位也比较平坦。这种方法的优点是系统结构简单，调节方便。

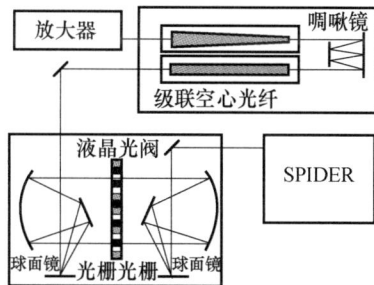

图 4 - 10　G. Steinmeyer 等的级联空心光纤压缩脉冲光路图[14]

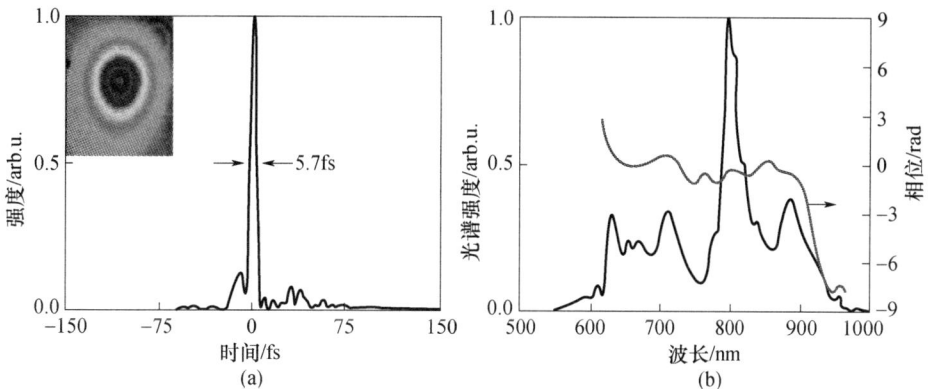

图 4 - 11　气体盒中成丝方法压缩脉冲的实验结果[17]

MBI 实验室的 G. Stibenz 等[18]就利用这种气体中成丝的方法将 2.5mJ 的激光脉冲压缩到 7.8fs，非常简单直接地将压缩脉冲的能量提高到大于 1mJ。C. P. Hauri 等[19]采用大能量激光脉冲在气体盒中成丝的方法，将 3.6mJ、40fs 的激光脉冲压缩到9.8fs、1.8mJ。这种激光脉冲在气体中成丝后输出激光脉冲带有负啁啾,因此光谱展宽后的激光脉冲可直接利用玻璃块来补偿色散。利用这种方法获得的压缩激光脉冲具有10^{-9}的脉冲高对比度和很好的激光光斑。采用成丝的方法来压缩的激光脉冲可以应用于要求高对比度的相对论激光物质相互作用实验。

中国科学院上海光学精密机械研究所陈晓伟等采用两级级联成丝的方案,将脉冲宽度压缩到了5fs,并获得了高达0.7mJ的高能量,图4-12是相应的实验装置示意图。第一级输入成丝的激光脉冲为1.4mJ/38fs,气体盒内充90kPa的氩气,在经过第一级光谱展宽和用啁啾镜压缩后,获得的脉冲能量为1.1mJ,脉冲宽度为9.7fs。进一步将该脉冲聚焦进入第二级成丝,第二级的气体盒内充43.4kPa的氩气,激光脉冲经过第二级成丝光谱展宽/啁啾镜压缩后最终获得的激光脉冲能量大于0.7mJ,脉冲宽度小于两周期(5fs),光束质量因子M^2达到1.3的少周期激光脉冲[15]。

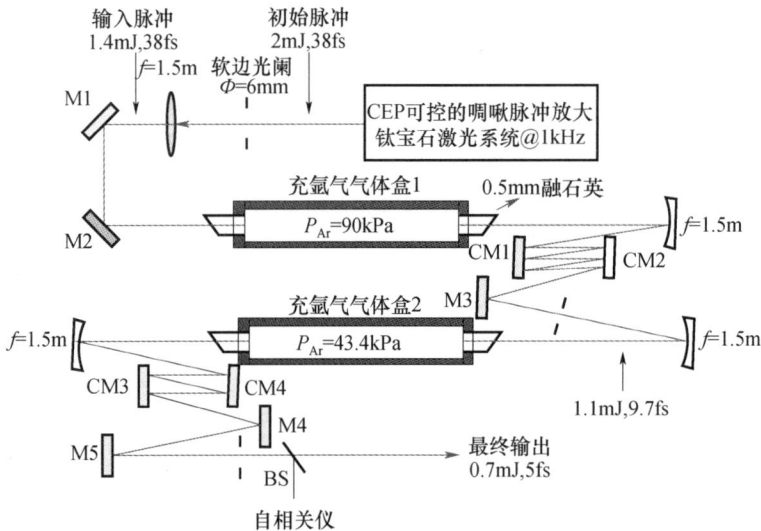

图4-12 两级级联成丝压缩实验装置示意图[15]

另外,还有一种腔外压缩超短脉冲的技术就是先利用透明固体材料展宽光谱,再对其色散进行补偿。早在1988年,C. Rolland[20]首次利用12mm厚块状石英玻璃透明材料作为非线性介质来展宽脉冲光谱,然后再利用光栅对进行色散补偿,将90fs的入射激光脉冲压缩获得约24fs,单脉冲能量达100μJ的超短激光脉冲。2003年,法国的E. Mevel[21]将中心波长为800nm、脉冲宽度为40fs、单脉冲能量为400μJ、重复频率为1kHz的超短激光脉冲利用焦距为1.5m的透镜聚焦经过厚度为3mm的BK7玻璃,如图4-13所示,将激光脉冲光谱的半高全宽由原来的30nm展宽到96nm。光谱展宽后的激光脉冲再经过凹面反射镜准直和啁啾镜,棱镜对色散补偿后获得了单脉冲能量达 220μJ,脉冲宽度短至 14fs 的超短激光脉冲。利用块状透明玻璃材料作为非线性介质,理论上入射激光脉冲没有能量限制。但利用块状材料作为非线性介质材料展宽激光光谱对入射激光脉冲的能量和脉冲宽度的稳定性要求很高,入射激光脉冲能量和脉宽的不稳定将使输出激光脉冲更加不稳定。

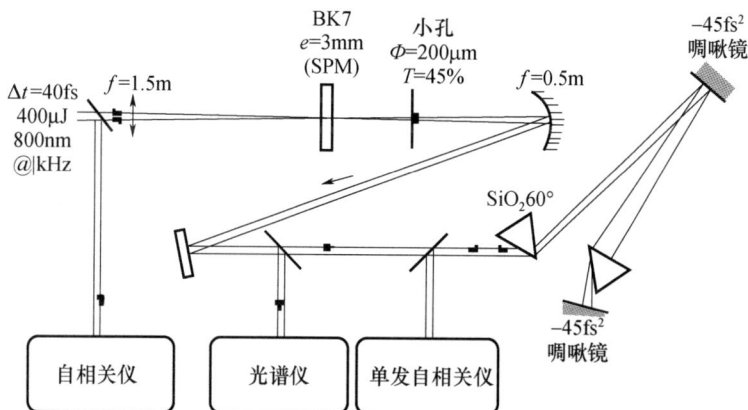

图 4 - 13　块状透明玻璃材料压缩激光脉冲光路图[21]

中国科学院上海光学精密机械研究所陈晓伟等在透明固体介质之前加一个气体盒,通过激光在气体中的成丝过程来稳定脉冲功率,优化空间分布。从图 4 - 14中的比较可以看出,经过预成丝过程对激光脉冲进行稳定传输后,可以获得光谱宽度更宽,空间均匀性更好的激光脉冲。成丝优化可以大大降低透明固体介质脉冲压缩中的空间啁啾问题,而且光谱展宽效果更加显著,最终获得了脉冲宽度 11.3fs,脉冲能量达到 0.45mJ 的激光脉冲[22]。

在理论研究方面,飞秒高强度激光脉冲在透明介质中的传输特性可以用时空耦合的非线性薛定谔方程来表示。但是由于固体和气体介质的特性不同,传输方程稍有差别。一般来说,传输方程可以用以下表达式来表示,即

$$\frac{\partial E}{\partial z} = \frac{i}{2k_0}T^{-1}\nabla_{\perp}^2 E - \frac{ik''}{2}\partial_t^2 E + ik_0 n_2 T(\mid E\mid^2 E) - \frac{ik_0}{2n_b\rho_c}T^{-1}(\rho E) + \frac{\beta^{(k)}}{2}\mid E\mid^{2k-2}E$$

$$(4-15)$$

$$\frac{\partial\rho}{\partial t} = \frac{\beta^{(k)}}{K\hbar\omega_0}(1-\rho/\rho_{at})\mid E\mid^{2k} \qquad (4-16)$$

式中:E 为激光电场的复振幅;ρ 为产生等离子体的电子密度。z 表示传播距离,t 表示群速延迟时间($t-z/v_g$),v_g 为激光脉冲的群速度。式(4-15)的第一项拉普拉斯算子表示激光在径向上的衍射。第二项表示激光的群速色散,其中 $k''=\partial^2 k/\partial\omega^2\mid_{\omega_0}$ 为群速色散(GVD)系数。第三项包含非线性折射率 n_2 表示激光在介质中的自相位项。第四项表示多光子电离后形成的等离子体对激光的散焦。

第五项则为材料的多光子吸收项。ω_0 为激光的中心载波频率,中心波长的波数则为

$$k(\omega_0) = n_b k_0 = n_b \omega_0 / c$$

式中:n_b 为介质的初始或者背景折射率。

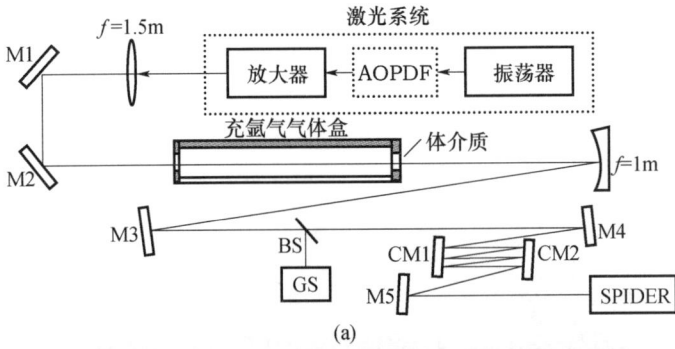

(a)

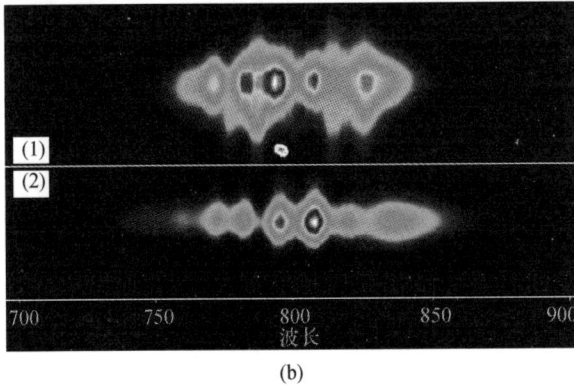

(b)

图 4 – 14　(a)透明固体介质脉冲压缩实验装置示意图[22]和
(b)透明固体介质脉冲压缩实验中获得的光谱图
(1)无预成丝;(2)有预成丝情况。

ρ_c 表示临界电子密度,$\rho_c = \omega_0^2 m_e \varepsilon_0 / q_e^2$ 当等离子体密度大于它时,激光不再传播,其中 m_e 表示电子质量,q_e 表示电子电荷,ε_0 表示真空介电常数。$\beta^{(k)} = K\hbar\omega_0 \rho_{at} \sigma_k$ 为 K 个光子吸收的非线性系数,其中 σ_k 为多光子电离截面,K 表示激光从介质(电离能为 $U_i[K = \mathrm{mod}(U_i / \hbar\omega_0) + 1]$)中电离出一个电子最少需要吸收光子能量为 $\hbar\omega_0$ 的光子数目,ρ_{at} 为中性原子密度。

在传输过程中,第一项衍射、第二项 GVD、第三项的自聚焦以及第四项 MPI 和第五项 MPA 引起的自散焦共同作用,使得激光脉冲在传输中形成丝通道结构。并且在第一项中 T^{-1} 表示了激光在介质中的时空聚焦效应,而第三项中的 $T \equiv 1 + (\mathrm{i}/\omega_0)\partial_t$ 表示了脉冲的自陡峭效应。

对于固体透明介质,由于材料的色散系数高,因此还需要考虑三阶色散系数

GDD。当激光脉冲宽度和介质的克尔延迟时间可比拟时,对克尔项,我们不仅要考虑瞬时克尔效应,还要考虑拉曼延迟克尔效应项。一些已有的数值模拟和实验表明,拉曼延迟克尔效应项对激光在介质中传输过程中的光谱和脉冲形状有一定的影响。而且,还有一些文章不仅考虑了介质的三阶非线性系数导致的n_2,而且还考虑了五阶非线性系数引起的n_4的变化。特别是在激光光强足够高时,由于五阶非线性系数引起的n_4折射率变化与光强的平方成正比,因此光强的增大引起这一高阶非线性折射率级数增大。

超短脉冲技术发展到今天,随着脉冲放大、压缩、测量等技术的不断进步,从紫外到红外波段的周期量级的激光脉冲都已经被获得。图4-15展示了截止到目前,世界范围内报道的各波段超短脉冲记录。可以看出,在很宽的光谱范围内,激光脉冲的脉宽都已达到周期量级,而且在800nm附近已具有较高的峰值功率。相信随着人类的不断探索,将来必将获得更窄时域脉宽和更高峰值功率的超短激光脉冲,从而为探索更深层次的物理世界提供有力的工具。

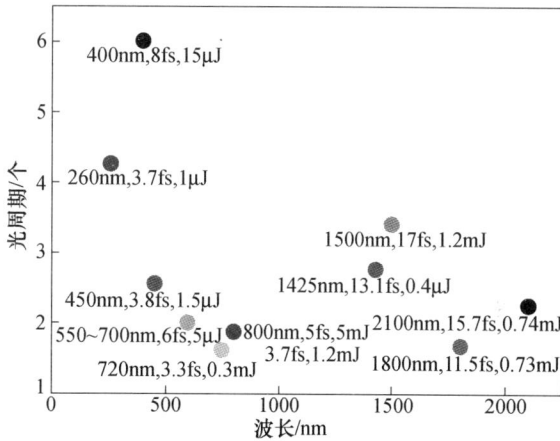

图4-15 目前世界范围内所获得各波段的超短激光脉冲,波长从260nm ~ 2μm以上,脉冲宽度最短到接近单个激光周期

4.2.3 秒激光脉冲脉宽测量技术

随着激光脉宽的缩短,脉宽的测量技术也在不断进步,现有的脉宽测量技术主要有自相关技术、SPIDER、FROG等。针对不同的实际情况,不同的测量技术又衍生出许多改进技术。本节仅对实验中用到的几种技术做简要说明。

图4-16为实验室所用自相关仪光路示意图。待测光束被分束片BS分为两束,各自经延时后回到BS上的不同位置。其中,延时器D1至于电动平移台上。两束光经聚焦后,在非线性晶体(BBO)上产生合频信号,由光电二极管探测。两束光可以表示为

$$E_1(t) = A(t)\exp(i(\omega t + \varphi_0(t))) \tag{4-17}$$

$$E_2(t) = A(t-\tau)\exp(i(\omega \cdot (t-\tau) + \varphi_0(t-\tau))) \tag{4-18}$$

式中:τ 为到达晶体表面时,两脉冲之间的时间延迟;A 为激光电场的振幅。在 BBO 中产生的合频信号的强度正比于两入射光卷积,随着电机的前后运动,光电二极管接收的信号是合频信号的时间平均,即

$$\langle S(\tau) \rangle = \alpha \int A^2(\tau)A^2(t-\tau)]\mathrm{d}t \tag{4-19}$$

式中:α 是与角度有关的常数。由式(4-19)可知,$\tau > T$(脉宽)时,信号为 0,此时,获得的曲线就为无背景相关函数曲线。同样地,若图 4-16 中 D1 和 D2 的反射光回到 BS 的同一位置,且由同光路入射到 BBO 晶体中,那么光电二极管接收到的信号就是两光束各自的倍频加上它们的合频,即

$$\langle S(\tau) \rangle = \beta \int [A^4(\tau) + A^4(t-\tau) + 4A^2(\tau)A^2(t-\tau)]\mathrm{d}t \tag{4-20}$$

式中:β 是与入射脉冲有关的常数,且

$$\langle S(\tau) \rangle = 2\beta \int A^4(\tau)\mathrm{d}t, \tau > T$$

$$\langle S(\tau) \rangle = 6\beta \int A^4(\tau)\mathrm{d}t, \tau = 0$$

电机前后运动时(τ 在 0 和 T 之间变化),光电二极管测得的信号发生强弱变化,最强处($\tau=0$)是最弱处($\tau=T$)的 3 倍,称作 3:1 曲线。

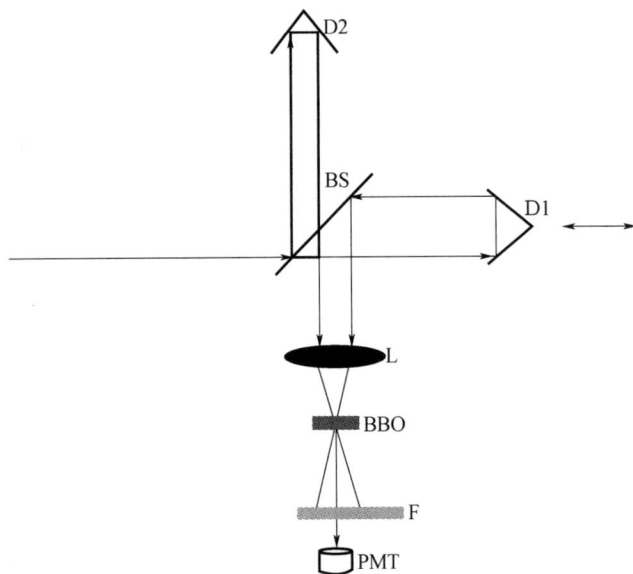

图 4-16 无背景自相关仪光路示意图

D1,D2 为延时光路,其中 D1 放在电机上;BS 为 50% 分束片;

L 为凸透镜;F 为滤波片,仅让倍频或合频光透过。

在测量过程中,自相关曲线的半高全宽(FWHM)与入射光脉冲的实际脉宽之间的对应关系由强度相关理论给出。其中,对于高斯脉冲,转换因子为1.33;对于 sech² 型脉冲,转换因子为1.54。由于超短脉冲通过介质后脉宽会发生显著变化,在测量装置中应尽量少用透射元件。图4-16中透镜 L 可以用凹面镜代替;分束片 BS 应尽量做薄或采用空间分束(分割光斑)的方法;BBO 晶体的厚度也制约着测量精度。

自相关仪的光路结构简单,可以方便地得到入射激光的脉宽。但是,实验中往往还需要激光的光谱和相位信息,这就需要采用光谱相位干涉直接电场重构(Spectral Phase Interferomtry for Direct Electric - field Reconstruction, SPIDER)或频率分辨光学门(Frequency Resoloved Optical Gating, FROG),下面简单介绍SPIDER。

SPIDER 的基本结构如图4-17所示,入射激光在色散介质表面被分成两束,透射光被展宽成啁啾脉冲;反射光经过一个迈克尔逊干涉仪,又分为两个同光路脉冲,它们之间的时间延迟为 τ。以上3个脉冲经过凹面镜 M 汇聚到 BBO上,由于时间差的存在,两反射脉冲与啁啾脉冲中的不同频率成分发生了合频,产生的合频脉冲有一定的频率差 Ω,称为光谱剪切(Spectral Shear)。两合频之间发生干涉,可以写成

$$S(\omega_c) = \mid \tilde{E}(\omega_c) \mid^2 + \mid \tilde{E}(\omega_c + \Omega) \mid^2 + 2 \mid \tilde{E}(\omega_c) \cdot \tilde{E}(\omega_c + \Omega) \mid \times$$
$$\cos[\phi_\omega(\omega_c + \Omega) - \phi_\omega(\omega_c) + \omega_c\tau] \tag{4-21}$$

式中:$\tilde{E}(\omega_c)$ 为电场的频域表示;Ω 为光谱剪切量;τ 为两反射脉冲的时间延迟;ω_c 为频谱中心。用 SPIDER 反演算法处理干涉条纹就可以得到入射激光的脉宽、脉冲形状、频谱相位等信息。

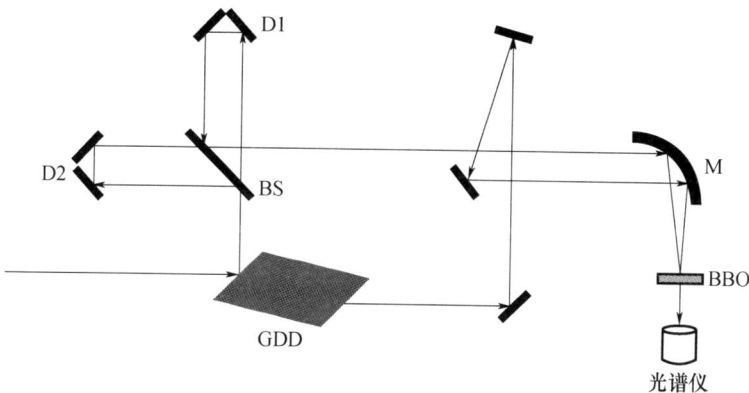

图4-17 SPIDER 原理图

GDD—色散介质;BS—分束片;D1,D2—延时器;M—凹面镜。

下面是 APE 公司 SPIDER 的具体光路(图4-18)。入射光在标准具 ET 上

分束:透射部分经过光栅 GR1,2 展宽成啁啾脉冲;标准具前、后表面的反射光形成延时为 τ 的前、后两个各脉冲。透射的啁啾脉冲和反射的两个脉冲各自经过反射光路,然后以上下平行的状态入射到聚焦镜 FM 上,FM 将 3 个脉冲聚焦到晶体的同一位置。两反射脉冲分别与透射啁啾脉冲合频,产生的合频光再发生干涉。干涉光先后经过 L1、AP3、L2 进入光谱仪,用计算机对干涉光谱进行处理,可以实时得到脉冲的时域形状和光谱相位等信息。注意:BBO 的厚度决定了 SPIDER 所能测量的最短脉宽,100 μm 和 50 μm 的厚度所能测量的最短脉宽分别为 20fs 和 100fs。

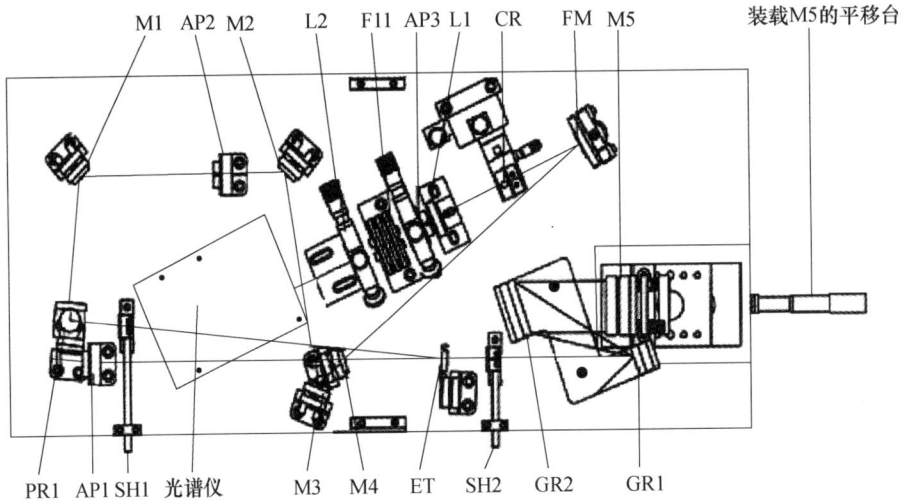

图 4 – 18　实验室 SPIDER 具体光路

M1 ~ 5—全反镜;AP1 ~ 3—小孔光阑;ET—标准具(厚 100 μm);GR1,2—光栅;PR1—高低镜转偏器;
SH1,2—光闸;L1,2—凸透镜;FM—凹面聚焦镜;CR—非线性晶体(BBO,厚 100 μm 或 50 μm)。

频率分辨光学门技术(Freqnency Resolved Optical Gating, FROG)目前成为日益成熟的测量手段。一个简单的 FROG 系统是将探测器换作光谱仪的自相关仪。这样可以同时对时域和频域进行测量。对于一般的几何排布方式,所测量到的信号可以写作以下形式,即

$$S(\omega,\tau) = \left| \int_{-\infty}^{\infty} \mathrm{d}t E(t) g(t-\tau) \mathrm{e}^{-\mathrm{i}\omega t} \right|^2 \qquad (4-22)$$

式中:$g(t-\tau)$ 为可变延迟为 τ 的"门"脉冲。FROG 信号轨迹,也就是光谱图,不是 Wigner 分布,而是两入射光脉冲的 Wigner 分布的卷积。因此,所得到的最终信号轨迹为原始 Wigner 分布被"光滑"后的情形。一般来说,应该选择"门"脉冲的脉宽小于待测脉冲的宽度,然而,对于超短超强脉冲而言,要想找到这一"门"脉冲,并不是那么容易的,所以,通常就选择待测脉冲自身来作为"门"脉冲。所测量到的光谱包括输入脉冲时间和频谱信息,结合相应的迭代程序便可

以得到脉冲的相位。实际上,到目前为止,已经有几何排布方式不同且不需要迭代程序的 FROG,通过它们可以直接测量得到包括待测脉冲丰富信息的直观光谱。

其中最简单的 FROG 设计是:通过将待测激光脉冲分为完全相同的两部分,并将这两部分作用于非线性晶体上,如合频晶体,产生二次谐波,这样的 FROG 设计形式称为二次谐波型 FROG（Second – Harmonic Generation FROG, SHG FROG），其光谱有如下形式,即

$$I_{\text{FROG}}^{\text{SHG}}(\omega,\tau) = \left| \int_{-\infty}^{\infty} \mathrm{d}t E(t) E(t-\tau) \mathrm{e}^{-\mathrm{i}\omega t} \right|^2 \qquad (4-23)$$

然而,测量所得到的光谱有一缺陷:因为对于时间延迟,其 FROG 轨迹形状呈对称分布,如图 4 – 19 所示,这样造成了信息在时间方向上的含糊不清。所以,我们也可以用三次谐波产生作为非线性产生过程,以此来消除时间方向上含糊不清这一情况。尽管如此,三次谐波型 FROG 轨迹仍然不够直观。为了获得更加直观的轨迹,需要用到偏振门（Polarized Gating, PG）FROG 或者自衍射（Self – Diffraction, SD）FROG 系统。

$$I_{\text{FROG}}^{\text{SD}}(\omega,\tau) = \left| \int_{-\infty}^{\infty} \mathrm{d}t E(t)^2 E(t-\tau)^* \mathrm{e}^{-\mathrm{i}\omega t} \right|^2 \qquad (4-24)$$

由式(4 – 24)所示,SD FROG 系统所能获得光谱能够更加直观,图 4 – 20 为测量一线性啁啾待测脉冲的自衍射型 FROG 轨迹。

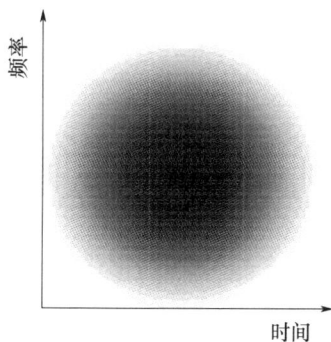

图 4 – 19　带有线性啁啾的一束超短
脉冲的二次谐波型 FROG 轨迹

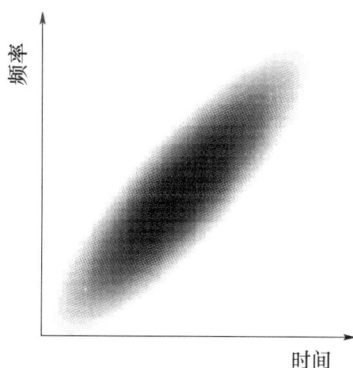

图 4 – 20　带有线性啁啾的一束超短
脉冲的自衍射型 FROG 轨迹

图 4 – 21 是一个单次 SHG – FROG 的光路结构。入射光被相邻的两片矩形反射镜（Bi – Mirror）分为两束,其中一个平面镜放在平移台上,提供时间延迟。两束光被凹面镜 CM 汇聚到倍频晶体（KDP、BBO 等）上,交叉相互作用产生 SHG 自相关信号,经准直和过滤后,该自相关信号由色散元件（棱镜、光栅等）进行光谱展开。光谱展开的方向与时间延迟的方向正交。用 CCD 同时测量时域

和频域的二维谱图,通过计算机利用 FROG 程序进行还原,就可以获得脉冲的信息,包括时域内的波形、相位、脉宽和频域内的光谱、相位、带宽等。

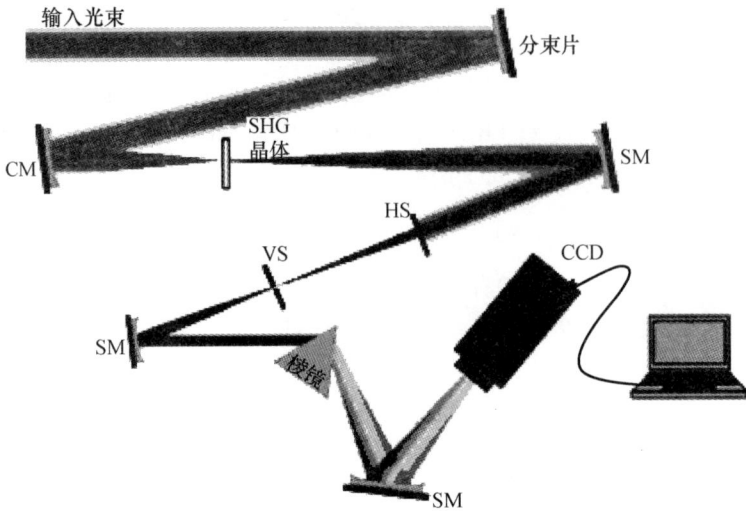

图 4 - 21　一种单次 SHG - FROG 光路示意图
CM—柱面镜;SM—球面镜;HS—水平方向的狭缝;VS—垂直方向的狭缝。

对超短脉冲进行测量时,在 SHG 信号产生前,尽量少用透射元件,晶体的厚度也制约着仪器所能测到的最小脉宽。实验中,应使晶体成像在 CCD 上,避免信号发散带来的误差。

4.3　载波包络相位稳定技术

4.3.1　载波包络相位的概念

随着飞秒激光技术的发展和腔外脉冲压缩技术的出现,目前已经可以产生脉冲宽度为几飞秒,可聚焦功率密度达到 10^{14} W/cm^2 以上的超短激光脉冲。在这样的激光脉冲与物质的相互作用过程中,载波包络相位(Carrier - envelope Phase,CEP)的影响开始明显地体现出来,如图 4 - 22 所示(图中实线是电场振荡,表示电场强度随时间的变化,而虚线是脉冲包络,表示激光脉冲的光强随时间变化。在图 4 - 22(a)和(c)中电场振荡的最大值与脉冲包络峰值可重合,即电场强度最大值可达到与光强对应的最大值,而图 4 - 22(b)中则因为脉冲包络的影响,电场振荡并不能达到最大)。可以看出,在不同的载波包络相位下,相同包络的飞秒激光脉冲的电场振荡情况有很大的差别,其与物质的相互作用自然也会体现出明显的差异,如在气体高次谐波产生过程中,不同的载波包络相位会使气体高次谐波截止区附近的高次谐波谱有明显的不同[23]。

图4-23给出了不同激光载波相位下(Phase 轴的1~8表示0~π的相位，间隔为π/8)，7fs 激光脉冲产生的阿秒脉冲，其中 Time 轴的32对应于超短激光脉冲的包络中心，即脉冲峰值处。从图中可以看出，阿秒脉冲并不总是在包络峰值处产生的，而是随着激光载波相位的变化有所移动，不同激光脉冲载波包络相位下的阿秒脉冲时域形状差别很大，只有少数载波包络相位处可以产生单个阿秒脉冲，许多时候产生的都是双阿秒脉冲。图中的阿秒脉冲不仅强度会随着载波包络相位变化而变化，且在部分载波包络相位处并不能产生单个阿秒脉冲，这意味着如果载波包络相位不稳定，即使激光脉冲足够短，也不能产生单个阿秒脉冲，单个阿秒脉冲的产生需要载波包络相位稳定的激光脉冲。

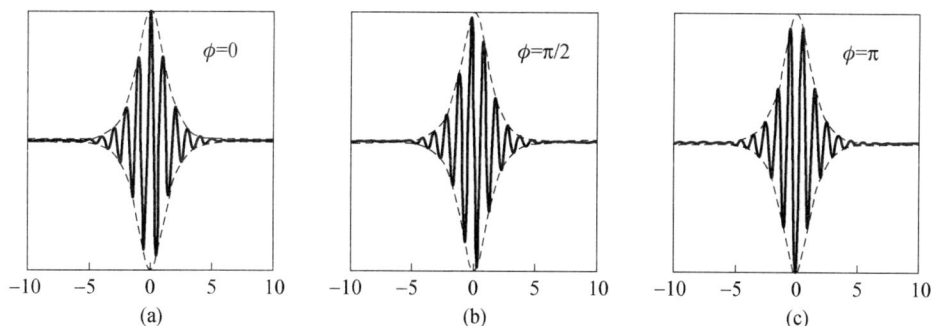

图4-22　少周期激光脉冲电场强度在不同载波相位 ϕ 下的示意图

(a)$\phi=0$;(b)$\phi=\pi/2$;(c)$\phi=\pi$。

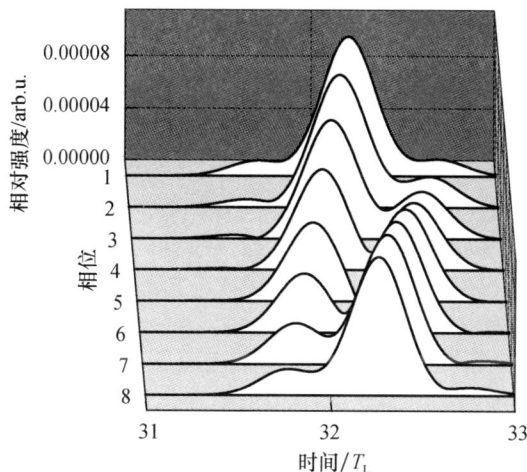

图4-23　脉冲宽度为7fs，不同载波相位下产生的阿秒脉冲包络(强度分布)

理论上，超短激光脉冲一般可以由式(1-95)来表达，即

$$E(t) = f(t)\cos(\omega t + \phi) \tag{4-25}$$

式中:$f(t)$为激光脉冲包络;ω为脉冲的载波频率;ϕ为载波包络相位(CEP)。图4-24给出了少周期激光脉冲载波包络相位定义的直观图像,由图可知,载波包络相位即为脉冲电场强度振荡(实线)和脉冲包络(虚线)之间的相位差,在激光脉冲宽度短到周期量级的时候会对电场强度振荡带来显著的影响,而这个影响会在超短激光脉冲与物质的非线性相互作用中体现出来。

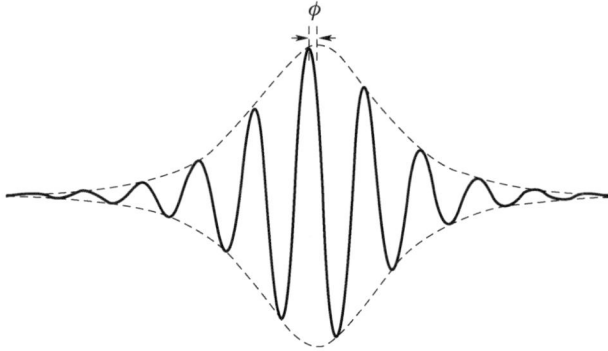

图4-24 载波包络相位概念图

在锁模激光器中,稳定重复频率的周期脉冲提供了一个可以确定激光脉冲载波包络相位的激光源。对于一般飞秒振荡器来说,载波包络相位随着激光腔内参数和腔外参数变化而漂移。为了更好地理解载波包络相位的动态行为,我们把载波包络相位分解为两个部分,即

$$\phi = \phi_0 + \Delta\phi \qquad (4-26)$$

式中:ϕ_0为静态载波包络相位值或者可以说是绝对相位;$\Delta\phi$为由于激光振荡腔内各参数条件变化引起的脉冲之间的载波包络相位变化值。实际上,激光脉冲在腔外各介质中传输时,脉冲的群速度(包络)和相速度(电场振荡)的不同也会引起ϕ_0不同,因此ϕ_0值并不是静止不变的,但它与第二束脉冲没有关系。而$\Delta\phi$则根源于激光腔内光学元件的色散。在激光腔内,脉冲在腔内每往返一次经过输出耦合镜时,$\Delta\phi$满足激光腔纵模振荡条件的脉冲耦合输出,即

$$\Delta\phi = \left(\frac{1}{v_g} - \frac{1}{v_p}\right)l_c\omega \bmod [2\pi] \qquad (4-27)$$

式中:v_g、v_p分别为群速度和相速度;l_c为激光腔的腔长,式(4-27)也是脉冲在一个特定的介质中传播l_c后载波包络相位的变化量表达式。

对于一个特定的介质,其群速度可写成

$$\frac{1}{v_g} = \frac{dk}{d\omega} = \frac{d}{d\omega}\left(\frac{n\omega}{c}\right) = \frac{n}{c} + \frac{\omega}{c}\frac{dn}{d\omega} \qquad (4-28)$$

则载波包络相位变化量可写成

$$\Delta\phi = \left(\frac{1}{v_g} - \frac{1}{v_p}\right)l_c\omega = \left(\frac{n}{c} + \frac{\omega}{c}\frac{dn}{d\omega} - \frac{1}{v_p}\right)l_c\omega = \frac{\omega^2 l_c}{c}\frac{dn}{d\omega} \qquad (4-29)$$

由于 $\dfrac{\mathrm{d}n}{\mathrm{d}\omega} = \dfrac{\mathrm{d}n}{\mathrm{d}\lambda}\dfrac{\mathrm{d}\lambda}{\mathrm{d}\omega} = -\dfrac{2\pi c}{\omega^2}\dfrac{\mathrm{d}n}{\mathrm{d}\lambda}$，式（4 – 29）可进一步简化为

$$\Delta\phi = -2\pi l_c \frac{\mathrm{d}n}{\mathrm{d}\lambda} \qquad (4-30)$$

载波包络相位在激光与物质相互作用过程中的影响，主要体现在非线性过程中，而这种相互作用过程一般发生在激光脉冲聚焦的焦点附近。对于高斯脉冲，在焦点附近还有另一种相位移动需要考虑，就是 Gouy 相位。Gouy 相位来源于高斯脉冲聚焦过程中的波矢变化，由于此过程中波矢并不完全平行于激光脉冲传播方向，导致不同空间位置的波面相速度不同，从而引入相位差。高斯脉冲的表达式形式可写作

$$
\begin{aligned}
E(r,z,t) &= \frac{E_0}{1 + \mathrm{i}z/z_R}\exp\big[-kr^2/(2z_R + 2\mathrm{i}z) - at^2/\tau^2 - \mathrm{i}(kz - \omega t)\big] \\
&= \frac{E_0}{\sqrt{1 + (z/z_R)^2}}\exp\Big[-\frac{kr^2/2}{z_R + \mathrm{i}z} - \frac{at^2}{\tau^2} - \mathrm{i}(kz - \omega t + \arctan(z/z_R))\Big]
\end{aligned}
$$

$$(4-31)$$

式中：$\arctan(z/z_R)$ 为 Gouy 相位变化，它在瑞利长度范围内从 $-\pi/4$ 变化到 $\pi/4$。因此，在聚焦脉冲与介质的相互作用过程中，除了考虑载波包络相位的影响外，也要注意焦点位置附近 Gouy 相位的影响。

4.3.2 载波包络相位的测量

基于载波包络相位在少周期激光脉冲与物质的相互作用过程中有重要的作用，于是，出现了很多测量载波包络相位的方法[24-28]，如 M. Mehendale 等采用在二倍频和三倍频光之间干涉的方法测量，P. Dietrich 等则将光脉冲从线偏振变换为圆偏振，然后测量其电离电子的角分布，Masayuki Kakehata 等提出了一种载波包络相位单发测量的方法，他们将短脉冲分解成偏振方向垂直的两个脉冲，然后改变它们之间的延迟，用这个合成起来的脉冲电离电子，测量电离电子的空间角分布。

目前，常用的测量载波包络相位的方法是 f – 2f 光谱干涉法，当激光脉冲的光谱宽度达到一倍频程时，可以通过倍频晶体将低频部分倍频，载波包络相位也会从 ϕ 变为 2ϕ，然后与脉冲的高频部分干涉，其干涉条纹的变化将取决于两个脉冲的相位差，即载波包络相位 ϕ，通过测量干涉条纹的移动即可得到载波包络相位 ϕ 的变化。实验的实现一般采用类似图 4 – 25 的装置，一方面通过将待测激光脉冲聚焦到介质中产生白光，使其光谱带宽拓宽到一倍频程，如从 800nm 到 400nm，另一方面将 800nm 激光脉冲通过倍频晶体倍频到 400nm，测量两种方法产生的 400nm 激光脉冲的干涉条纹，通过干涉条纹的移动即可获得载波包络相位的变化值。图 4 – 25 中 A 和 B 的组合控制后续的参与作用的激光脉冲能

量(即 B 后输出的激光脉冲能量)。适当的激光脉冲由透镜聚焦到 C 上产生白光,剩余的 800nm 激光脉冲在 D 上倍频到 400nm,这样两种方式产生的 400nm 光进行干涉,产生干涉条纹。

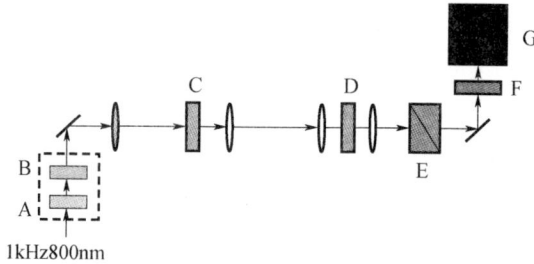

图 4 - 25 f - 2f 光谱干涉法测 CEP 装置示意图
A—1/2 波片;B—偏振片;C—3mm 白宝石片;D—0.5mBBO 晶体;
E—偏振棱镜;F—滤片;G—光栅光谱仪。

假设初始 800nm 激光脉冲可以写作

$$E_{800} \propto \exp(i\omega t + i\phi) \qquad (4-32)$$

将激光脉冲聚焦到介质中产生的白光,在 400nm 波长处的电场可以写作

$$E_{400}^1 \propto \exp(i2\omega t + i\phi + i\Delta\varphi_1) \qquad (4-33)$$

式中:$\Delta\varphi_1$ 为其他因素引起的相位变化。在 BBO 晶体中倍频产生的 400nm 波长的脉冲电场可以写作

$$E_{400}^2 \propto \exp(i2\omega t + i2\phi + i\Delta\varphi_2) \qquad (4-34)$$

式中:$\Delta\varphi_2$ 是其他因素引起的相位变化。两个脉冲产生的干涉信号强度可以写作

$$S(\phi) = | E_{400}^1 + E_{400}^2 |^2 \propto | E_1 e^{i2\omega t + i\phi + i\Delta\varphi_1} + E_2 e^{i2\omega t + i2\phi + i\Delta\varphi_2} |^2 \propto$$
$$| E_1 |^2 + | E_2 |^2 + 2E_1 E_2 \cos(\phi + \Delta\varphi_2 - \Delta\varphi_1) \qquad (4-35)$$

也就是说,从 $S(\phi)$ 信号的强弱变化中可以得到载波包络相位 ϕ 的变化。

下面列举中国科学院上海光学精密机械研究所宋立伟等的几个测试结果,测量中激光器的振荡器为载波包络相位稳定的振荡器(Rainbow,Femtolaser 公司产品),但激光脉冲在放大过程中,展宽器和压缩器、各种介质、热效应以及光斑漂动等各种因素都会影响放大后激光脉冲的载波包络相位稳定,这里利用 f - 2f 光谱干涉法测量多通放大器后激光脉冲载波包络相位稳定情况。

图 4 - 26(a)为多通放大级绿光激光器泵浦电流为 18A 时随延迟时间变化的相位偏移,对应载波包络相位偏差均方根(RMS)为 1.420rad,此时,系统输出脉冲能量为实验所需的 2mJ。作为比较,图 4 - 26(b)为泵浦电流为 20A 时的相位偏移曲线以及再生放大后脉冲经系统 Ⅰ 自身所带压缩器压缩后脉冲的相位偏移曲线(图 4 - 26(c))。泵浦电流为 20A 时脉冲相位偏移 RMS 值为 0.796rad,

要比 18A 时来得小,这是因为泵浦电流为 20A 时多通放大进入饱和放大阶段,此时,放大输出脉冲能量稳定性要比非饱和放大情况好。再生放大级输出脉冲载波包络相位偏移(RMS 值)则比多通放大级输出脉冲小得多,其 RMS 值为 0.134rad,比多通放大后脉冲小约一个数量级,这说明多通放大级对激光脉冲载波包络相位的影响非常大。主要因素有:长达十几米的光程导致光束指向性变差,且调 Q 泵浦源输出脉冲能量较半导体泵浦源要大,此外,还会受到制冷机机械振动及气流扰动等因素的影响。

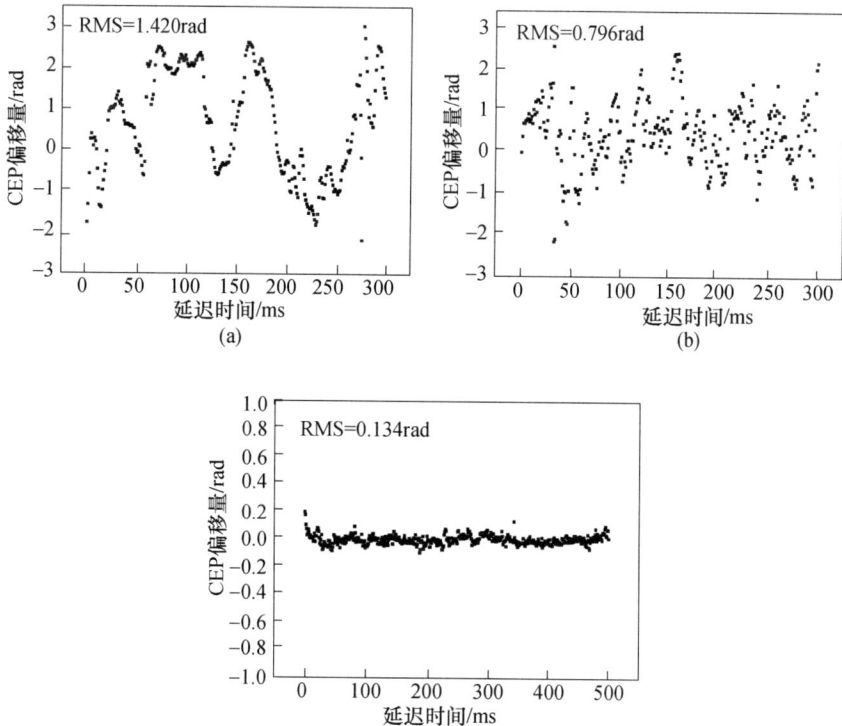

图 4-26　放大后激光脉冲的载波包络相位偏移
(a)多通放大器泵浦激光输入电流为 18A 时输出脉冲的相位偏移;
(b)多通放大器泵浦激光输入电流为 20A 时输出脉冲的相位偏移;
(c)再生放大器后输出脉冲的相位偏移。

　　虽然 f - 2f 的方法可以测量载波包络相位的相对变化,但是它无法获得载波包络相位的绝对值。目前,可以测量少周期激光脉冲载波包络相位绝对值的方法是 stereo - ATI[29],它通过测量两个不同方向电子电离的产率来反推出激光脉冲的载波包络相位。如图 4-27 所示,激光脉冲聚焦后与原子束相互作用,产生的电子由两个对称分布的时间飞行谱仪测量。两个时间飞行谱仪放在与激光偏振平行的方向上,这两个方向上产生的电子会由于激光脉冲 CEP 的不同而测得不同分布的电子谱,通过分析同时测得的这两个电子谱,就可以得到相互作用点处的激光脉冲载波包络相位。

载波包络相位绝对值的校正可以采用 T. Wittmann 等提供的方法[30],如图 4-28所示,图中首先将 ATI 电子分成高能段和低能段,然后分别将两段电子产率处理成非对称参数$(P_L - P_R)/(P_L + P_R)$,然后用两个非对称参数画成类似 Lissajous 图形结构。在实际实验过程中,首先对载波包络相位不稳定的激光脉冲进行单发测量,得到其在 2π 范围内测量值的分布。然后需要对测量值进行一系列的处理,减少测量结果的不确定性以及不同能量电子对载波包络相位的响应不同的影响等,最后得到类似 Lissajous 图形的结果。

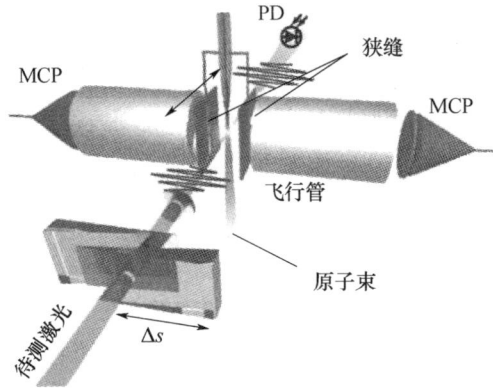

图 4-27　stereo-ATI 测量载波包络相位绝对值的装置示意图[29]

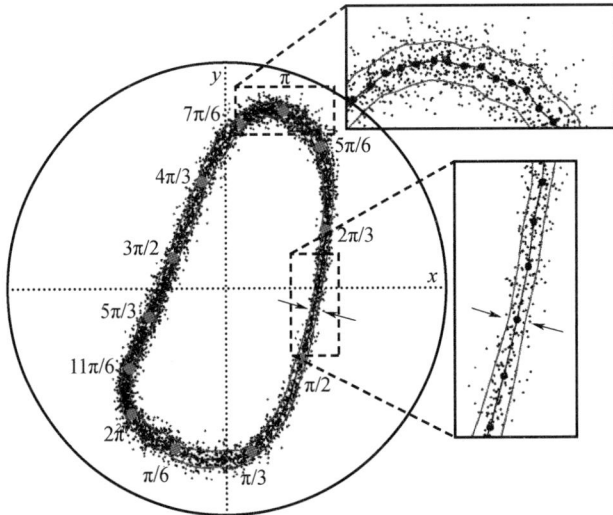

图 4-28　载波包络相位不稳定的激光脉冲的单发测量结果[30]

载波包络相位的测量目前仍然是一个重要课题,寻求更加简易可靠的测量方法仍然是追求的目标,如杨玮枫等提出的极化分子介质中的传播效应,可用于测量低能量少周期激光超短脉冲的载波包络相位[31]。此外,还有其他一些方法,如高阶域上电离(ATI)光电子谱[32-35]等。

4.3.3 载波包络相位的稳定

对于脉冲宽度达周期量级的超短激光脉冲,理论和实验均已证明激光脉冲的载波包络相位对于物理实验具有明显的影响,但是在实际飞秒激光系统中,载波包络相位是会发生漂移的。载波包络相位漂移的起因是非常复杂的,早在1996年,Xu 等提出了飞秒激光脉冲中载波—包络相位漂移的概念,他们通过互相关测量对环形腔钛宝石飞秒激光脉冲在腔内运行一周引入的载波包络相位漂移进行了简单估算[36]。在锁模激光器的振荡器中,载波包络相位的漂移主要是由光学介质内部群速度(v_g)和相速度(v_p)的不同引起的。当激光脉冲载波以相速度传播而包络以群速度传播时,就会导致载波与包络之间的相位漂移。假设腔长为 l,谐振腔输出的相邻激光脉冲时间间隔即激光脉冲在腔内往返一周所用的时间为

$$t = 2l/v_g \tag{4-36}$$

由于腔内介质中激光的群速度和相速度不同,脉冲在腔内往返一次,载波相对于包络的峰值都会产生一定的相位漂移,即

$$\Delta\phi_s = \omega \cdot l \cdot (1/v_g - 1/v_p) \tag{4-37}$$

这一相位漂移是固定的,如果没有外界扰动,可以从脉冲串中选出 $\Delta\phi = 2n\pi$ 的一系列脉冲,得到载波包络相位稳定的激光脉冲输出。但是,前文所介绍的克尔效应锁模机制表明,泵浦光功率的起伏会影响增益介质中的克尔效应使折射率发生变化,导致脉冲群速度和相速度的变化,从而在载波和包络之间引入相位差。克尔效应引起激光介质折射率的变化可以表示为

$$\Delta n = n_2 I \tag{4-38}$$

式中:n_2 为介质的非线性折射率系数;I 为激光光强。假设介质的长度为 L,那么每通过介质一次,载波相位的变化为

$$\phi_e = \omega \cdot L/v_p = (2\pi/\lambda) \cdot L \cdot (n_0 + n_2 I) \tag{4-39}$$

包络相位的变化为

$$\phi = \omega \cdot L/v_g = (2\pi/\lambda) \cdot L \cdot \cfrac{n_0 + n_2 I}{1 + \cfrac{\lambda}{n_0 + n_2 I} \cdot \cfrac{\mathrm{d}(n_0 + n_2 I)}{\mathrm{d}\lambda}} \tag{4-40}$$

式中:λ 为激光脉冲中心波长;v_p 和 v_g 分别为相速度和群速度;n_0 为线性折射率。可以看出,由于克尔效应,当光强 I 变化时,每经过一次激光介质,就会引入一个不确定的载波包络相位漂移,即

$$\Delta\phi_j = \phi - \phi_e \tag{4-41}$$

如果不进行载波包络相位控制,激光脉冲经过多次振荡后,载波包络相位便会进入随机状态。另外,在激光器运行过程中,气流、振动、温度的变化都会不同程度地引入载波包络相位漂移。

除了振荡级的载波包络相位漂移,在强场物理实验中还需要关注放大器级的载波包络相位稳定性。在激光放大器中,由于重复频率较低,同一脉冲往返激光介质的次数相对较少,克尔效应引起的载波包络相位变化相对振荡级要弱一些。有实验表明,在振荡级载波包络相位稳定的情况下,即使放大级不采取任何稳定措施,也能在短时间内(几秒)获得载波包络相位较稳定的脉冲输出[37]。但是,这需要比较稳定的泵浦功率和极其苛刻的实验环境,况且几秒钟的载波包络相位稳定对于大多数物理实验是远远不够的。因此,探究和稳定放大器级载波包络相位漂移具有重要的意义。

与振荡级类似,放大级泵浦功率的稳定性也会影响放大介质内部的克尔效应,进而影响载波包络相位的稳定性。除此之外,影响放大级载波包络相位稳定的因素还有光束指向性、光斑或脉宽的慢变化、展宽—压缩系统的稳定性、环境气流和温度起伏等。现在的飞秒激光器大多采用 CPA 技术,先通过棱镜、光栅等色散元件将脉冲展宽到百皮秒至纳秒量级,经过放大后,再通过色散补偿压缩回飞秒量级。因此,在展宽—压缩的过程中都会带来大量色散,而棱镜、光栅等色散元件相对于光束的微小振动会使激光脉冲的载波包络相位出现周期量级的变化,如 Zenghu Chang 等对光栅振动所引入的载波包络相位漂移进行了定量研究[38],发现若光栅常数 $1/d_s = 1200$ 线/mm,间距为 l_{eff},则有

$$\frac{\Delta\phi}{\Delta l_{eff}} = 3.7 \pm 1.2 (\text{rad}/\mu\text{m}) \qquad (4-42)$$

可见,在类似 CPA 结构中,光栅的有效间距每变化 1μm,就会引起约 3.7rad 的载波包络相位漂移。

对于 CPA 结构的激光系统,其载波包络相位的稳定除了优化激光器本身的环境外,主要是通过反馈控制来实现的。2003 年,A. Baltuška 等在 *Nature* 上报道了一种采用"快环"+"慢环"实现放大级脉冲载波包络相位稳定的方案[39]。振荡器输出脉冲分出一部分进入"快环",通过振荡级 f-2f 装置测量 f_{ce} 和 f_{rep},并将信号传递到锁相电路。同时放大级输出脉冲分出一部分进入"慢环",通过放大级 f-2f 装置测量载波包络相位干涉条纹,经计算机处理,计算出载波包络相位漂移的数值,并输出信号到锁相电路。锁相电路将来自"快环"和"慢环"的信号综合,输出电压控制声光调制器,调节振荡级泵浦功率,改变振荡器腔内色散,实现整个系统的载波包络相位稳定。实验中所用振荡器为亚 10fs 钛宝石振荡器,啁啾脉冲放大过程的色散元件为棱镜或其他块体材料,经放大后单脉冲能量达到 1mJ,脉宽 20fs。通过空心毛细管展宽光谱,啁啾镜补偿色散,最终输出能量为 0.5mJ,脉宽 5fs,中心波长 750nm,载波包络相位稳定的周期量级激光脉

冲。以此为光源,与氖气相互作用,第一次产生了脉宽250as的软X射线单阿秒脉冲。

为了证实"慢环"在载波包络相位锁定过程中所起的作用,分别对"慢环"关闭和开启时输出脉冲的载波包络相位进行测量。可以看到,若"慢环"关闭,累积200个脉冲的f-2f干涉图样,条纹就变得很模糊(图4-29(a))。"慢环"开启,累积200个脉冲的f-2f干涉图样,条纹仍然很清晰(图4-29(b)),这说明脉冲之间的载波包络相位值变化很小,并未因累积而平均掉。图4-29的载波包络相位变化曲线也说明在"慢环"开启后,载波包络相位的慢变化得到了很好的控制。

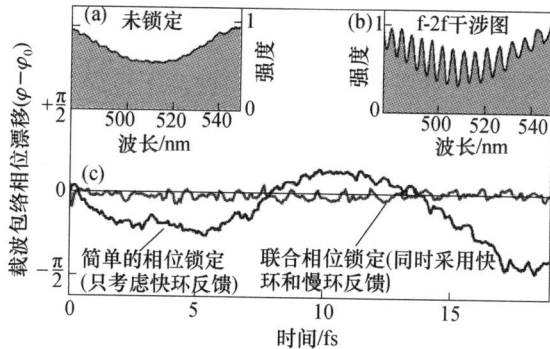

图4-29 "慢环"在载波包络相位锁定中的作用

(a)"慢环"关闭时,累积200发脉冲的f-2f干涉图样;(b)"慢环"开启时,累积200发脉冲的f-2f干涉图样;(c)"慢环"关闭(蓝)和开启(红)时,系统输出脉冲载波包络相位(CEP)的变化情况。

上述控制方法是将振荡级和放大级的相位信息反馈到电路,通过改变腔内色散,实现最终输出脉冲载波包络相位的稳定。改变腔内色散的方法可以是改变泵浦功率[39],也可以是插入介质[40]或调节腔镜[41]等。但是,这种通过调节振荡级来稳定放大级脉冲载波包络相位的方法所能调整的载波包络相位漂移范围很有限,而基于光栅的CPA系统,由于光栅色散量较大,相位的漂移就需要寻求其他方法进行弥补,其中包括:通过调节展宽器的有效长度实现载波包络相位稳定[42,43];通过调节压缩器光栅的位置实现载波包络相位稳定[44];通过调节展宽器棱镜的位置实现载波包络相位稳定[45];通过声光色散滤波器(AOPDF)来实现载波包络相位稳定[46,47]等。除了上述载波包络相位的主动反馈控制稳定方法外,目前还有通过差频过程实现的被动稳定方法,可以比较容易地实现长时间的载波包络相位稳定,将在下一节介绍。

4.4 OPA 技术和中红外激光

虽然目前基于克尔透镜锁模(KLM)技术以及啁啾脉冲放大(CPA)技术的

钛宝石激光系统作为主流的超短超强激光脉冲源得到了广泛的应用,但是它们的输出波长调谐范围非常有限,一般只能在其基频(800nm)或者其各个倍频谐波附近很窄的范围内,而光参量放大(Optical Parametric Amplification, OPA)概念的提出则大大扩展了其光谱的可调谐范围。

光参量放大(OPA)过程的原理非常简单(图4-30),一束高能量、高频率的激光(泵浦光,频率为ω_p)和一束低能量、低频率的激光(信号光,频率为ω_s)一同进入非线性晶体时,低频率的激光有可能会被放大,同时产生第三束激光(闲置光,频率为ω_i)。光参量放大过程也可以通过简单的能级模型描述,物质吸收一个频率为ω_p的光子,并受激辐射两个频率分别为ω_s和ω_i的光子。在此过程中,需要满足能量守恒和动量守恒定律,即

$$\hbar\omega_p = \hbar\omega_s + \hbar\omega_i \tag{4-43a}$$

$$\hbar\boldsymbol{K}_p = \hbar\boldsymbol{K}_s + \hbar\boldsymbol{K}_i \tag{4-43b}$$

式中:$\boldsymbol{K}$为波矢。动量守恒即在相互作用过程中要满足相位匹配,对于信号光的有效放大非常重要。原则上,信号光的频率可以在很宽的范围内连续调谐,目前飞秒光参量放大已经成为比较普遍的波长可调谐飞秒激光源,其稳定性和可靠性已经得到验证。

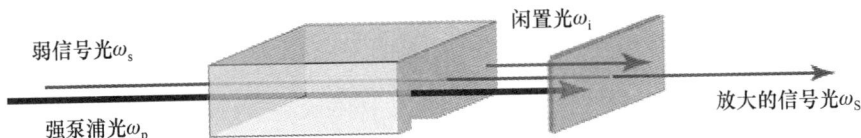

弱信号光ω_s　　　　　　　　　　　　　　闲置光ω_i

放大的信号光ω_s

强泵浦光ω_p

图4-30　光参量放大过程的基本原理

光参量放大技术具有高增益(约10^9)的特点,在特定条件下(近简并状态或非共线匹配)可以实现群速度匹配,从而具有比钕玻璃放大器大得多的增益带宽(>100nm)。通过将CPA与OPA技术相结合,先将飞秒超短脉冲信号光展宽成纳秒级啁啾脉冲,再以纳秒级的强激光脉冲作为光学参量放大器的泵浦源,利用LBO或BBO、KDP等非线性晶体进行光学参量放大,最后在输出端利用光栅对进行压缩,可以获得超短超强激光输出的钕玻璃强激光,称为啁啾脉冲光学参量放大(OPCPA)技术。OPCPA技术充分发挥了啁啾脉冲放大与光学参量放大各自的优点,在现有条件下通过压缩激光脉宽可以获得PW级激光输出功率,并在某些方面具有自己的独特优势。

在气体高次谐波和阿秒脉冲研究方面,光参量放大技术的重要用途是获得长波长的飞秒激光光源。中国科学院上海光学精密机械研究所李闯等人通过三级光参量放大过程,最终将钛宝石激光系统产生的800nm波长激光脉冲转换为中心波长$1.75\mu m$,载波包络相位稳定的周期量级激光脉冲。如图4-31所示,这是一个三级放大的系统,8mJ/800nm的激光脉冲在第一块分束片BS1和第二

块分束片 BS2 后,通过 BS3 再次分为两束(其中一束在蓝宝石中产生连续谱,光谱展宽至最长波长 1.5μm 左右),产生的连续谱在 OPA1 和 OPA2 中被放大,该放大的光最终在 OPA3 中与 800nm 激光脉冲做差频,最终获得 1440nm 的信号光输出和 1800nm 的闲置光输出,其中 1800nm 是载波包络相位稳定激光脉冲。

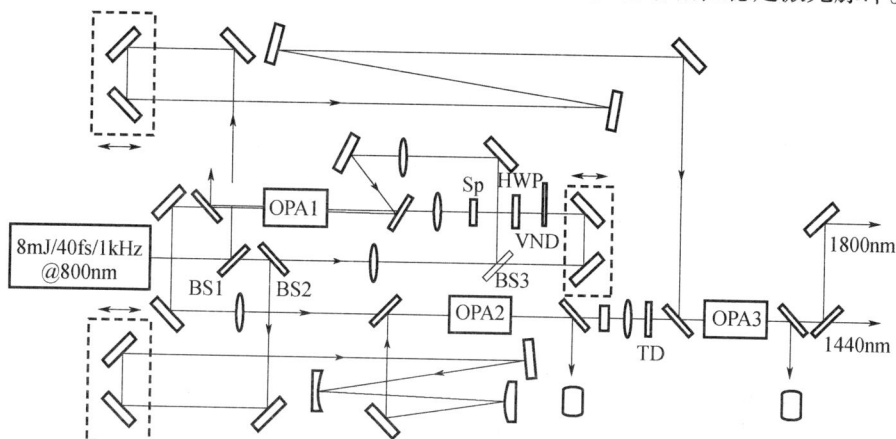

图 4-31　高能量长波长激光脉冲产生实验装置示意图[48]

该光参量放大系统中最终产生波长为 1.44μm 的信号光和 1.8μm 的闲置光。根据光参量放大过程的分析可知,闲置光的载波包络相位是自稳定的,因此该系统中产生的闲置光被继续送到空心毛细管中进行光谱展宽压缩,最终获得中心波长 1.75μm、脉冲宽度只有 1.5 个光周期的超短激光脉冲。该激光脉冲与氖气相互作用,在很小的脉冲能量下就产生了数百电子伏(eV)光子能量的气体高次谐波,达到了碳的吸收边(288eV)(如图 4-32 所示,图(a)、(c)与图(b)、(d)分别为不同的载波包络相位下产生的高次谐波连续谱。图(a)和图(b)为空间积分的光谱,图(c)和图(d)为 X 射线 CCD 上获得的原始图)[49]。

如上所示,除了波长变换的优势外,光参量放大技术的另一个重要优点是可以通过差频过程获得载波包络相位稳定的激光脉冲。差频过程稳定载波包络相位的基本原理是,在光参量放大过程中,如果信号光和泵浦光来自同一光源,那么,所产生的闲置光的载波包络相位是自稳定的。如图 4-33 所示,入射光为中心波长为 800nm 的超短脉冲激光,脉宽 40fs,能量约 1mJ。通过分束片将入射光分为两部分,约 10μJ 聚焦到 3mm 厚的蓝宝石(Al₂O₃),产生白光超连续谱作为信号光,剩余部分作为泵浦光。当两者同时入射到 BBO 晶体上时,在相位匹配条件下产生闲置光。

设信号光、闲置光、泵浦光波矢分别为 k_1、k_2、k_3,频率分别为 ω_1、ω_2、ω_3,根据三波混频的耦合方程组可得

$$\frac{dE(\omega_1,z)}{dz} = \frac{i\omega_1^2}{k_1 c^2}\chi_{eff}^{(2)} E(\omega_3,z) E^*(\omega_2,z) e^{-i\Delta kz} \qquad (4-44)$$

$$\frac{dE(\omega_2,z)}{dz} = \frac{i\omega_2^2}{k_2 c^2}\chi_{eff}^{(2)}E(\omega_3,z)E^*(\omega_1,z)e^{-i\Delta kz} \qquad (4-45)$$

$$\frac{dE(\omega_3,z)}{dz} = \frac{i\omega_3^2}{k_3 c^2}\chi_{eff}^{(2)}E(\omega_1,z)E(\omega_2,z)e^{i\Delta kz} \qquad (4-46)$$

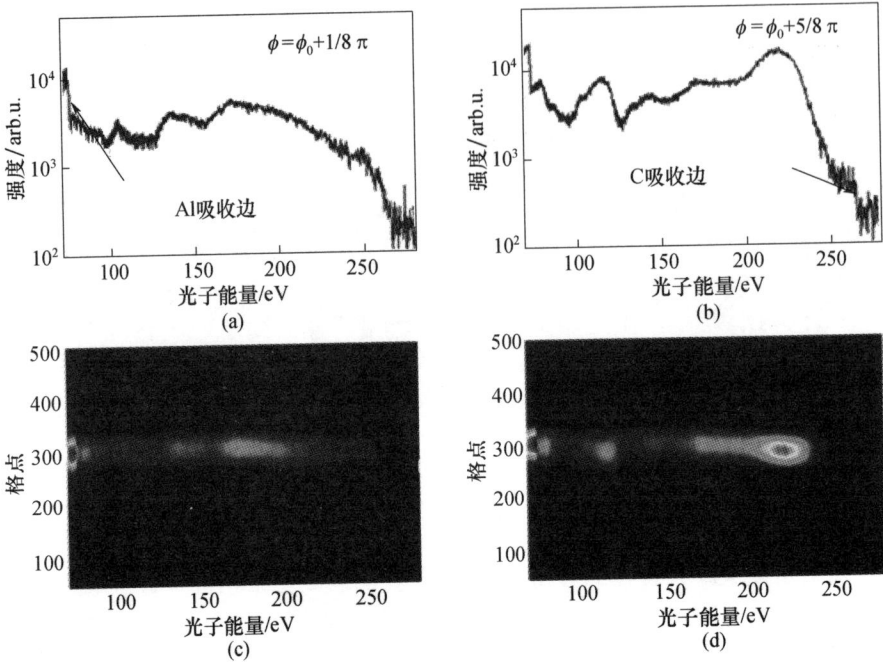

图4-32 12fs/1.75μm,载波包络相位稳定的激光脉冲与氖气
相互作用产生的高次谐波,可以看到碳的吸收边

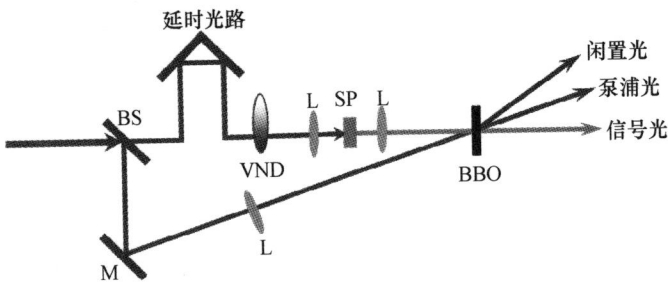

图4-33 实现差频过程的光路示意图
BS—分束片;VND—中性变密度衰减片;L—透镜;SP—厚3mm蓝宝石晶体;
BBO—差频晶体;M—反射镜。

式中:E为激光脉冲电场强度;z为脉冲发生相互作用位置;$\Delta k = k_1 + k_2 - k_3$;$\chi_{eff}^{(2)}$为二阶有效非线性系数。差频过程中,若相位匹配,即$\Delta k = 0$,根据式(4-46),则有

$$\phi_1 + \phi_2 - \phi_3 = -\frac{\pi}{2} \qquad (4-47)$$

式中：ϕ_1、ϕ_2、ϕ_3 分别为信号光、闲置光和泵浦光的相位。如果信号光与泵浦光相位相同，根据式（4-47），闲置光相位为常数。假设激光初始相位为 ϕ_0，那么，在经过蓝宝石发生自相位调制后相位变为 $\phi_{signal} = \phi_0 + \phi_{WLC}$。$\phi_{WLC}$ 为自相位调制过程中引入的附加相位，可认为是常数。泵浦光相位 $\phi_{pump} = \phi_0$。在 BBO 晶体中发生差频，由式（4-47）可知，闲置光相位为

$$\phi_{idler} = \phi_{pump} - \phi_{signal} - \frac{\pi}{2} = -\frac{\pi}{2} - \phi_{WLC} \qquad (4-48)$$

据此可知，若信号光和泵浦光来自同一光源，则闲置光的相位与初始相位无关，是常数，通过这一原理可以方便地实现载波包络相位的自稳定。与主动稳定方式相比，载波包络相位的被动稳定结构对振动、气流、温度起伏等变化不敏感，而且由于是自稳定方式，更利于实现长时间的载波包络相位稳定，这对于物理实验非常重要。图 4-33 就是基于上述原理设计的载波包络相位稳定的三级共线光参量放大系统，载波包络相位抖动约 532mrad（RMS）[48]。

参考文献

[1] Strickland D, Mourou G. Compression of amplifiled chirped optical pulses [J]. Opt. Comm., 1985, 56: 219-221.

[2] Brabec T, Krausz F. Intense few-cycle laser fields: frontiers of nonlinear optics [J]. Rev. Mod. Phys., 2000, 72(2): 545-591.

[3] Morgner U, Krtner F X, Cho S H, et al. Sub-two-cycle pulses from a Kerr-lens mode-locked Tisapphire laser [J]. Opt. Lett., 1999, 24(6): 411-413.

[4] Gallmann L, Sutter D H, Matuschek N, et al. Characterization of sub-6-fs optical pulses with spectral phase interferometry for direct electric-field reconstruction [J]. Opt. Lett., 1999, 24(18): 1314-1316.

[5] Xu L, Tempea G, Spielmann Ch, et al. Continuous-wave mode-locked Ti:sapphire laser focusable to 5 ×10^13 W/cm^2 [J]. Opt. Lett., 1998, 23(10): 789-791.

[6] Jasapara J, Rudolph W. Characterization of sub-10fs pulse focusing with high-numerical-aperture microscope objectives [J]. Opt. Lett., 1999, 24(11): 777-779.

[7] Sartania S, Cheng Z, Lenzner M, et al. Generation of 0.1TW 5fs optical pulses at a 1-kHz repetition rate [J]. Opt. Lett., 1997, 22(20): 1562-1564.

[8] Cheng Z, Fürbach A, Sartania S, et al. Amplitude and chirp characterization of high-power laser pulses in the 5fs regime [J]. Opt. Lett., 1999, 24(4): 247-249.

[9] Nisoli M, Silvestri S, Svelto O, et al. Generation of high energy 10fs pulses by a new pulse compression technique [J]. Appl. Phys. Lett., 1996, 68: 2793-2796.

[10] Nisoli M, Silvestri S, Svelto O, et al. Compression of high-energy laser pulses below 5fs [J]. Opt. Lett., 1997, 22(8): 522-524.

[11] Yamane K, Zhang Z, Oka K, et al. Optical pulse compression to 3.4fs in the monocycle region by feed-

back phase compensation [J]. Opt. Lett. , 2003, 28(22): 2258 – 2260.

[12] Schenkel B, Biegert J, Keller U, et al. Generation of 3. 8fs pulses from adaptive compression of a cascaded hollow fiber supercontinuum [J]. Opt. Lett. , 2003, 28(20): 1987 – 1989.

[13] Teng H, Yun Ch, Han H, et al. Carrier – envelope phase stabilized 5fs laser and generation of continuum XUV radiation [J]. CLEO/Pacific Rim 2009, Shanghai, China, August 31 – September 3.

[14] Steinmeyer G, Stibenz G. Generation of sub – 4fs pulses via compression of a white – light continuum using only chirped mirrors [J]. Appl. Phys. B, 2005, 82(2): 175 – 181.

[15] Chen X, Li X, Liu J, et al. Generation of 5 fs, 0. 7 mJ pulses at 1kHz through cascade filamentation [J]. Opt. Lett. , 2007, 32(16): 2402 – 2404.

[16] Koprinkov I G, Suda A, Wang P, et al. Self – compression of high – intensity femtosecond optical pulses and spatiotemporal soliton generation [J]. Phys. Rev. Lett. , 2000, 84(17): 3847 – 3850.

[17] Hauri C P, Kornelis W, Helbing F W, et al. Generation of intense carrier envelope phase locked few cycle laser pulses through filamentation [J]. Appl. Phys. B, 2004, 79: 673 – 677.

[18] Stibenz G, Zhavoronkov N, Steinmeyer G. Self – compression of millijoule pulses to 7. 8fs duration in a white – light filament [J]. Opt. Lett. , 2006, 31(2): 274 – 276.

[19] Hauri C P, Trisorio A, Merano M, et al. Generation of high – fidelity, down – chirped sub – 10fs mJ pulses through filamentation for driving relativistic laser – matter interactions at 1kHz [J]. Appl. Phys. Lett. , 2006, 89(15): 151125.

[20] Rolland C, Corkum P B. Compression of high – power optical pulses [J]. J. Opt. Soc. Am. B, 1988, 5(3): 641 – 647.

[21] Mével E, Tcherbakoff O, Salin F, et al. Extracavity compression technique for high – energy femtosecond pulses [J]. J. Opt. Soc. Am. B, 2003, 20(1): 105 – 108.

[22] Chen X W, Leng Y X, Liu J, et al. Pulse self – compression in normally dispersive bulk media [J]. Opt. Commun. , 2006, 259(1): 331 – 335.

[23] Bohan A, Antoine Ph, Miloševic D B, et al. Phase – dependent harmonic emission with ultrashort laser pulses [J]. Phys. Rev. Lett. , 1998, 81(9): 1837 – 1840.

[24] Mehendale M, Mitchell S A, et al. Method for single – shot measurement of the carrier envelope phase of a few – cycle laser pulse [J]. Opt. Lett. , 2000, 25(22): 1672 – 1674.

[25] Dietrich P, Krausz F, et al. Determining the absolute carrier phase of a few – cycle laser pulse [J]. Opt. Lett. , 2000, 25(1): 16 – 18.

[26] Paulus G G, Grasbon F, et al. Absolute – phase phenomena in photoionization with few – cycle laser pulses [J]. Nature, 2001, 414: 182 – 184.

[27] Kakehata M, Kobayashi Y, et al. Single – shot measurement of a carrier – envelope phase by use of a time – dependent polarization pulse [J]. Opt. Lett. , 2002, 27(14): 1247 – 1249.

[28] Lan P, Lu P, Li F, et al. Carrier – envelope phase measurement from half – cycle high harmonics [J]. Opt. Express, 2008, 16(8): 5868 – 5873.

[29] Paulus G G, Lindner F, Walther H, et al. Measurement of the phase of few – cycle laser pulses [J]. Phys. Rev. Lett. , 2003, 91(25): 253004.

[30] Wittmann T, Horvath B, Helml W, et al. Single – shot carrier – envelope phase measurement of few – cycle laser pulses [J]. Nat. Physics, 2009, 5: 357 – 362.

[31] Yang W, Song X, Gong S, et al. Carrier – envelope phase dependence of few – cycle ultrashort laser pulse propagation in a polar molecule medium [J]. Phys. Rev. Lett. , 2007, 99(13): 133602.

[32] Chelkowski S, Bandrauk A D, Apolonski A. Phase – dependent asymmetries in strong – field photoionization by few – cycle laser pulses [J]. Phys. Rev. A. , 2004, 70(1): 013815.

[33] Paulus G G, Lindner F, Walther H, et al. Measurement of the phase of few – cycle laser pulses [J]. J. Mod. Opt. , 2005, 52(2): 221 – 232.

[34] Liao Q, Lu P, Lan P, et al. Method to precisely measure the phase of few – cycle laser pulses [J]. Opt. Express, 2008, 16(9): 6455 – 6460.

[35] Möller M, Sayler A M, Rathje T, et al. Precise, real – time, single – shot carrier – envelope phase measurement in the multi – cycle regime [J]. Appl. Phys. Lett. , 2011, 99: 121108.

[36] Poppe A, Brabec T, Krausz F, et al. Route to phase control of untrashort light pulses [J]. Opt. Lett. , 1996, 21(24): 2008 – 2010.

[37] Corsi C, Bellini M. Robustness of phase coherence against amplification in a flash lamp – pumped multi – pass femtosecond laser [J]. Appl. Phys. B, 2004, 78: 31 – 34.

[38] Chang Z. Carrier – envelope phase shift caused by grating – based stretchers and compressors [J]. Appl. Opt. , 2006, 45(32): 8350 – 8353.

[39] Baltuska A, Udem Th, Uiberacker M, et al. Attosecond control of electronic processes by intense light fields [J]. Nature, 2003, 421: 611 – 615.

[40] Apolonski A, Poppe A, Tem G, et al. Controlling the Phase Evolution of Few – Cycle Light Pulses [J]. Phys. Rev. Lett. , 2000, 85(4): 740 – 743.

[41] Jones D J, Diddams S A, Ranka J K, et al. Carrier – envelope phase control of femtosecond mode – locked lasers and direct optical frequency synthesis [J]. Science, 2000, 288(5466): 635 – 639.

[42] Li C, Moon E, Mashiko H, et al. Precision control of carrier – envelope phase in grating based chirped pulse amplifiers [J]. Opt. Express, 2006, 23: 11468 – 11476.

[43] Li C, Moon E, Chang Z. Carrier – envelope phase shift caused by variation of grating separation [J]. Opt. Lett. , 2006, 31: 3113 – 3115.

[44] Li C, Mashiko H, Wang H, et al. Carrier envelope phase stabilization by controlling compressor grating separation [J]. Appl. Phys. Lett. , 2008, 92: 191114 – 191116.

[45] Assion A, Tempea G, Goulielmakis E, et al. Attosecond sources: Few – cycle laser amplifiers bridge the gap between femto – and attosecond ranges [J]. Laser Focus World, 2008, 44: 75 – 79.

[46] Canova L, Chen X, Trisorio A, et al. Carrier – envelope phase stabilization and control using a transmission grating compressor and an AOPDF [J]. Opt. Lett. , 2009, 34: 1333.

[47] Forget N, Canova L, Chen X, et al. Closed – loop carrier – envelope phase stabilization with an acousto – optic programmable dispersive filter [J]. Opt. Lett. , 2009, 34: 3647 – 3649.

[48] Li C, Wang D, Song L, et al. Generation of carrier – envelope phase stabilized intense 1. 5 cycle pulses at 1. 75 μm [J]. Opt. Express, 2011, 19(7): 6783 – 6789.

[49] Gong C, Jiang J, Li C, et al. Phase – matching mechanism for high – photon – energy harmonics of a long trajectory driven by a mid – infrared laser [J]. Phys. Rev. A. , 2012, 85(3): 033410.

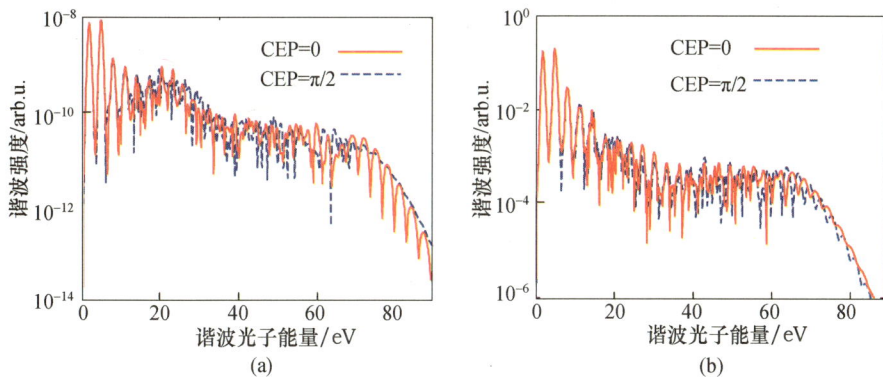

图1-17 不同载波包络相位(CEP)下,单原子高次谐波(a)与传播效应(b)的比较

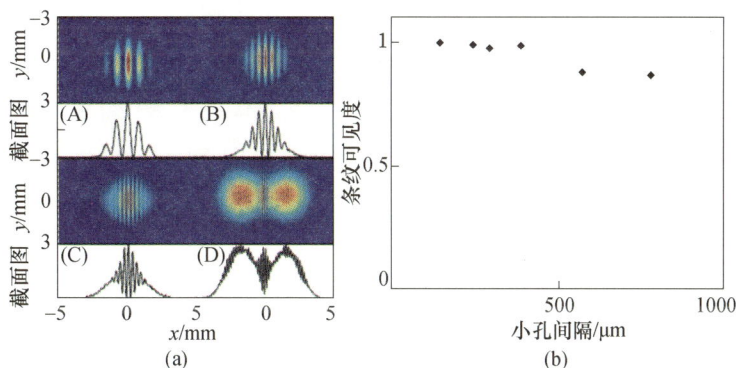

图1-19 高次谐波空间相干性的测量[43]

(a)不同孔间距下气体高次谐波的干涉条纹[43]((A)142μm;(B)242μm;(C)384μm;
(D)779μm);(b)条纹对比度,在孔间距小于500μm情况下几乎均可达到1。

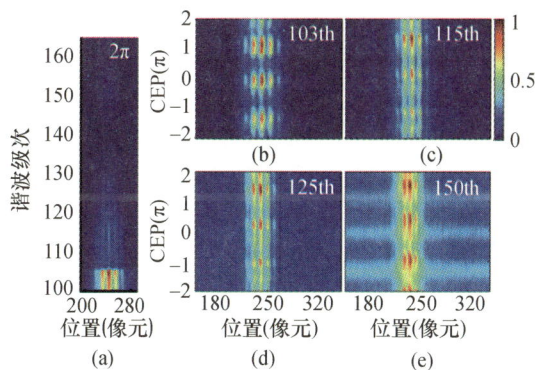

图1-20 载波包络相位对高次谐波辐射的空间相干性的影响

(a)为CCD所获得的谐波干涉图样的原始信号,载波包络相位(CEP)为2π;(b)、(c)、(d)与
(e)分别为103级、115级、125级和150级所对应的空间干涉条纹随载波包络
相位(CEP)的变化图样,载波包络相位的变化范围为-2π~2π。

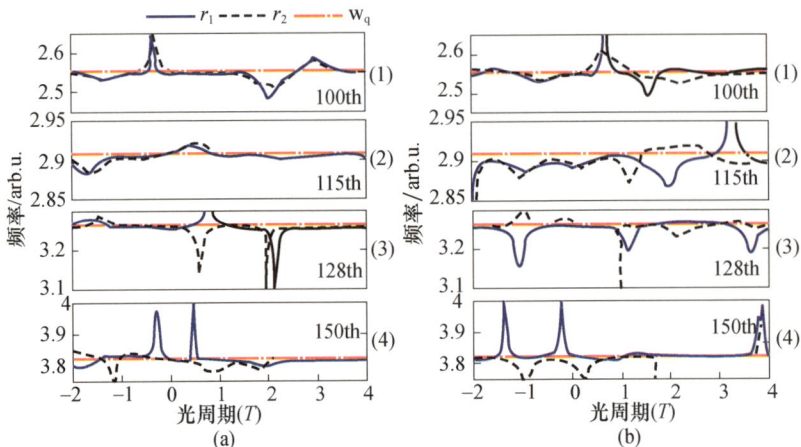

图 1 - 22　所选取的四个谐波级次的频率啁啾随时间的变化曲线。图中蓝色
实线表示 r_1 处频率随时间变化曲线,黑色虚线表示 r_2 处频率随时间变化
曲线,红色点划线表示所选取的各个级次中心频率所在的位置

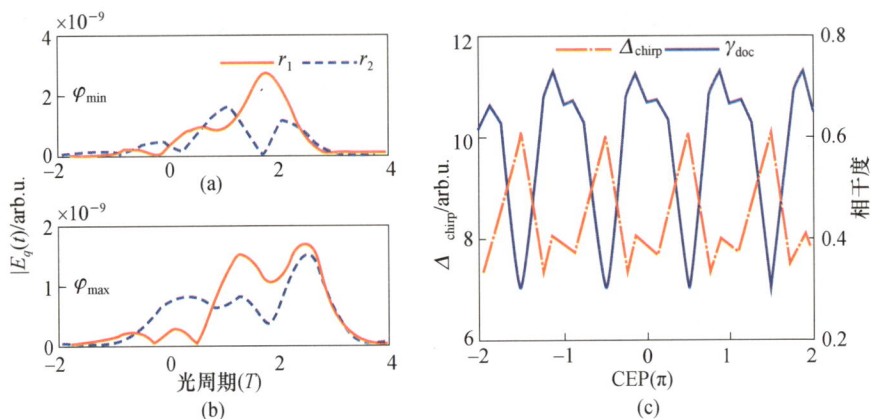

图 1 - 23　(a)和(b) 双缝处谐波信号的电场强度随时间的变化曲线,其中(a)的载波包络相位值对应
相干度值取极小值点,(b)的载波包络相位值对应相干度值取极大值点;红色实线表示 r_1 处的
谐波信号,蓝色虚线表示 r_2 处的谐波信号。(c) Δ_{chirp}(红色点划线)与 γ_{doc}(蓝色实线)随载波
包络相位变化曲线,其中的谐波级次为 150 级,从图中可以看出二者的相关性

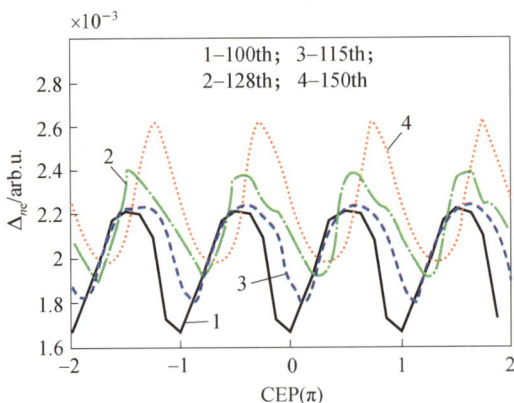

图 1 - 24　空间两点谐波产生时刻电子密度的差值随载波包络相位的
变化曲线,选取的谐波级次与计算相干度时保持一致

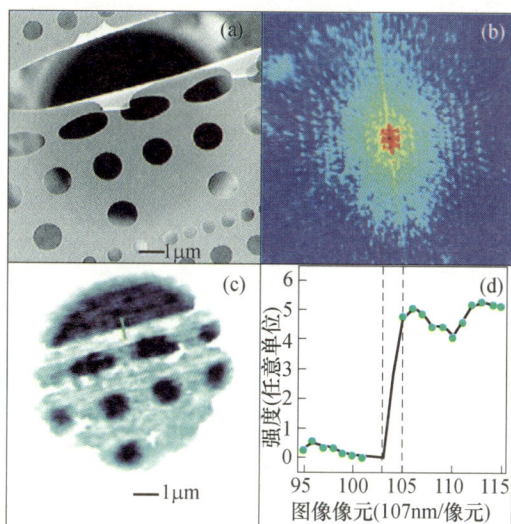

图 1-25 高次谐波相干衍射成像实验[49]

(a)碳掩膜的扫描电镜(SEM)图像;(b)气体高次谐波衍射图样;(c)根据衍射图样重建的图像;(d)由于图 c 中每个点是 107nm,从这里看空间分辨率大概是 214nm。

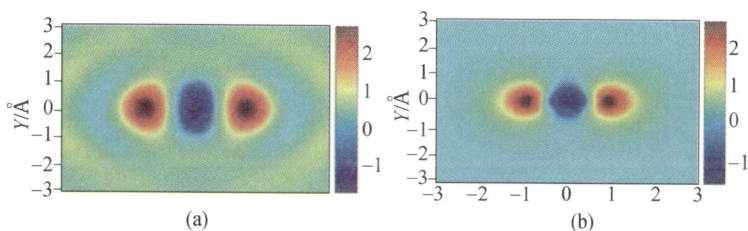

图 1-27 氮分子轨道波函数三维成像[48]

(a)为实验测量结果;(b)为理论计算结果,可以看到两者吻合得还是相当好的。

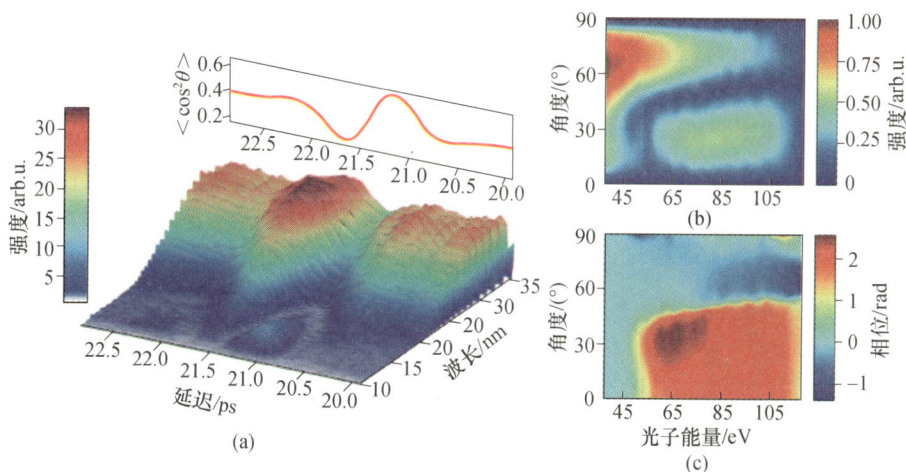

图 1-28 普适的分子轨道恢复技术[55]

(a)是不同延迟下分子高次谐波辐射;(b)和(c)是通过解卷积得到的分子谐波强度和相位角分布。

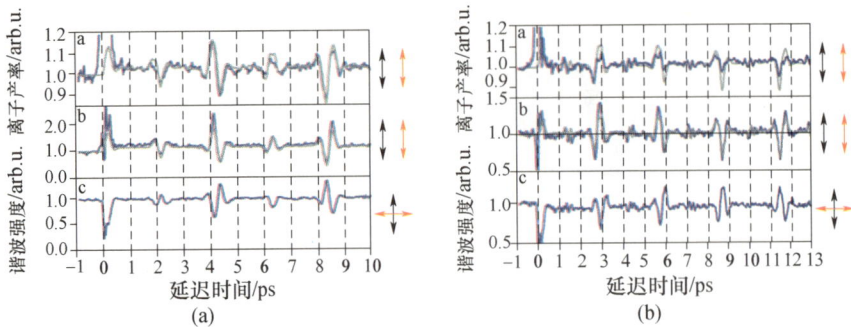

图 1 - 30　分子离子产率和 23 次谐波强度随 Pump - probe 延迟的变化

（a）氮分子离子产率和 23 次谐波强度随 Pump - probe 延迟的变化；

（b）氧分子离子产率和 23 次谐波强度随 Pump - probe 延迟的变化[58]。

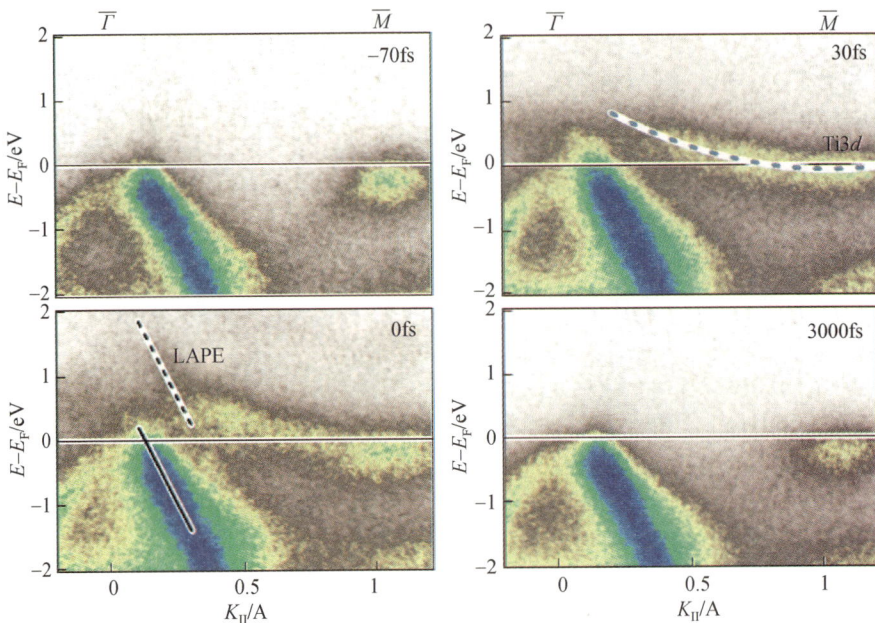

图 1 - 33　结合高次谐波飞秒 XUV 脉冲和角分辨光电子谱（ARPES）

测量时间分辨的光诱导跃迁[66]

图中数字表示 Pump - probe 延迟；负延迟表示 probe 光在后面；pump 光能流密度为 5mJ/cm²。

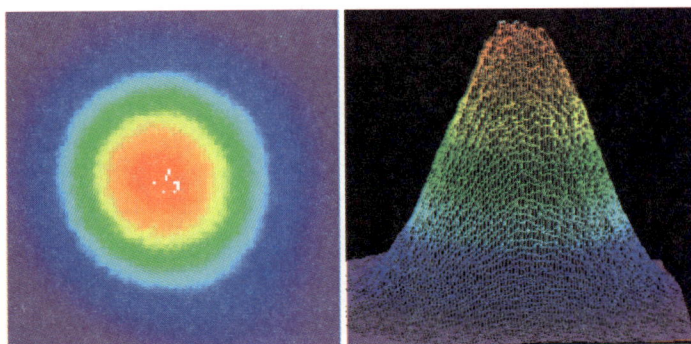

图 1 - 40　图 1 - 38 中的 1kHz 钛宝石激光系统产生飞秒激光的光斑图

（a）二维图；（b）三维图。

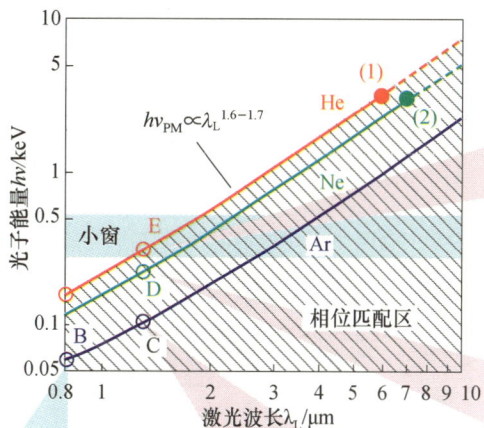

图 1-48 不同介质与不同波长激光作用下可实现的相位匹配图，
斜线区为可实现相位匹配的参数区域[86]

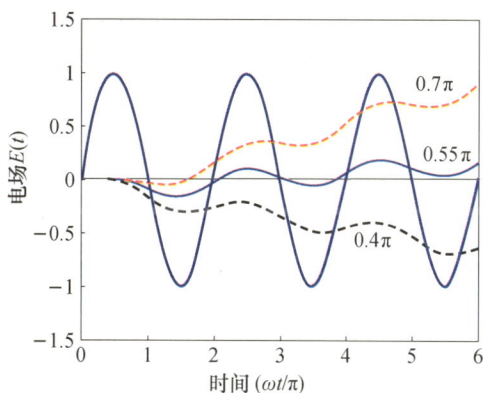

图 1-57 不同时刻电离的电子运动轨迹

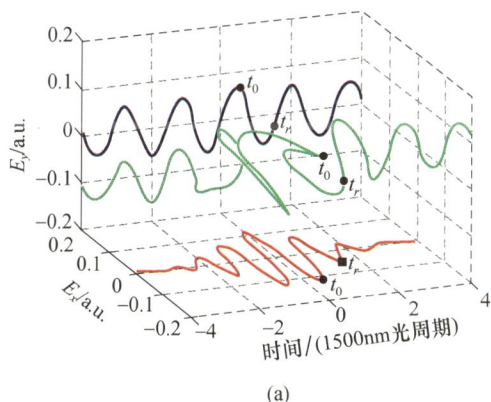

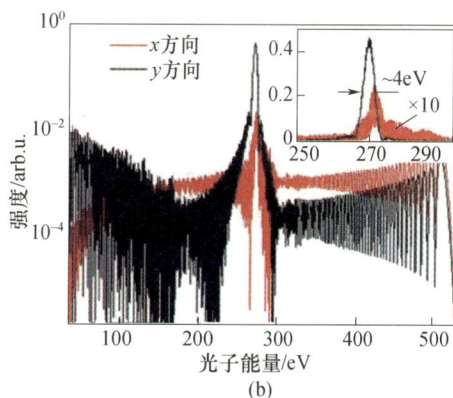

(a)

(b)

图 1-60 双色场整形技术获得窄带可调谐 XUV 光源的输出[114]

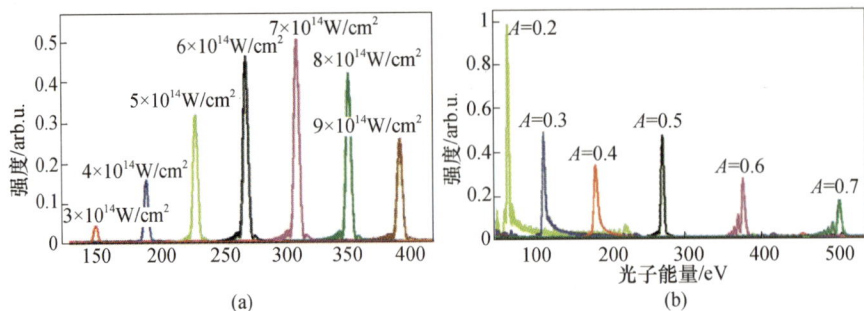

图 1-61 双色场整形技术获得窄带可调谐 XUV 光源的输出[114]
(a)不同的驱动功率密度;(b)不同的双色场强度比。

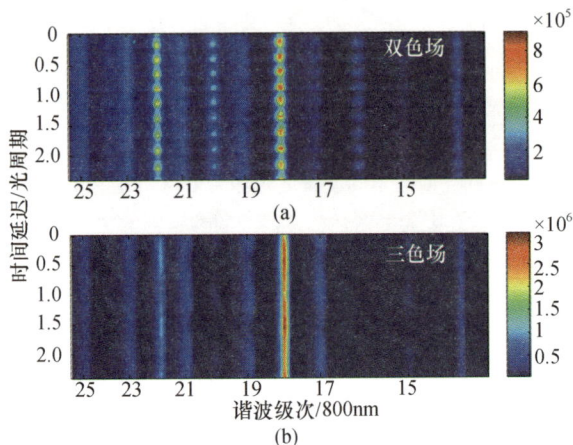

图 1-64 双色场产生高次谐波和三色场产生高次谐波的延时结果对比[120]

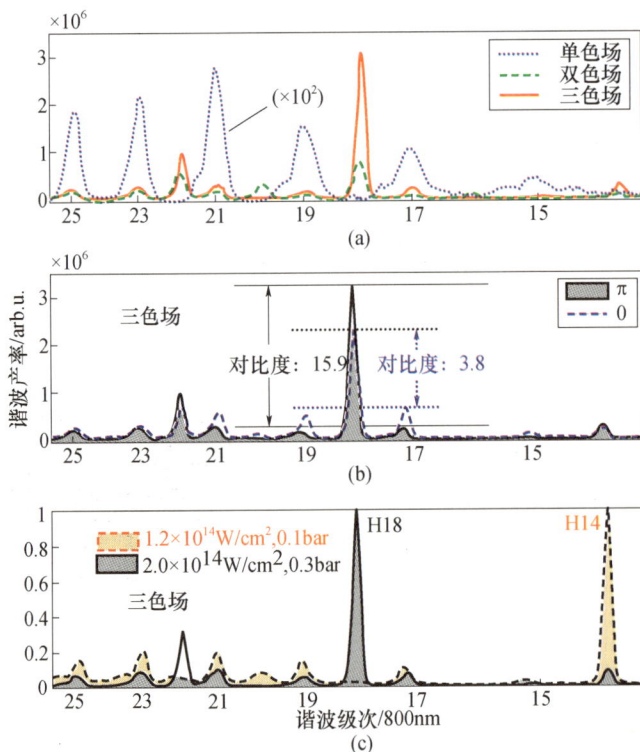

图 1-65 不同参数条件下产生的高次谐波比较[120]

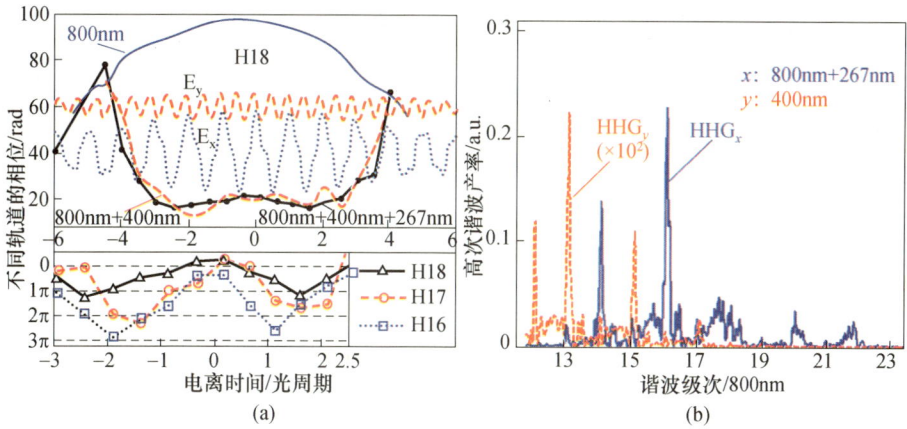

图 1-66　三色场产生高次谐波的数值模拟分析[120]

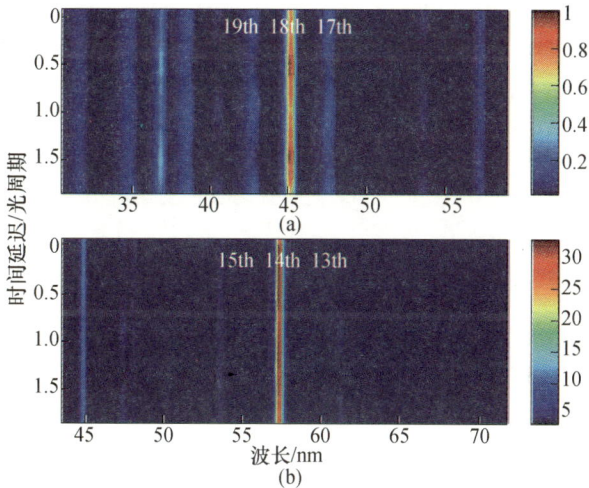

图 1-67　输出的高次谐波(分布和强度)随三色场延时变化的结果
(a)喷嘴模式;(b)气体盒模式。

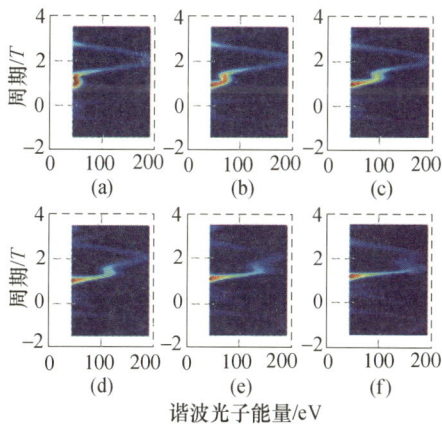

图 1-77　双色场产生的高次谐波的时间频率分析

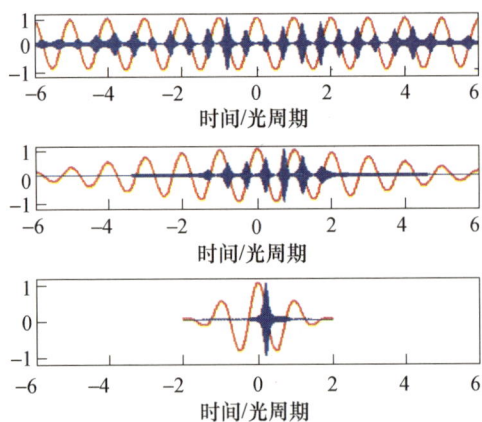

图 2-7　少周期激光脉冲产生单个阿秒脉冲的原理示意图

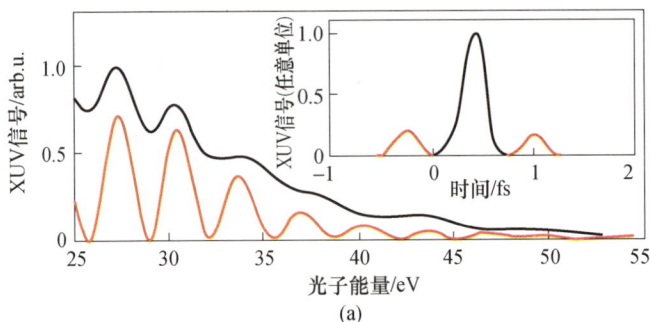

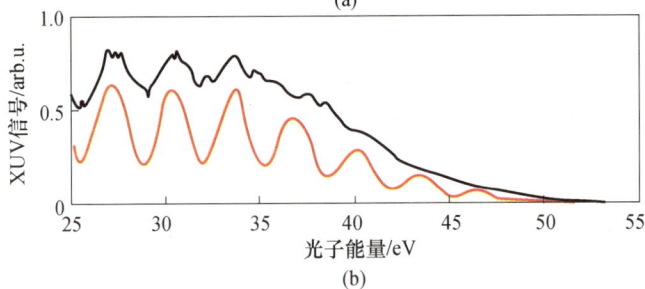

(a)

(b)

图 2-12　气体高次谐波光谱的实验结果(a)与模拟结果(b)的比较[35]

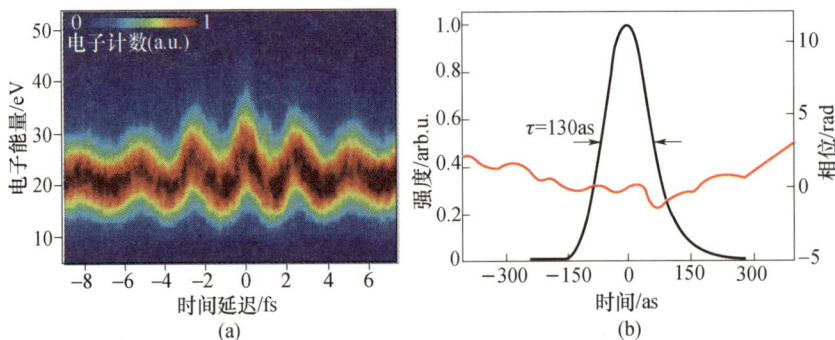

(a)

(b)

图 2-13　载波包络相位稳定的激光脉冲利用偏振时间门方案产生

的单个单周期、脉宽为 130as 的阿秒脉冲[10]

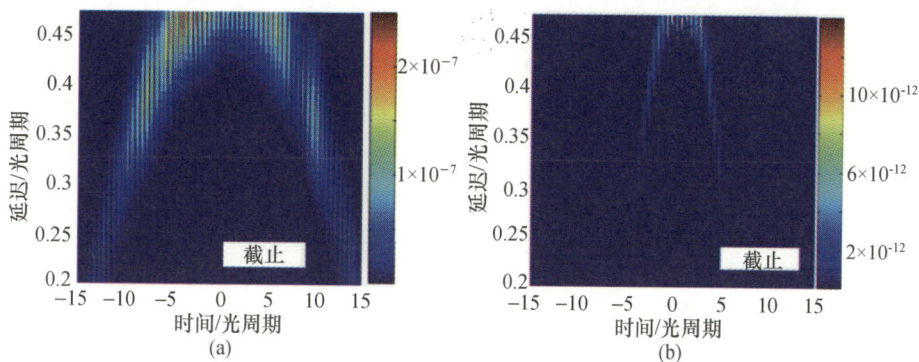

图 2 - 14   偏振时间门方案产生的双阿秒脉冲(链)[36]

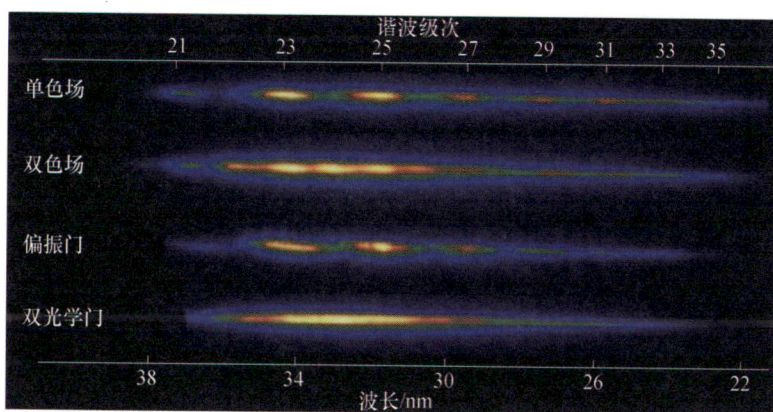

图 2 - 21   脉冲宽度为 9fs 的驱动激光脉冲在单色场、双色场、偏振时间门和 DOG
方案下产生的连续谱[42]，可以看到 DOG 情况下可以产生非常好的连续谱

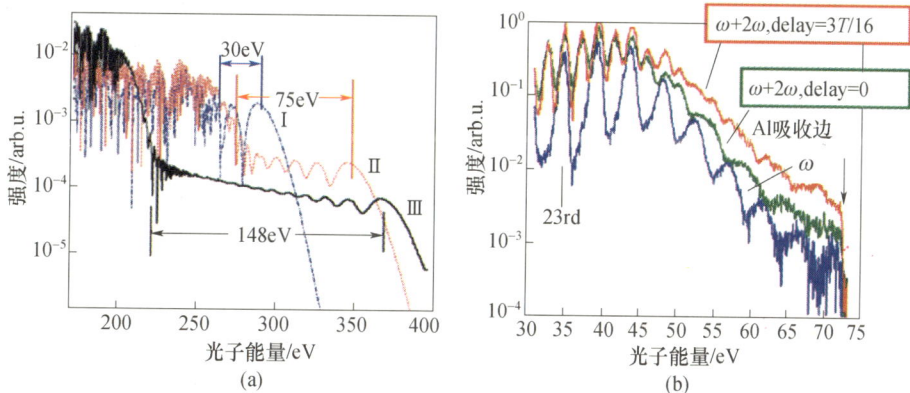

图 2 - 23   电场精密控制的双色场相干控制产生单个阿秒脉冲方法

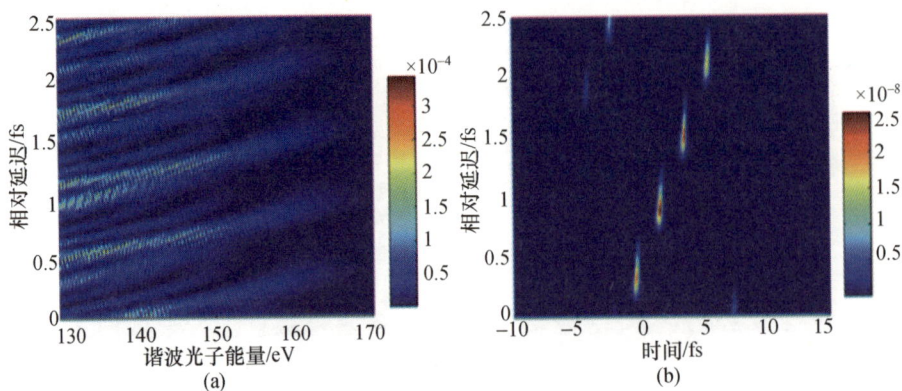

图 2 - 24 非倍频双色场方法产生的高次谐波(a)和
阿秒脉冲(b)随双色场相对延迟的变化

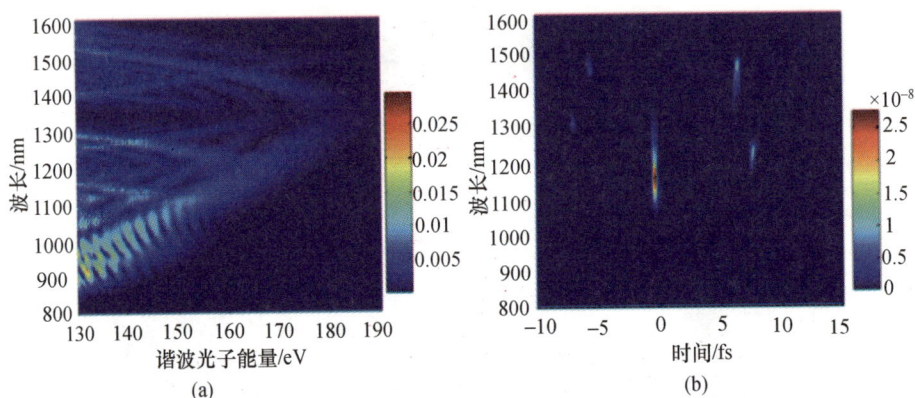

图 2 - 25 非倍频双色场方法产生的高次谐波(a)和
阿秒脉冲(b)随双色场其中一个脉冲的波长的变化

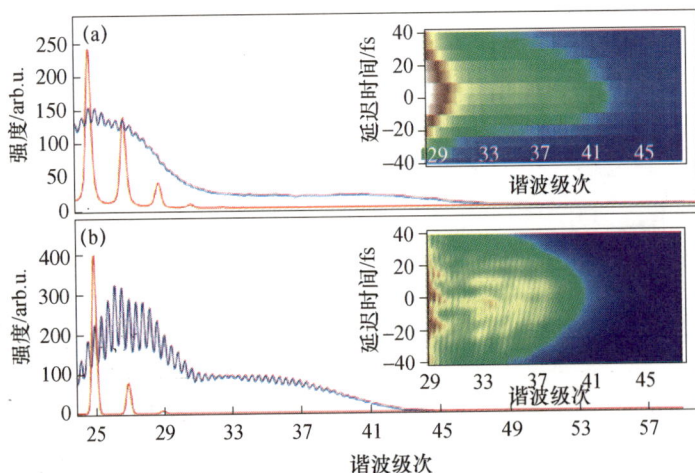

图 2 - 26 (a)实验测量的 Ar 气谐波谱和(b)模拟计算的
高次谐波谱(二维插图为改变双色场延迟的结果)[58]

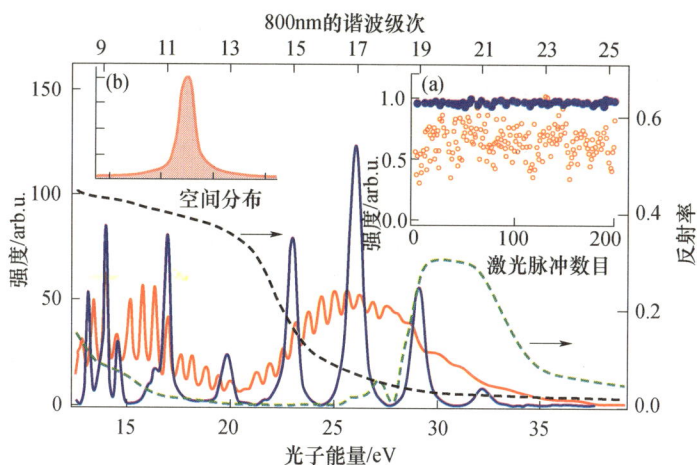

图 2 – 27　实验测量的 Xe 气中产生的单发高次谐波谱[60]

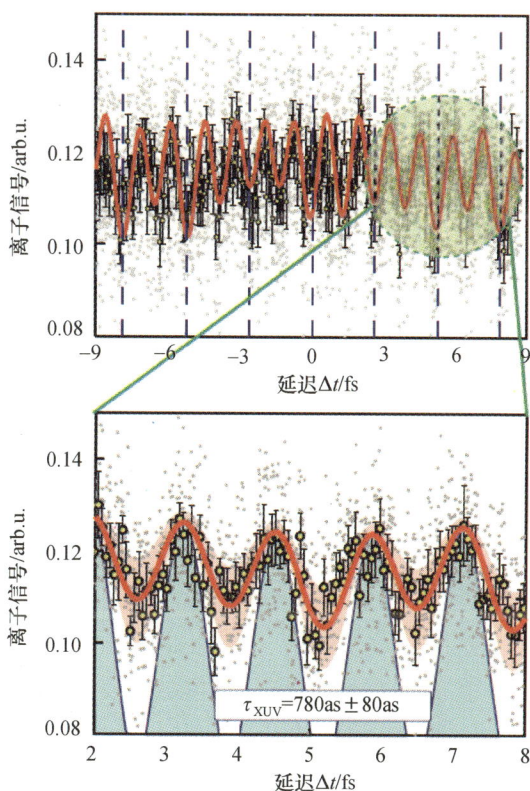

图 2 – 31　自相关方法测量的氦离子信号自相关迹[70]

阿秒激光技术／彩十一

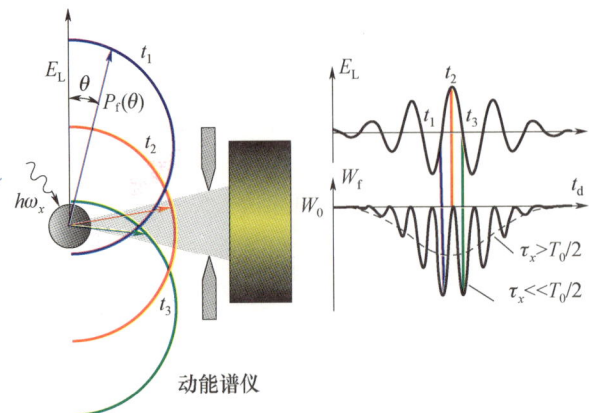

图 2-33　激光辅助电离的测量阿秒脉冲宽度的原理示意图[51]

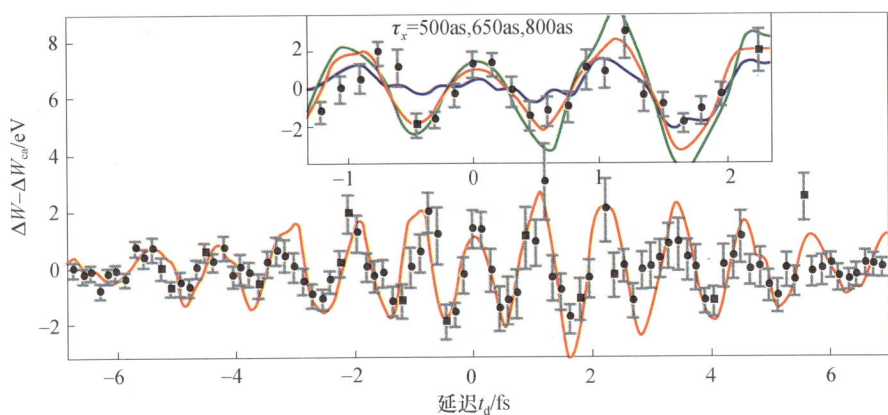

图 2-35　实验测量的氪(Kr)原子 4p 能级光电子能谱宽度 ΔW 随双脉冲延迟时间 t_d 的变化[7]

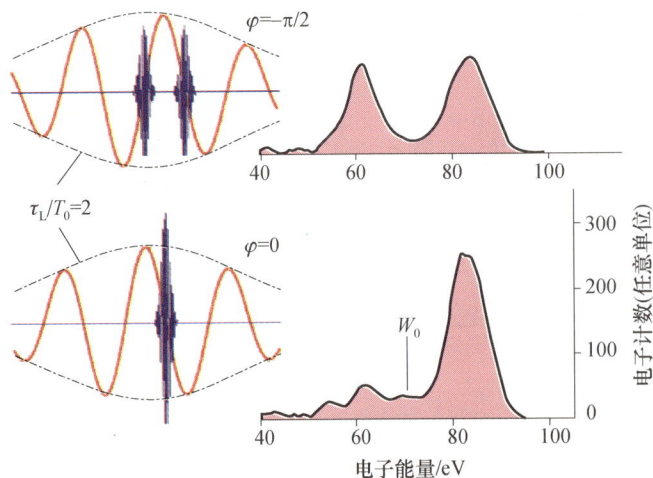

图 2-37　从平行于激光偏振方向测得的某一时延处、光子能量为 93.5eV 的
阿秒 XUV 脉冲激发的 Ne 原子的光电子能谱分布[66]

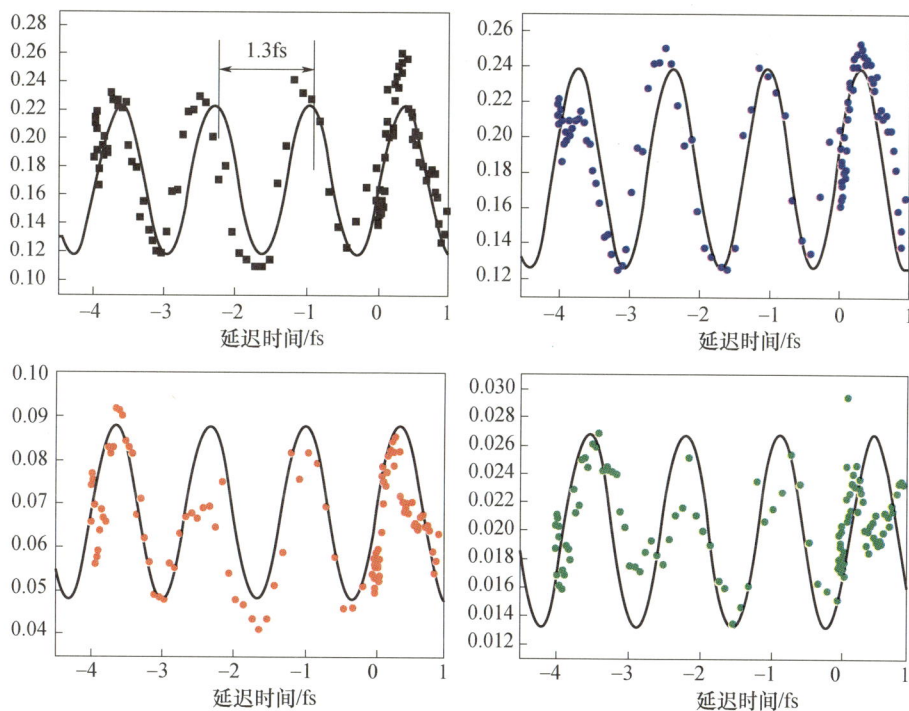

图 2-41　RABITT 方法测量的光电子信号为所观察到的四个边带的幅度调制[82]。
信号与 sine 型曲线符合得很好。

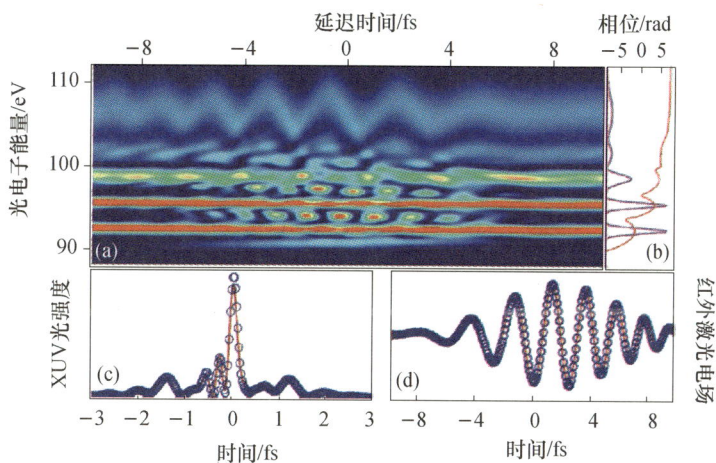

图 2-43　一个复杂的阿秒脉冲，其中既包含了连续谱（高能端），
也有分立的 XUV 光谱（低能端）[79]

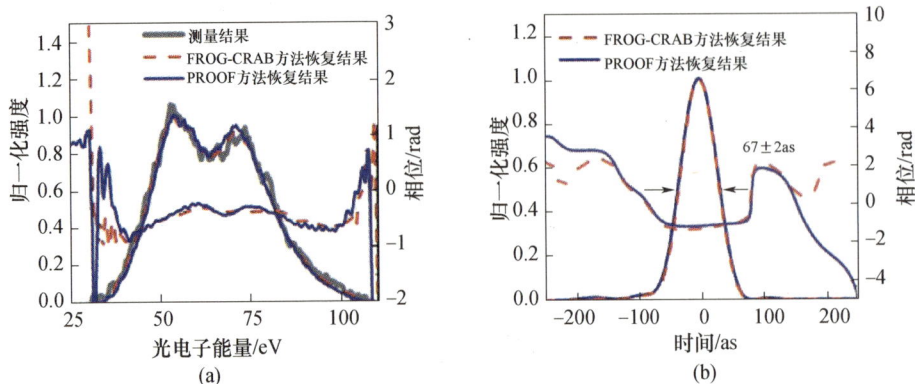

(a)

(b)

图 2-48　Zenghu Chang 等人提出的 PROOF 方法[12]

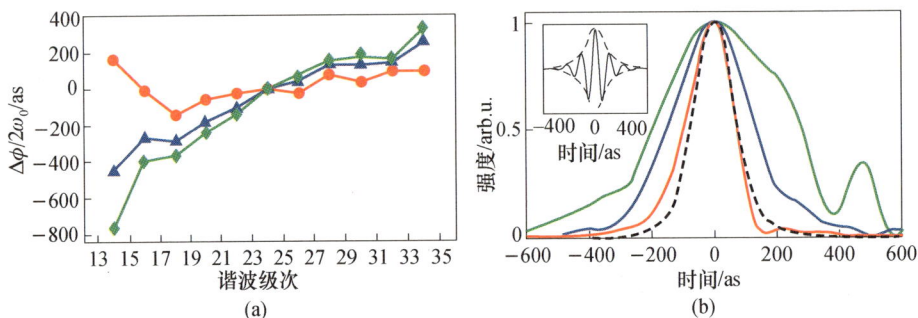

(a)

(b)

图 2-51　Rodrigo Lopez-Martens 等利用金属膜补偿
高次谐波光谱啁啾,压缩产生的阿秒脉冲[90]

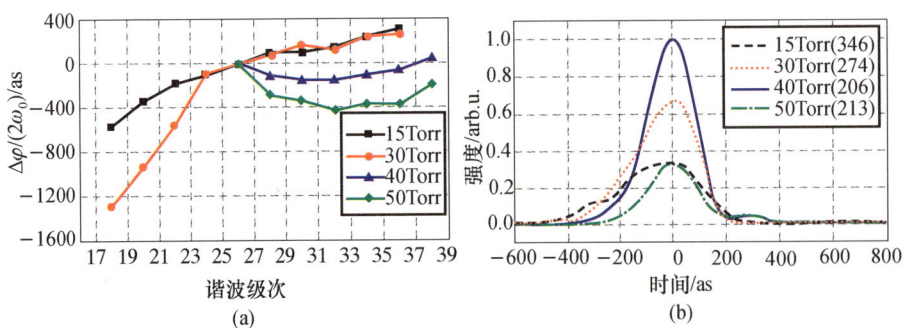

(a)

(b)

图 2-52　Kyung Taec Kim 等利用气体高次谐波产生介质(氩气)
本身的色散曲线对高次谐波啁啾进行补偿[91]

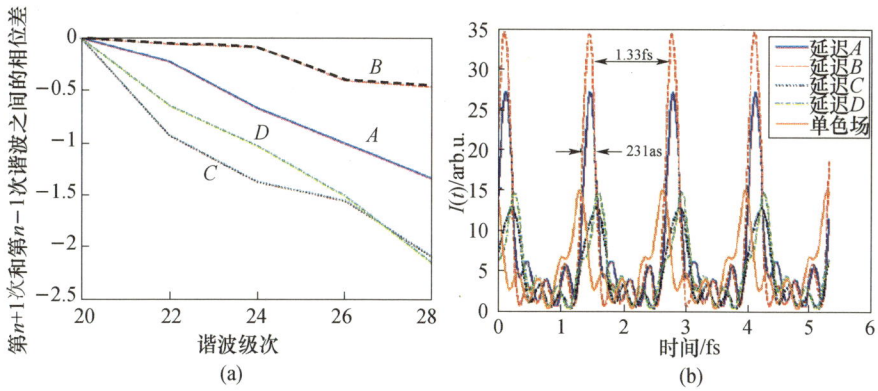

图 2-53　不同双色场延迟下实验测量得到的不同谐波级次的相位差
和反演变换到时域得到的阿秒脉冲链[92]

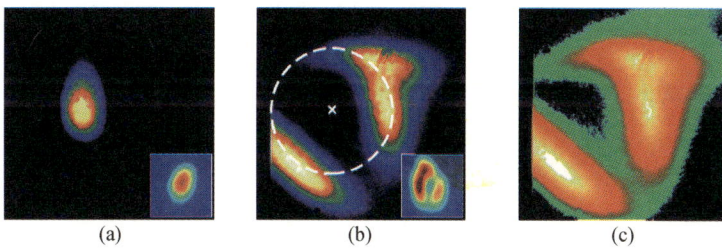

图 2-55　涡旋高次谐波产生[97]

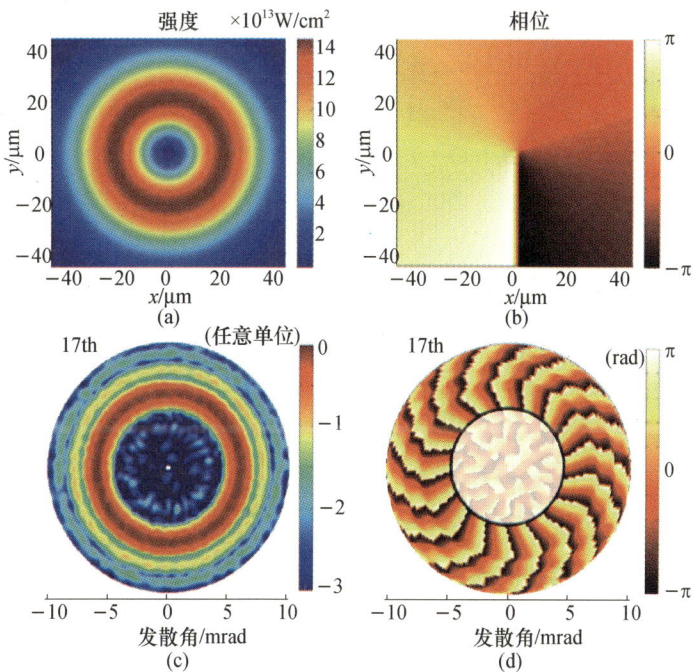

图 2-56　采用拉盖尔—高斯光束产生涡旋高次谐波[98]

（a）、（b）基频光在焦点处的强度和相位分布，光场为 $LG_{1,0}$ 模；

（c）、（d）产生的 17 次谐波的强度和角相位分布。

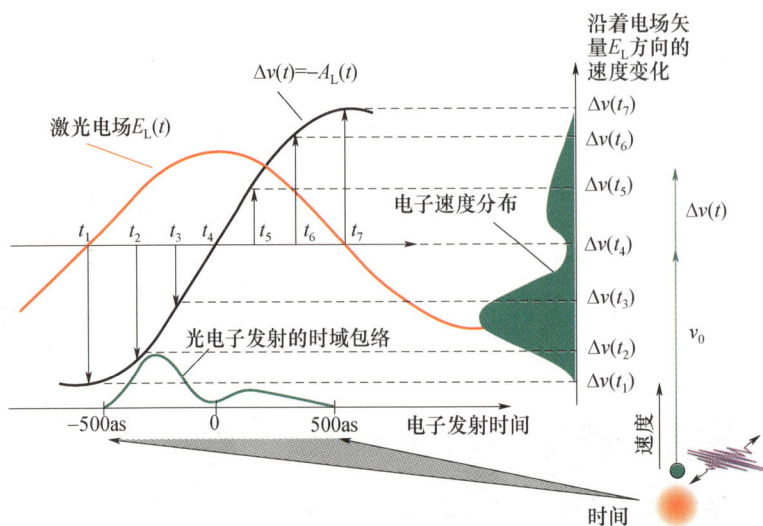

图 3-2　阿秒条纹谱技术的原理[5]

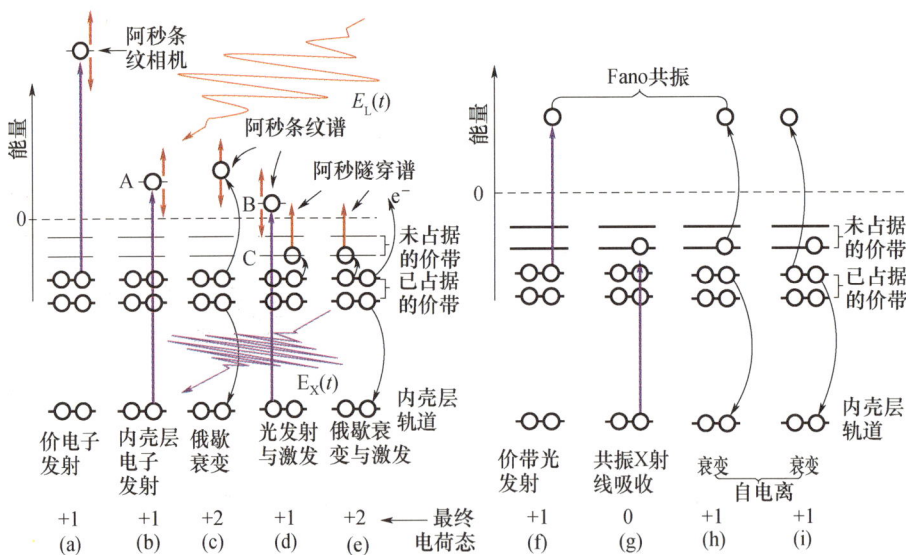

图 3-5　原子内的各种激发与弛豫过程[5]

紫色脉冲和箭头—阿秒(EUV 或者 XUV 波段)脉冲;红色脉冲和箭头—激光脉冲(红外或者可见光),
其中向上的箭头表示吸收一个光子,向下的箭头表示发射一个光子。黑色箭头—电子从一个
能级跃迁到另一个能级;黑色虚线—零能量,其上表示正能量,其下表示负能量。

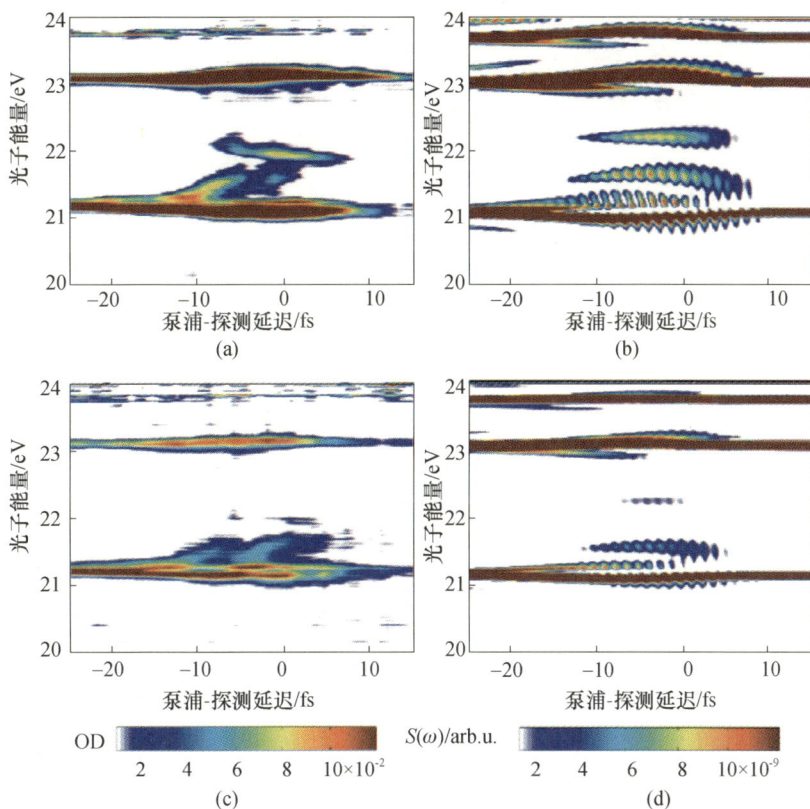

图 3 – 7   Shaohao Chen 等测量的氦原子在强场泵浦下的瞬态吸收谱[12]

阿秒脉冲宽度约 400as,泵浦光波长 780nm,(a)和(b)的泵浦光强是 $1.6 \times 10^{12} \text{W/cm}^2$,(c)和
(d)的泵浦光强为 $4.8 \times 10^{11} \text{W/cm}^2$,(a)和(c)为实验结果,(b)和(d)为理论模拟结果。

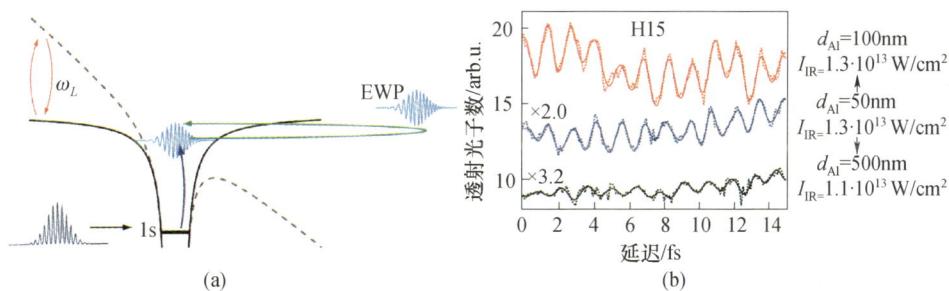

图 3 – 8   缀饰氦原子的阿秒瞬态吸收谱[13]

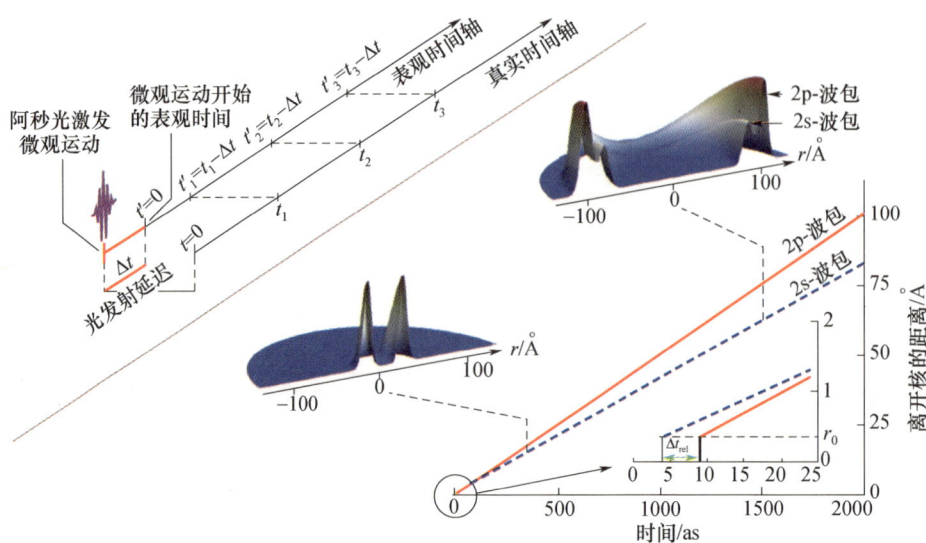

图 3-11 电子光电离过程的阿秒延迟测量原理[23]

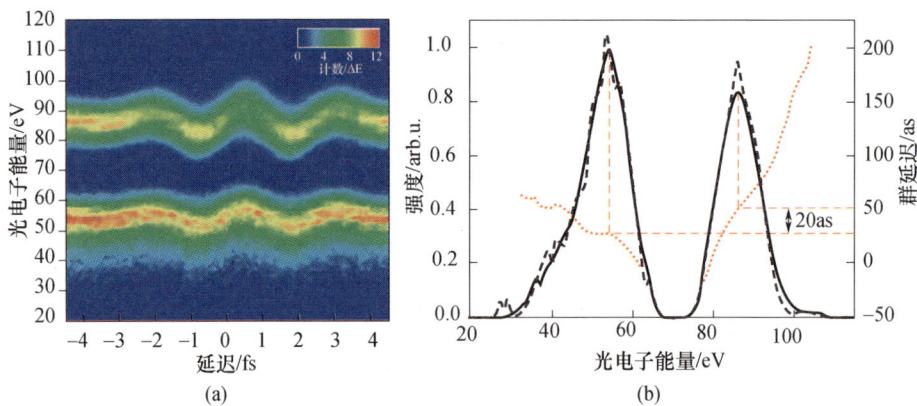

(a)

(b)

图 3-12 图(a)是实验测量的光电子能谱随 Pump-probe 延迟的变化,即阿秒
条纹谱[32],图中上下两条能带分别对应于 2p 和 2s 电子。图(b)是经过处理后
恢复出来的 2s 和 2p 电子能谱(黑色实线)和光电子波包的群延迟
(红色虚线),可以看到其电离的平均时间差约为 20as

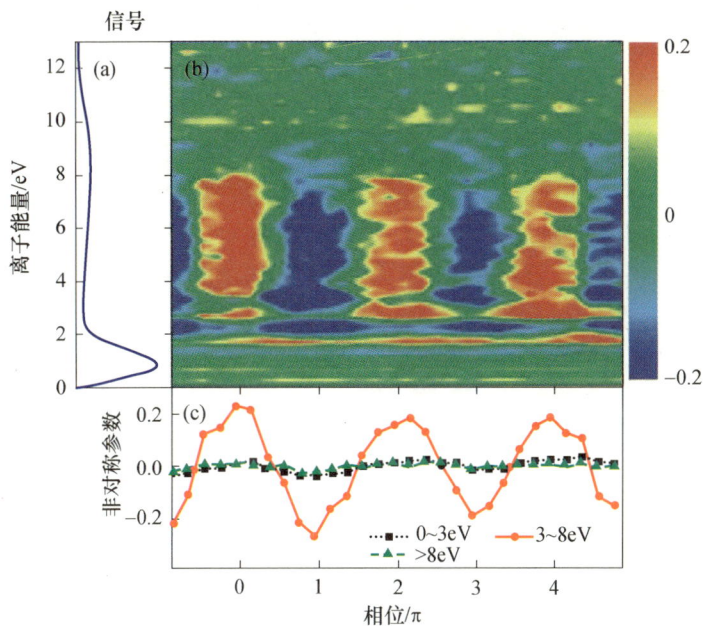

图 3 - 13　少周期激光脉冲控制电子局域化和分子解离过程[25]

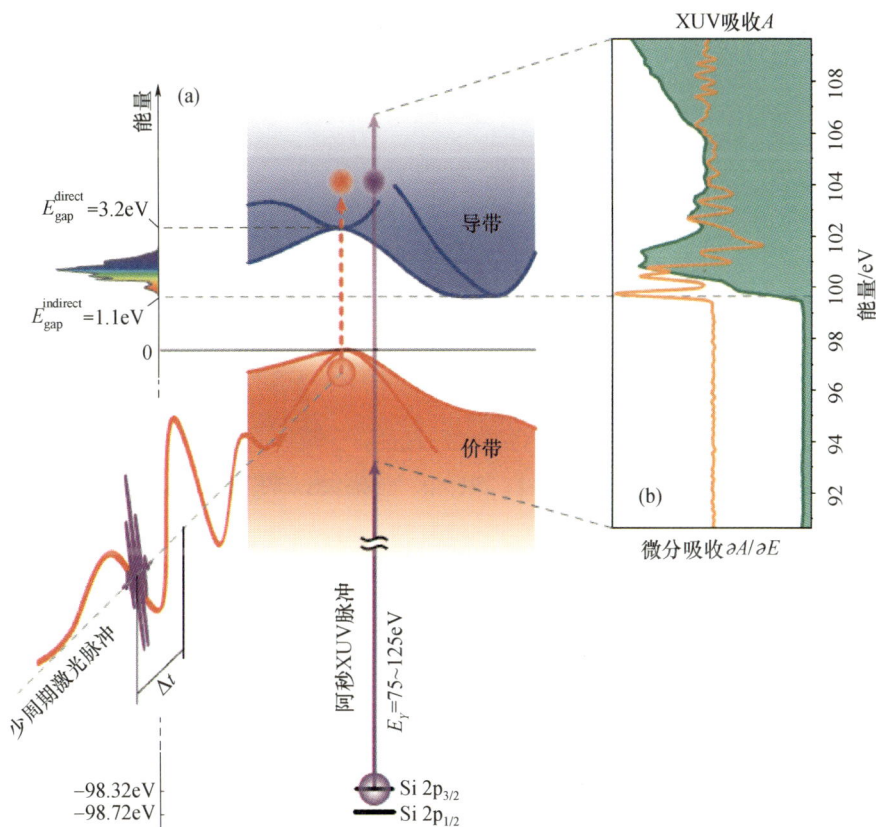

图 3 - 20　硅带间超快电子动力学过程测量原理示意图[31]

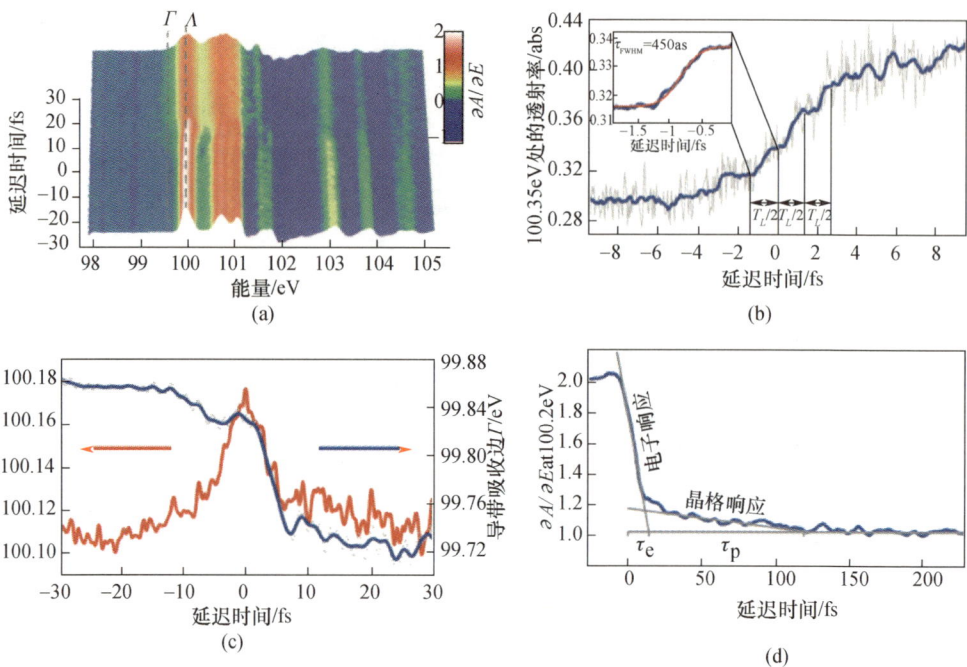

图 3-21 硅带间超快电子动力学过程测量结果[31]

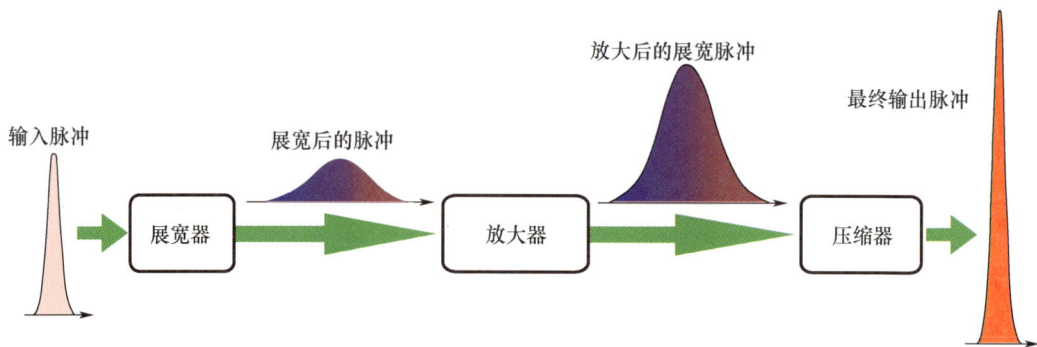

图 4-1 啁啾脉冲放大技术示意图

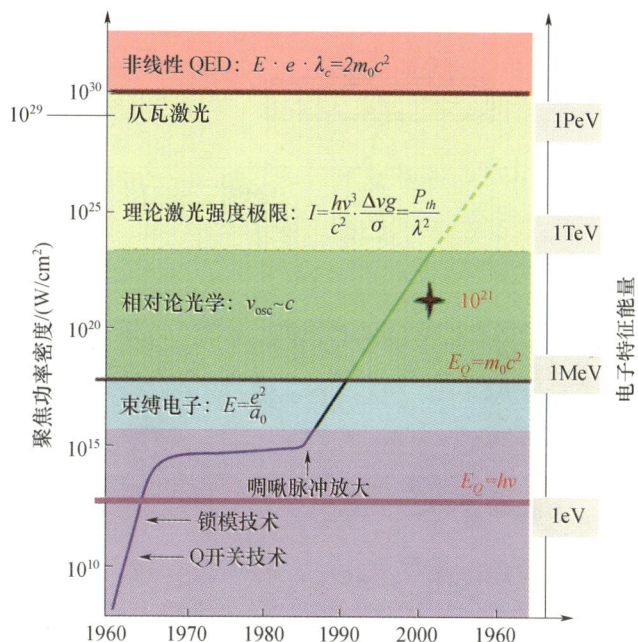

图 4-2 激光脉冲聚焦光强(功率密度)的历史演进

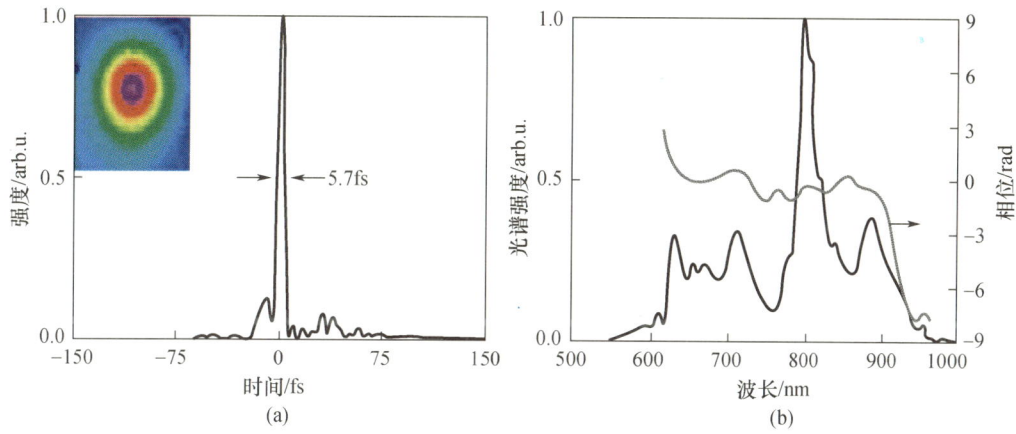

图 4-11 气体盒中成丝方法压缩脉冲的实验结果[17]

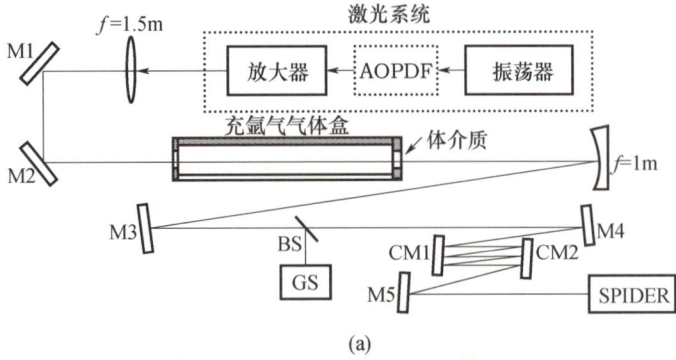

(a)

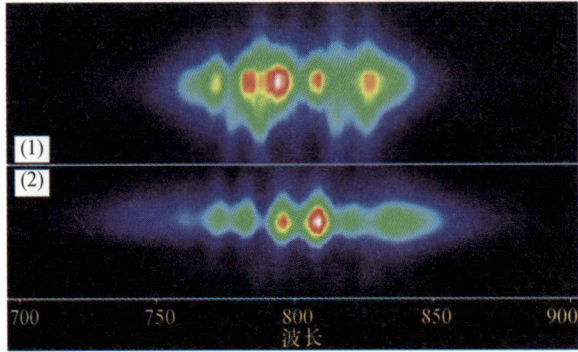

(b)

图 4-14 （a）透明固体介质脉冲压缩实验装置示意图[22] 和
（b）透明固体介质脉冲压缩实验中获得的光谱图
（1）无预成丝;（2）有预成丝情况。

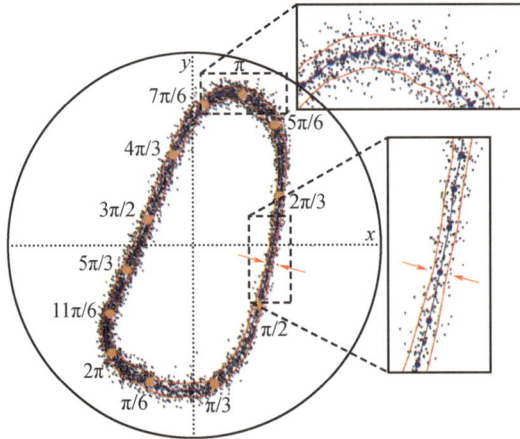

图 4-28 载波包络相位不稳定的激光脉冲的单发测量结果[30]

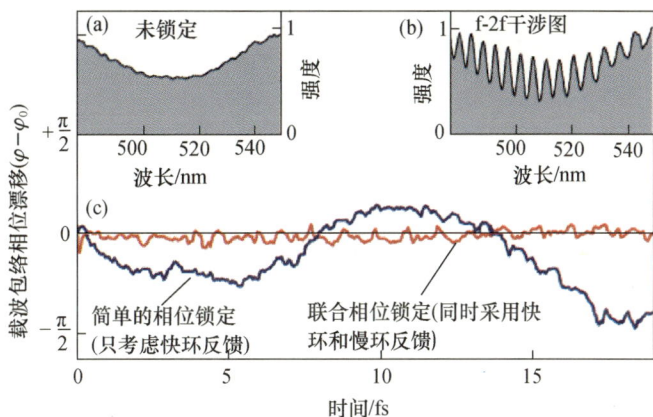

图 4 - 29 "慢环"在载波包络相位锁定中的作用

（a）"慢环"关闭时，累积 200 发脉冲的 f - 2f 干涉图样；（b）"慢环"开启时，累积 200 发脉冲的 f - 2f 干涉图样；（c）"慢环"关闭（蓝）和开启（红）时，系统输出脉冲载波包络相位（CEP）的变化情况。

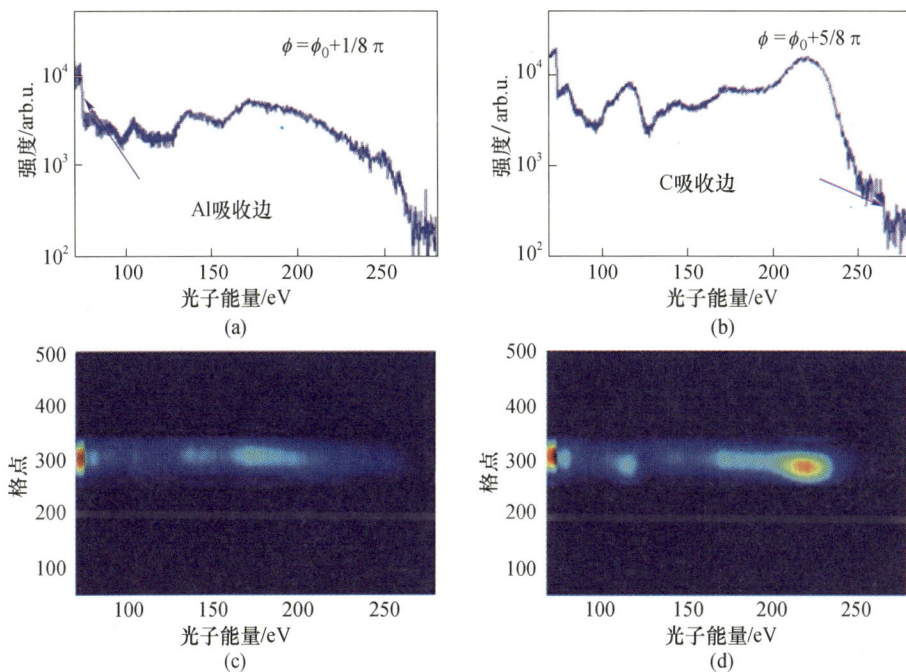

图 4 - 32 12fs/1.75 μm，载波包络相位稳定的激光脉冲与氖气相互作用产生的高次谐波，可以看到碳的吸收边